博碩文化

密碼管理系統

理論與實務

使用 Python 的 Crypto、Tkinter 與 Django 套件

林岱銳　主編

陳仕勳、陳語軒、廖翊辰　共同編著

從基礎數論到密碼學	特權帳密管理系統實作	ISO27001 管理機制
密碼學的基礎就是數論，每個理論都有數學作為對照，協助讀者了解基本原理	Crypto 套件提供豐富的加解密演算法，確定加解密流程後，用 Tkinter 設計 UI 介面，並透過 Django 套件將應用程式 Web 化	依照 ISO27001（資訊安全管理國際標準）的「存取控制」、「密碼」、「作業的安全」等相關條文進行實作，以符合管理需求

主　　編：林岱鋭
共同編著：陳仕勳、陳語軒、廖翊辰
責任編輯：黃俊傑

董 事 長：陳來勝
總 編 輯：陳錦輝

出　　版：博碩文化股份有限公司
地　　址：221 新北市汐止區新台五路一段 112 號 10 樓 A 棟
　　　　　電話 (02) 2696-2869　傳真 (02) 2696-2867

發　　行：博碩文化股份有限公司
郵撥帳號：17484299　戶名：博碩文化股份有限公司
博碩網站：http://www.drmaster.com.tw
讀者服務信箱：dr26962869@gmail.com
訂購服務專線：(02) 2696-2869 分機 238、519
（週一至週五 09:30 ～ 12:00；13:30 ～ 17:00）

版　　次：2023 年 5 月初版一刷

建議零售價：新台幣 650 元
Ｉ Ｓ Ｂ Ｎ：978-626-333-456-4
律師顧問：鳴權法律事務所 陳曉鳴律師

本書如有破損或裝訂錯誤，請寄回本公司更換

國家圖書館出版品預行編目資料

密碼管理系統理論與實作：使用 Python 的
Crypto、Tkinter 與 Django 套件 / 林岱鋭
主編；陳仕勳，陳語軒，廖翊辰共同編著 . --
初版 . -- 新北市：博碩文化股份有限公司，
2023.05
　　面；　公分
ISBN 978-626-333-456-4(平裝)

1.CST: 資訊安全 2.CST: 密碼學
3.CST: Python(電腦程式語言)

312.76　　　　　　　　　　　112005320

Printed in Taiwan

歡迎團體訂購，另有優惠，請洽服務專線
博 碩 粉 絲 團　(02) 2696-2869 分機 238、519

推薦序

如果讀者對於學習密碼學的程式開發及其原理有興趣，推薦您本書《密碼管理系統理論與實作：使用 Python 的 Crypto、Tkinter 與 Django 套件》。

這本書從現代密碼學的理論基礎到實務開發，是密碼學應用領域的佳作，隨著密碼的套件日益成熟，大大的縮短程式人員開發時間，同時更要與理論相呼應；而作為一個學生、工程師、研究人員，更要知其然也知其所以然，本書做到了。

本書分為四個部分，涵蓋了理論、前後端套件的應用、到實務上可以解決的密碼管理問題。每個部分都有充分的說明與解釋，讀者們能從無到有的學習密碼學，並且知道如何應用。

密碼學是所有應用程式的安全基礎，若您在未來想要進入資訊安全的研究領域，推薦您研習本書。它會協助您從實務上返回到理論，建構一個完整而深入的密碼學基礎知識，若您對密碼系統的應用有所發想，本書可以協助你開發並實踐。

老生常談：學如逆水行舟，不進則退；前進吧讀者們！

雲林科技大學資訊工程系主任

郭文中 敬啟

推薦序

　　埋首耕耘於資訊安全領域多年，我很榮幸受邀為《密碼管理系統理論與實作》寫推薦序。本書剖析了 ISO27001 的密碼管理的實務面，並且透過實作解決了特權帳密管理問題，加上理論基礎得以學苟知本。作者群對於密碼系統實作的過程，有助於理解密碼系統的開發與應用。無論您是對密碼學感興趣的讀者，或是資安業界的從業人員，這本書都可為您充實相關知識，滿足您的需求。

國立成功大學計網中心教授兼網路與資安組組長
李南逸 博士

序

隨著密碼學前輩學者的腳步，今有幸整理密碼學領域入門應具備的基礎知識，加上 Python 的 Crypto 套件，同時結合企業的實際需求，我們建構一套特權帳密管理系統。

本書在密碼學數論部分，有列舉實際的數學範例，方便讀者演譯與理論對照。當我們能輕易地用 Crypto 套件實作的同時，可以回顧最原始的理論；以理論為底蘊，才能走的踏實、行的更遠。

寫序的同時，也正是人工智慧 ChatGPT 火熱的時刻，它的成熟度令人訝異，也不免感嘆科技進步飛快，但不難發現，即使它可以提供相關的技術與知識，也要使用者會發問關鍵問題，若要能看得懂，無縫的串接前後文，還是脫離不了基本知識的累積。

執教最大的收穫，就是遇見優秀的人，一起前進共同成長，人生一大幸莫過於此；而本書的作者群，從開始發想到實作，經過無數次的討論，將遇到的瓶頸逐一突破，始能有今天的成果與讀者分享；希望本書能帶給讀者在密碼學領域，無論在實作或理論上有所提升。

資訊技術日新月異，看似豐富成熟卻也隱藏更多未知，團隊執筆寫下專題學習的點滴，只是整理與紀錄相關知識，尚有許多不足與錯解謬誤之處，不揣淺陋，還請讀者先進不吝斧正。

每個人總有所屬的人生節奏，敬祝讀者找到自己的人生旋律，苟日新，日日新，又日新，如天行健般自強不息，並以此與團隊夥伴共勉。

在此特別感謝成功大學李南逸教授、中山大學官大智教授、中山大學工學院院長范俊逸教授、雲林科大郭文中主任，在學研生涯的指導與鼓勵；還有長年在背後默默支持的賢內助後港國小方婉真校長與雙親。

感謝 天。

主編 林岱銳 謹啟

Jan 20, 2023

作者群：林岱銳、陳仕勳、陳語軒、廖翊辰

目錄
CONTENTS

02 使用 **PyCryptodome** 在 **Python** 中實現加密演算法程式

03 用 Tkinter 搭配 Crypto 做出實用加解密 app

04 使用 Python 的 Crypto、Tkinter 與 Django 套件 實作密碼管理專題

CONTENTS
目錄

01

常用計算函數

現代密碼學（Cryptography）泛指利用數學特性所建構的加解密演算法，可以對數位資料進行加解密運算的科學；將資訊進行保密處理所產生的密碼系統，會包含以下特徵：

- **機密性（Confidentiality）**：確保訊息未經授權，則無法被他人取得。
- **完整性（Integrity）**：確保訊息不會受到竄改。
- **可用性（Availability）**：確保只要取得授權，則可以隨時使用資訊。

上述 CIA 是資安的鐵三角，其它安全性的特徵如下：

- **鑑別性（Authentication）**：能識別傳送方的身分。
- **不可否認性（Non-repudiation）**：傳輸者不能否認傳送或接收過訊息。
- **存取權限控制（Access Control）**：依照身分取得適當的權限。

在 Python 上已有成熟的密碼套件，可以快速開發與使用，使用之前要知道密碼學的基礎概念，才能相輔相成，也就是知其然，知其所以然。

我們從基礎數論了解普遍在研究密碼學領域中，必須要熟悉的質數數論，與相關的重要定理後，逐一介紹加解密演算法的四大種類：分別是「對稱式／非對稱式加密系統」、「雜湊函數」、「金鑰交換系統」與「橢圓曲線密碼系統」。其中「對稱式加密」與「非對稱式加密」是屬於基礎密碼學，其計算上的安全是植基在離散對數與因式分解的難題；「雜湊函數」是應用相當普遍的密碼機制，用來產生訊息摘要；而「金鑰交換系統」則是在已知彼此的公開金鑰的同時，產生一個共同的密鑰；「橢圓曲線密碼系統」相較於「對稱式／非對稱式加密系統」，較為節省運算時間；我們在有了基礎的密碼學概念與成就這些密碼機制的數學背景知識之後，介紹近代密碼學所研發出來的電子簽章技術相關論文進行探討，諸如盲簽章，加密簽章等等；最後的子章節會針對 ISO27001 的章節／條款編號「A9 存取控制」、「A10 密碼學」與「A12 運作安全」的部分，說明企業內部為何需要進行特殊權限的密碼管理。

1.1 基礎數論

本章的目的是了解數論中，需要掌握的符號和原理，探討數論、群、環、場，這些是在研究密碼學的過程中，所應具備的背景知識；讀者可以在所屬的研究機構，透過學術搜尋相關的參考文獻，進行更深入的研究。

1.1.1 本書會用到的數學符號定義

1. $\mathbb{N}$ 代表自然數的集合。

2. $\mathbb{Z}$ 代表整數的集合 $\{...,-3,-2,-1,0,1,2,3,...\}$。

3. $\mathbb{Q}$ 代表有理數的集合，滿足 $\{\frac{a}{b} \mid a,b \in \mathbb{Z}, b \neq 0\}$ 的集合。

4. $\mathbb{R}$ 代表實數的集合。

5. $\mathbb{F}$ 代表包含有限個元素的域，表示了在這有限域 $\mathbb{F}$ 中定義了乘法、加法、減法和除法（不包括除零）的算術規則。

6. $a \in A$ 表示元素 a 是集合 A 的成員。$a \in_R A$ 表示元素 a 在集合 A 隨機取出的成員。

7. $\sum_{i=1}^{n} a_i$ 表示 $a_1 + a_2 + ... + a_n$ 的加總。

8. $\prod_{i=1}^{n} a_i$ 表示 $a_1 \times a_2 \times ... \times a_n$ 的乘積。

Tips 1.1 除法（division）定義

令 a 和 b 為整數，當 a 除以 b 時存在一個整數 c 使得 $b=ac$，定義 a 整除 b 的符號為 $a|b$。

令 $a,b,c \in \mathbb{Z}$，則存在以下除法的一些基本性質。

1. $a|a$。
2. 若 $a|b$ 且 $b|c$，則 $a|c$。
3. 若 $a|b$ 且 $a|c$，則 $a|(bx+cy)$，其中 $x,y \in \mathbb{Z}$。
4. 若 $a|b$ 且 $b|a$，則 $a = \pm b$。

筆記 例如：

-3|21，存在 21=(-3)(-7)。

Tips 1.2 整數的除法算法（division algorithm for integers）

若 a 和 b 是整數（其中 $b \geq 1$），則 a 除以 b 得到整數 q（商）和 r（餘數）可以表示如下：

$$a = qb + r$$

其中，$0 \leq r \leq b$；此外，q 與 r 是唯一的。$a \bmod b$ 意即 a 除以 b 得到餘數 r（也就是 $r = a \bmod b$）；$a \operatorname{div} b$ 意即 a 除以 b 得到商數 q（也就是 $q = a \operatorname{div} b$）。

筆記 例如：

若 $a=29, b=7$，則 $q=4, r=1$。因此 29 mod 7=1；29 div 7=4。

Tips 1.3 公約數（common divisor）定義

若 $c|a$ 且 $c|b$，則整數 c 是 a 和 b 的公約數（*common divisor*）。

Tips 1.4 最大公約數（greatest common divisor）定義

若非負整數 d 是 a 和 b 的最大公約數（*greatest common divisor, gcd*），則表示為 $d=\gcd(a,b)$。

1. 若 d 是 a 和 b 的公約數；

2. 且 $c|a$ 同時 $c|b$，則 $c|d$。

同樣的，$\gcd(a,b)$ 表示可以同時除以 a 和 b 的最大正整數，但 $\gcd(0,0)=0$ 除外。

筆記 例如：

12 和 28 的公約數是 $\{\pm 1, \pm 2, \pm 3, \pm 6\}$，$\gcd(12, 18)=6$。

Tips 1.5 最小公倍數（least common multiple）定義

若非負整數 d 是 a 和 b 的最小公倍數（*least common multiple, lcm*），則表示為 $d=\text{lcm}(a,b)$。

1. 若 $a|d$ 且 $b|d$；

2. 且 $a|c$ 同時 $b|c$，則 $d|c$。

若 a 和 h 是正整數，則 $\text{lcm}(a,b)=a \cdot b/\gcd(a,b)$。同樣的，$\text{lcm}(a,b)$ 表示可以同時除以 a 和 h 的最小正整數。

筆記 例如：

因為 $\gcd(12,18)=6$，依據公式可得到 $\text{lcm}(12,18)=12 \cdot 18/6=36$。

Tips 1.6 尤拉（Euler phi）函數 ϕ

若 n 為自然數，定義 $\phi(n)$ 為不大於 $n(n \geq 1)$ 且與 n 互質的自然數的個數。函數 ϕ 稱之為尤拉（*Euler phi*）函數。關於尤拉函數的特性如下：

1. 若 p 是質數，則 $\phi(p)=p-1$。

2. 尤拉函數是乘法群（*multiplicative*）。亦即，若 $\gcd(m,n)=1$，則 $\phi(mn)=\phi(m) \cdot \phi(n)$。

3. 若 $n=p_1^{e_1} p_2^{e_2} \cdots p_k^{e_k}$ 是 n 的質因數分解，則

$$\phi(n) = n(1-\frac{1}{p_1})(1-\frac{1}{p_2}) \cdots (1-\frac{1}{p_k})$$

筆記 例如：

$\phi(8)=4$，因為 $1,3,5,7$ 均和 8 互質 < 注意 8 不是質數 >。

Tips 1.7 質數（prime）定義

若整數 $p \geq 2$ 滿足 1 和 p 本身可以被整除，則 p 稱之其為質數（或素數），否則，p 稱為複合數。關於質數的一些特性如下：

1. 若 p 是質數且 $p|ab$，則 $p|a$ 或 $p|b$（或兩者同時成立）。
2. 質數有無限多個。
3. 每個大於等於 2 的整數 $n(n \geq 2)$ 都存在可以被分解為質數冪（*prime powers*）的乘積：$n = p^{e_1} p^{e_2} \cdots p^{e_k}$，其中 p_i 是不同的質數，e_i 是正整數。此外，這種因式分解是唯一的，因為任何兩個這樣的因式分解，僅在質數的排列順序上有所不同。

筆記 ▶ 例如

- $n = 12 = 2^2 \cdot 3^1$，其中質數為：2, 3，質數的冪次方為整數：2, 1。
- $n = 4864 = 2^8 \cdot 19^1$，其中質數為：2, 19，質數的冪次方為整數：8, 1。

1.1.2 模運算（Modular）

同餘（Congruence）是研究可分性的重要工具，它們在密碼學中是重要的數學基礎。

Tips 1.8 同餘（congruence）的定義

若 a 和 b 是整數且 $n>0$，等式 $a \equiv b \pmod{n}$ 同義於 $n|(b-a)$，可以稱 a 與 b 的模 n 是同態。整數 n 稱之為同餘模數。同餘的性質如下：

1. $a \equiv b \pmod{n}$，若且唯若，a 和 b 除以 n 時有相同的餘數。
2. 反身性（*reflexivity*）：$a \equiv a \pmod{n}$。
3. 對稱性（*symmetry*）：若 $a \equiv b \pmod{n}$，則 $b \equiv a \pmod{n}$。
4. 遞移性（*transitivity*）：若 $a \equiv b \pmod{n}$ 且 $b \equiv c \pmod{n}$，則 $a \equiv c \pmod{n}$。

---

5. 若 $a \equiv b \pmod{n}$ 且 $c \equiv d \pmod{n}$，則

- $a+c \equiv b+d \pmod{n}$
- $a-c \equiv b-d \pmod{n}$
- $ac \equiv bd \pmod{n}$

筆記 例如：

$29 \equiv 8 \pmod 7$，因為 $29-8=3 \cdot 7$；8 與 29 模 7 都是餘 1。

$60 \equiv 0 \pmod{15}$，因為 $60-0=4 \cdot 15$；60 與 0 模 15 都是餘 0。

$24 \equiv 9 \pmod 5$，因為 $24-9=3 \cdot 5$；24 與 9 模 5 都是餘 4。

$-11 \equiv 17 \pmod 7$，因為 $-11-17=-4 \cdot 7$；-11 與 17 模 7 都是餘 3。

Tips 1.9 模（modulo）的定義

$\mathbb{Z}_n$ 表示為模 n 的整數，是整數 $\{0, 1, 2, ..., n-1\}$ 的集合。在 $\mathbb{Z}_n$ 中執行模 n 下的加法、減法和乘法運算。

筆記 例如：

$\mathbb{Z}_{25}=\{0, 1, 2, ..., 24\}$。在 $\mathbb{Z}_{25}$ 中，$13+16=4$，因為 $13+16=29 \equiv 4 \pmod{25}$。同理，$\mathbb{Z}_{25}$ 中的 $13 \cdot 16=8$，因為 $13 \cdot 16=208 \equiv 8 \pmod{25}$。

Tips 1.10 乘法反元素（multiplicative inverse）的定義

令 $a \in \mathbb{Z}_n$，a 模 n 的乘法反元素是一個整數 $x \in \mathbb{Z}_n$，使得 $ax \equiv 1 \pmod{n}$。若存在 x，則 x 是唯一的，並且可以稱 a 具有可逆性（invertible）；我們用 a^{-1} 來表示 a 的逆運算（inverse）。乘法反元素的特性如下：

令 $a \in \mathbb{Z}_n$，若且唯若，當 $\gcd(a, n)=1$，我們可以說 a 具有可逆性。

筆記 例如：

$\mathbb{Z}_9$ 中的可逆元素是 1、2、4、5、7 和 8，其中可逆元素 7 的部分，因為 $4 \cdot 7 \equiv 1 \pmod 9$，所以 $4^{-1}=7$，也就是 7 在模 9 下的反元素為 4^{-1}。

輾轉相除法

要計算乘法反元素，可以用歐幾里得 [1] 演算法（Euclidean Algorithm），也就是用輾轉相除法，來求解兩個整數 a, n 的最大公因數（greatest common divisor，gcd）。將兩個數字 a, n 持續的相除取餘數，取得餘數後再用餘數輾轉下去相除，直至 餘數等於 0 為止。若是計算至餘數為 0，則表示求解完畢；能將兩個數字整除即是最大公因數 gcd。但若是最後計算出 gcd 為 1，也就是除了 1 以外沒有其他的公因數，則表示兩數互質。

筆記 以下用輾轉相除法計算 $\text{gcd}(10958, 1992)=2$，過程如下：

$$\underbrace{10958}_{a} (\text{mod } \underbrace{1992}_{n}) = 998 \leftrightarrow \boxed{\underbrace{10958}_{r_0} = \underbrace{5}_{q_1} \cdot \underbrace{1992}_{r_1} + \underbrace{998}_{r_2}}$$

$$1992 (\text{mod } 998) = 994 \leftrightarrow \boxed{\underbrace{1992}_{r_1} = \underbrace{1}_{q_2} \cdot \underbrace{998}_{r_2} + \underbrace{994}_{r_3}}$$

$$998 (\text{mod } 994) = 4 \leftrightarrow \boxed{\underbrace{998}_{r_2} = \underbrace{1}_{q_3} \cdot \underbrace{994}_{r_3} + \underbrace{4}_{r_4}}$$

$$994 (\text{mod } 4) = 2 \leftrightarrow \boxed{\underbrace{994}_{r_3} = \underbrace{248}_{q_4} \cdot \underbrace{4}_{r_4} + \underbrace{2}_{r_5}}$$

$$4 (\text{mod } 2) = 0 \leftrightarrow \boxed{\underbrace{4}_{r_4} = \underbrace{2}_{q_5} \cdot \underbrace{2}_{r_5} + \underbrace{0}_{r_6}}$$

$$2 = \text{gcd}$$

1　歐幾里得（公元前 325 年 - 265 年），希臘化時代的數學家，被譽為「幾何學之父」。歐幾里得幾何被廣泛認為是數學領域的經典之作。

在上面的計算過程中，$(a, n)=(r_0, r_1)=(r_1, r_2)=(r_2, r_3)=(r_3, r_4)=(r_4, r_5)=(r_5, 0)=r_5$，因為結果不為 1，故 (10958,1992) 不存在互質關係。

筆記 以下用輾轉相除法計算 $\gcd(11, 7)=1$，過程如下：

$$\underbrace{11}_{a}(\text{mod }\underbrace{7}_{n})=4 \leftrightarrow \boxed{\underbrace{11}_{r_0}=\underbrace{1}_{q_1}\cdot\underbrace{7}_{r_1}+\underbrace{4}_{r_2}}$$

$$7(\text{mod }4)=3 \leftrightarrow \boxed{\underbrace{7}_{r_1}=\underbrace{1}_{q_2}\cdot\underbrace{4}_{r_2}+\underbrace{3}_{r_3}}$$

$$4(\text{mod }3)=1 \leftrightarrow \boxed{\underbrace{4}_{r_2}=\underbrace{1}_{q_3}\cdot\underbrace{3}_{r_3}+\underbrace{1}_{r_4}}$$

$$1 - \gcd$$

在上面的計算過程中，$(a, n)=(r_0, r_1)=(r_1, r_2)=(r_2, r_3)=(r_3, r_4)=r_4$，因為結果為 1，故 (11,7) 存在互質關係。

Tips 1.11 中國餘式定理（Chinese remainder theorem）的定義

若存在整數 $n_1, n_2, ..., n_k$，其中任意兩個整數彼此互質，則以下同餘系統

$$x \equiv a_1 \ (\text{mod } n_1)$$
$$x \equiv a_2 \ (\text{mod } n_2)$$
$$\vdots$$
$$x \equiv a_k \ (\text{mod } n_k)$$

存在一個模 $N=n_1 n_2 \cdots n_k$ 的唯一解。

中國餘式定理，有兩種解法，一種是用線性同餘方程式解，透過解題可以熟悉同餘定理的運作；另一種是用假設代數進行解題。先從線性同餘方程進行說明。

筆記 例如：

在公元 5 世紀的中國南北朝時期有一著作名為孫子算經，當中有一個古老的問題有物不知其數，三三數之剩二，五五數之剩三，七七數之剩二。問物幾何？白話之意：有一個 x，除以 3 會餘 2，除以 5 會餘 3，除以 7 會餘 2，問 x 是多少？

上述白話轉換成數學式如下：

$$\begin{cases} x \equiv a_1(\bmod n_1) = 2(\bmod 3) \\ x \equiv a_2(\bmod n_2) = 3(\bmod 5) \\ x \equiv a_3(\bmod n_3) = 2(\bmod 7) \end{cases} \rightarrow \begin{array}{l} n_1 = 3, n_2 = 5, n_3 = 7, \\ \therefore N = n_1 \cdot n_2 \cdot n_3 = 3 \cdot 5 \cdot 7 = 105 \end{array}$$

根據高斯演算法（*Gauss's algorithm*）[2]，可經由式子

$$x = \sum_{i=1}^{k} a_i N_i y_i \,(\bmod N) = kN + \sum_{i=1}^{k} a_i N_i y_i$$

求出 x，其中 $N_i = \frac{N}{n_i}$，且 $y_i = N_i^{-1}(\bmod n_i)$；$y_i$ 的算法請參考下一頁的補充說明。

$$\begin{aligned} x &= \left(a_1 N_1 y_1 + a_2 N_2 y_2 + a_3 N_3 y_3\right)(\bmod N) \\ &= \left(2 \times \frac{105}{3} \times 2 + 3 \times \frac{105}{5} \times 1 + 2 \times \frac{105}{7} \times 1\right)(\bmod 105) \\ &= (2 \times 35 \times 2 + 3 \times 21 + 2 \times 15)(\bmod 105) \\ &= 2 \times 105 + 23 \\ &= 23\,(\bmod 105) \end{aligned}$$

$x=23$ 為最小整數解。

---

2   Alfred J. Menezes, Paul C. van Oorschot and Scott A. Vanstone, HANDBOOK of APPLIED CRYPTOG- RAPHY, 1996.

$\boxed{\text{補充說明 ❶}}$

因為 n_1, n_2, n_3 兩兩互質，故存在

$$\gcd\left(n_1, \frac{N}{n_1}\right) = \gcd\left(n_2, \frac{N}{n_2}\right) = \gcd\left(n_3, \frac{N}{n_3}\right) = 1$$

$$\text{因為} \gcd\left(n_1, \frac{N}{n_1}\right) = \gcd(3,35) = 1, \text{存在 } y_1 \text{ 使得}$$

$$\begin{cases} \left(\dfrac{N}{n_1}\right)y_1 \equiv 1(\bmod\, n_1) = \left(\dfrac{105}{3}\right)y_1 \equiv 1(\bmod\, 3) = 35y_1 \equiv 1(\bmod\, 3) = 21y_2 \equiv 0(\bmod\, 3) \\[3mm] \left(\dfrac{N}{n_1}\right)y_1 \equiv 0(\bmod\, n_2) = \left(\dfrac{105}{3}\right)y_1 \equiv 0(\bmod\, 5) = 35y_1 \equiv 0(\bmod\, 5) = 21y_2 \equiv 1(\bmod\, 5) \\[3mm] \left(\dfrac{N}{n_1}\right)y_1 \equiv 0(\bmod\, n_3) = \left(\dfrac{105}{3}\right)y_1 \equiv 0(\bmod\, 7) = 35y_1 \equiv 0(\bmod\, 7) = 21y_2 \equiv 0(\bmod\, 7) \end{cases}$$

得反元素 $y_1 = 2$，滿足 $N_1 \cdot y_1 \equiv 1 \,(\bmod\, n_1) = 35 \cdot 2 \equiv 1(\bmod\, 3)$

$(35 \times 2) \div 3 = 23 \cdots 1, \ \therefore y_1 = 2$

$$\text{因為} \gcd\left(n_2, \frac{N}{n_2}\right) = \gcd(5,21) = 1, \text{存在 } y_2 \text{ 使得}$$

$$\begin{cases} \left(\dfrac{N}{n_2}\right)y_2 \equiv 0(\bmod\, n_1) = \left(\dfrac{105}{5}\right)y_2 \equiv 0(\bmod\, 3) = 21y_2 \equiv 0(\bmod\, 3) \\[3mm] \left(\dfrac{N}{n_2}\right)y_2 \equiv 1(\bmod\, n_2) = \left(\dfrac{105}{5}\right)y_2 \equiv 1(\bmod\, 5) = 21y_2 \equiv 1(\bmod\, 5) \\[3mm] \left(\dfrac{N}{n_2}\right)y_2 \equiv 0(\bmod\, n_3) = \left(\dfrac{105}{5}\right)y_2 \equiv 0(\bmod\, 7) = 21y_2 \equiv 0(\bmod\, 7) \end{cases}$$

得反元素 $y_2 = 1$，滿足 $N_2 \cdot y_2 \equiv 1 \,(\bmod\, n_2) = 21 \cdot 1 \equiv 1 \,(\bmod\, 5)$，即

$(21 \times 1) \div 5 = 4 \cdots 1, \ \therefore y_2 = 1$

$$\text{因為} \gcd\left(n_3, \frac{N}{n_3}\right) = \gcd(7,15) = 1, \text{存在 } y_3 \text{ 使得}$$

$$\begin{cases} \left(\dfrac{N}{n_3}\right)y_3 \equiv 0(\bmod\, n_1) = \left(\dfrac{105}{7}\right)y_3 \equiv 0(\bmod\, 3) = 15y_3 \equiv 0(\bmod\, 3) \\[3mm] \left(\dfrac{N}{n_3}\right)y_3 \equiv 0(\bmod\, n_2) = \left(\dfrac{105}{7}\right)y_3 \equiv 0(\bmod\, 5) = 15y_3 \equiv 0(\bmod\, 5) \\[3mm] \left(\dfrac{N}{n_3}\right)y_3 \equiv 1(\bmod\, n_3) = \left(\dfrac{105}{7}\right)y_3 \equiv 1(\bmod\, 7) = 15y_3 \equiv 1(\bmod\, 7) \end{cases}$$

得反元素 $y_3=1$，滿足 $N_3 \cdot y_3 \equiv 1 \pmod{n_3}=15 \cdot 1 \equiv 1 \pmod 7$，即 $(15 \times 1) \div 7 = 2 \cdots 1, \therefore y_3 = 1$

補充說明 ❷

- 假設 $x=a+b+c$（因為有三個方程式，故選擇三個變數 a, b, c），

  $x \equiv 2 \pmod 3 \Rightarrow a+b+c \equiv 2 \pmod 3$ (1.1)

  $x \equiv 3 \pmod 5 \Rightarrow a+b+c \equiv 3 \pmod 5$ (1.2)

  $x \equiv 2 \pmod 7 \Rightarrow a+b+c \equiv 2 \pmod 7$ (1.3)

- 根據同餘加法性質，可以將 (1.1) 拆解如下，並求 a：

  1. $a \equiv 2 \pmod 3$

  2. $a \equiv 0 \pmod 5$

  3. $a \equiv 0 \pmod 7$

  因為 a 可以被 5、7 整除，但不能被 3 整除（餘 2），因此 a 是 35 的倍數，意即 $a=35p$，所以 $35p \equiv 2 \pmod 3$，根據同餘的因數定理：$3|35p-2$；代入 $p=1$ 則 $3|35p-2$ 整除可以成立，得 $a=35$。

- 根據同餘加法性質，可以將 (1.2) 拆解如下，並求 b：

  1. $b \equiv 0 \pmod 3$

  2. $b \equiv 3 \pmod 5$

  3. $b \equiv 0 \pmod 7$

  因為 b 可以被 3、7 整除，但不能被 5 整除（餘 3），因此 b 是 21 的倍數，意即 $b=21p$，所以 $21p \equiv 3 \pmod 5$，根據同餘的因數定理：$5|21p-3$；代入 $p=3$ 則 $5|21p-3$ 整除可以成立，得 $b=63$。根據同餘加法性質，可以將 (1.1) 拆解如下，並求 c：

  1. $c \equiv 0 \pmod 3$

  2. $c \equiv 0 \pmod 5$

  3. $c \equiv 2 \pmod 7$

因為 c 可以被 3、5 整除，但不能被 7 整除（餘 2），因此 c 是 15 的倍數，意即 $c=15p$，所以 $15p\equiv2\ (\mathrm{mod}\ 7)$，根據同餘的因數定理：$7|15p-2$；代入 $p=2$ 則 $7|15p-2$ 整除可以成立，得 $c=30$。

因為 $x=a+b+c$，$a=35$，$b=63$，$c=30$，因此，$x=128$；

1. $128\equiv2\ (\mathrm{mod}\ 3)$
2. $128\equiv3\ (\mathrm{mod}\ 5)$
3. $128\equiv2\ (\mathrm{mod}\ 7)$

然而，x 有很多種可能，我們透過找通解來尋找 x 的最小解！

已知 (3, 5, 7) 的最小公因數為 $105=3\cdot5\cdot7$；因此，可同時被 3, 5, 7 整除的數為 $105t$，則原方程組的通解公式可以寫成 $128+105t$，因為

$$128+105t\leftarrow\begin{cases}128+105t\equiv2(\mathrm{mod}\ 3)\leftarrow\begin{cases}128\equiv2(\mathrm{mod}\ 3)\\105t\equiv0(\mathrm{mod}\ 3)\end{cases}\\128+105t\equiv3(\mathrm{mod}\ 5)\leftarrow\begin{cases}128\equiv3(\mathrm{mod}\ 5)\\105t\equiv0(\mathrm{mod}\ 5)\end{cases}\\128+105t\equiv2(\mathrm{mod}\ 7)\leftarrow\begin{cases}128\equiv2(\mathrm{mod}\ 7)\\105t\equiv0(\mathrm{mod}\ 7)\end{cases}\end{cases}$$

$t=-1$ 時可得最小正整數：$x=23$。

Tips 1.12　二次剩餘（quadratic residue）的定義

令 $a\in\mathbb{Z}_n^*$，a 與 n 互質 $((a,n)=1)$；若存在 $x\in\mathbb{Z}_n^*$，使得 $x^2\equiv a\ (\mathrm{mod}\ n)$，則 a 可以稱為模 n 下的二次剩餘或平方剩餘 (quadratic residue)；反之，若不存在 $x\in\mathbb{Z}_n^*$ 則稱之為模 n 下的非二次剩餘 (quadratic non-residue)。模 n 下所有的二次剩餘之集合表示為 QR_n，非二次剩餘集合表示為 QNR_n。需要注意的是，根據定義，$0\notin\mathbb{Z}_n^*$，同時 $0\notin\mathrm{QR}_n$，且 $0\notin\mathrm{QNR}_n$。其他二次剩餘的特性 / 定義如下：

1. 令 p 為奇質數，α 為 $\mathbb{Z}_p^*$ 的生成值，若 $a=\alpha^i\ (\mathrm{mod}\ p)$，則 $a\in\mathbb{Z}_p^*$ 是模 p 下的 QR，其中 i 是偶數。它遵循 $|\mathrm{QR}_p|=(p-1)/2$ 且 $|\mathrm{QNR}_p|=(p-1)/2$；意即在 $\mathbb{Z}_p^*$ 中有一半的元素是 QR，一半是 QNR。

2. 令 n 是兩個不同的奇質數 p 和 q 的乘積 ($n=pq$)。若且唯若，若 $a \in$ QR_p 且 $a \in QR_q$，則 $a \in \mathbb{Z}_n^*$ 是一個模 n 下的 QR。它遵循 $|QR_n| = |Q_p|$ · $|Q_q| = (p-1)(q-1)/4$ 且 $|QNR_n| = 3(p-1)(q-1)/4$。

3. 令 $a \in QR_n$，若 $x \in \mathbb{Z}_n^*$ 且 $x^2 \equiv a \pmod{n}$，則 x 稱為模 n 下 a 的平方根（square root），a 則稱為 x 在模 n 下的二次剩餘（quadratic residue）。

筆記 例如：

令 $p=13$，$\alpha=6$ 是 $\mathbb{Z}_{13}^*$ 的生成值，α 的冪次方列在表 1.1 中

表 1.1：在 $\mathbb{Z}_{13}^*$，原根 $\alpha=6$ 的冪次運算表

i	0	1	2	3	4	5	6	7	8	9	10	11
α^i (mod 13)	1	6	10	8	9	2	12	7	3	5	4	11

- $QR_{13} = \{1, 3, 4, 9, 10, 12\}$，$|QR_p| = (p-1)/2 = 13-1/2 = 6$。

- $QNR_{13} = \{2, 5, 6, 7, 8, 11\}$，$|QNR_p| = (p-1)/2 = 13-1/2 = 6$。

令 $n=21=3 \cdot 7$，則

- $QR_{21} = \{1, 4, 16\}$，$|QR_n| = (p-1)(q-1)/4 = (3-1)(7-1)/4 = 12/4 = 3$。

- $QNR_{21} = \{2, 5, 8, 10, 11, 13, 17, 19, 20\}$，$|QNR_n| = 3(p-1)(q-1)/4$ $= 3(3-1)(7-1)/4 = 36/4 = 9$。

雷建德符號（Legendre Symbol）

是一個用來確認整數 a 是否為模 p（質數）下的二次剩餘，因此雷建德符號只能應用在 p 為質數的前提上。換言之，若能判斷給定的整數 a 是否為質數 p 的二次剩餘 QR，則同餘式有解；此外，二次剩餘也可以用來初步判斷一個大整數 n 是否為質數，若整數 a 是大整數 n 的非二次剩餘，則可初步排除 n 是質數的可能性，但不能確定 n 一定是合成數。

Tips 1.13 雷建德符號（Legendre Symbol）的定義

令 p 是奇質數（除了 2 以外的質數），同時 $0 < a < p$，雷建德符號 $\left(\frac{a}{p}\right)$ 定義如下：

$$\left(\frac{a}{p}\right) = \begin{cases} 0, \text{if } p \mid a \\ +1, \text{if } a \in QR_p \\ -1, \text{if } a \in QNR_p \end{cases}$$

其他雷建德符號的若干特性如下（請參考）：

1. $\left(\frac{a}{p}\right) \equiv a^{\frac{(p-1)}{2}} \pmod{p}$，其中 $\left(\frac{1}{p}\right) = 1$

2. $\left(\frac{-1}{p}\right) = (-1)^{(p-1)/2} = \begin{cases} +1 \in QR_p, \text{if } p \equiv 1 \pmod{4} \\ -1 \in QNR_p, \text{if } p \equiv 3 \pmod{4} \end{cases}$ ；意即，

   I. 若 $p \equiv 1 \pmod 4$，則 $1 \in QR_p$；

   II. 若 $p \equiv 3 \pmod 4$，則 $-1 \in QNR_p$。

3. $\left(\frac{ab}{p}\right) = \left(\frac{a}{p}\right)\left(\frac{b}{p}\right)$。因此，若 $a \in \mathbb{Z}_p^*$，則 $\left(\frac{a^2}{p}\right) = 1$。

4. 若 $a \equiv b \pmod p$，則 $\left(\frac{a}{p}\right) = \left(\frac{b}{p}\right)$。

5. $\left(\frac{2}{p}\right) = (-1)^{\frac{(p^2-1)}{8}} = \begin{cases} +1 \in QR_p, \text{if } p \equiv 1 \pmod 8 \text{ or } 7 \pmod 8 \\ -1 \in QNR_p, \text{if } p \equiv 3 \pmod 8 \text{ or } 5 \pmod 8 \end{cases}$ ；意即，

   I. 若 $p \equiv 1$ 或 $7 \pmod 8$，則 $\left(\frac{2}{p}\right) = 1$；

   II. 若 $p \equiv 3$ 或 $5 \pmod 8$，則 $\left(\frac{2}{p}\right) = -1$。

6. 若 q 是不同於 p 的奇質數，則 $\left(\frac{p}{q}\right) = \left(\frac{q}{p}\right)(-1)^{\frac{(p-1)(q-1)}{4}}$，換言之，除非 p 和 q 都是等於 3 模 4，在這種情況下 $\left(\frac{p}{q}\right) = -\left(\frac{q}{p}\right)$。

筆記 $\left(\frac{0}{p}\right) = 0$，無意義。$\left(\frac{1}{p}\right) = 1$。

x	1	2	3	4	5	6
$a = x^2 \,(\text{mod } 7)$	1	4	2	2	4	1

由上表得知，$a \in \{1, 2, 4\}$ 時，雷建德符號是 1，也就是 $\left(\frac{1}{7}\right) = \left(\frac{2}{7}\right) = \left(\frac{4}{7}\right) = 1$；其餘為 -1，也就是 $\left(\frac{3}{7}\right) = \left(\frac{5}{7}\right) = \left(\frac{6}{7}\right) = -1$。

筆記 計算 $\left(\frac{5}{23}\right)$

$$\left(\frac{5}{23}\right) = 5^{\frac{23-1}{2}} (\text{mod } 23) \quad \boxed{\text{特性 1：因為} \left(\frac{a}{p}\right) \equiv a^{\frac{(p-1)}{2}} (\text{mod } p)}$$

$$= 5^{11} (\text{mod } 23) = 5 \times (5^2)^5 (\text{mod } 23)$$

$$\equiv 5 \times 2^5 (\text{mod } 23) \quad \boxed{\text{因為 } 2 = 5^2 = 25 (\text{mod } 23)}$$

$$\equiv 5 \times 9 (\text{mod } 23) = 45 (\text{mod } 23) = 22 \quad \boxed{\text{因為 } 9 = 2^5 = 32 (\text{mod } 23)}$$

$$\equiv -1 \quad \boxed{\text{因為 5 不是 23 的二次剩餘}}。$$

換言之，不存在整數 x，使得 $x^2 \equiv 5 \,(\text{mod } 23)$。

加寇比符號（Jacobi Symbol）

是雷建德符號的特例（整數 n 為奇質數），整數 n 為奇數但不一定是質數。

我們可以利用數論上的結果，不需要分解 n，就能得出加寇比符號的值；我們首先判斷 n 是否是奇質數，若是則直接用雷建德符號計算；若不是，則對 n 依照加寇比符號的特性進行解析，直到解析後的結果為奇質數為止。

Tips 1.14 加寇比符號（Jacobi Symbol）的定義

令 n 是正奇整數，同時 $n = p_1^{e_1} p_2^{e_2} \cdots p_k^{e_k}$，加寇比符號 $J\left(\frac{a}{n}\right)$ 被定義如下：

$$J\left(\frac{a}{n}\right) = J\left(\frac{a}{p_1^{e_1} p_2^{e_2} \cdots p_k^{e_k}}\right) = \left(\frac{a}{p_1}\right)^{e_1} \left(\frac{a}{p_2}\right)^{e_2} \cdots \left(\frac{a}{p_k}\right)^{e_k}$$

可觀察發現，若 n 是質數，那麼加寇比符號就是雷建德符號；若 n 不是質數則稱之為加寇比符號；其他加寇比符號的特性如下：

1. 當 n 是質數時，$J\left(\dfrac{a}{n}\right) = \left(\dfrac{a}{n}\right)$。

2. $J\left(\dfrac{1}{n}\right) = 1$，$J\left(\dfrac{-1}{n}\right) = (-1)^{\frac{n-1}{2}}$。

3. $J\left(\dfrac{ab}{n}\right) = J\left(\dfrac{a}{n}\right)J\left(\dfrac{b}{n}\right)$，因此，

   I. 若 $a \in \mathbb{Z}_n^*$，則 $J\left(\dfrac{a^2}{n}\right) = 1$。

   II. 若 n 是奇數，且，$m = 2^k t$，其中 t 為奇數，則 $J\left(\dfrac{m}{n}\right) = J\left(\dfrac{2}{n}\right)^k J\left(\dfrac{t}{n}\right)$。

4. $J\left(\dfrac{a}{mn}\right) = J\left(\dfrac{a}{m}\right)J\left(\dfrac{a}{n}\right)$。

5. $J\left(\dfrac{2}{n}\right) = (-1)^{\frac{n^2-1}{8}}$，意即

   I. 若 $n = 1 (\mathrm{mod}\ 8)$ 或 $n = 7 (\mathrm{mod}\ 8)$，則 $J\left(\dfrac{2}{n}\right) = 1$；

   II. 若 $n = 3 (\mathrm{mod}\ 8)$ 或 $n = 5 (\mathrm{mod}\ 8)$，則 $J\left(\dfrac{2}{n}\right) = -1$。

6. 當 $a = n = 3 (\mathrm{mod}\ 4)$ 時，$J\left(\dfrac{a}{n}\right) = -J\left(\dfrac{n}{a}\right)$，否則 $J\left(\dfrac{a}{n}\right) = J\left(\dfrac{n}{a}\right)$。

7. 若 $a \equiv b (\mathrm{mod}\ n)$，則 $J\left(\dfrac{a}{n}\right) = J\left(\dfrac{b}{n}\right)$。

筆記 計算 $J\left(\dfrac{7411}{9283}\right)$

$$J\left(\dfrac{7411}{9283}\right) = -J\left(\dfrac{9283}{7411}\right) \quad \boxed{\text{特性 6：} \because 7411 \equiv 9283 \equiv 3 (\mathrm{mod}\ 4)}$$

$$= -J\left(\dfrac{1872}{7411}\right) \quad \boxed{\text{特性 7：} \because 9283 \equiv 1872 (\mathrm{mod}\ 7411)}$$

$$= -J\left(\dfrac{4^2}{7411}\right) J\left(\dfrac{117}{7411}\right) \quad \boxed{\text{特性 3：} \because m = 1872 = 4^2 \times 117}$$

$$= -J\left(\frac{117}{7411}\right) \boxed{\text{特性 6：}\because 7411 = 3(\text{mod } 4) \ \& \ J\left(\frac{4^2}{7411}\right) = 1}$$

$$= J\left(\frac{7411}{117}\right) \boxed{\text{特性 6：}\because 7411 \equiv 3(\text{mod } 4) \neq 117 \equiv 1(\text{mod } 4)}$$

$$= J\left(\frac{40}{117}\right) \boxed{\text{特性 7：}\because 7411 \equiv 40(\text{mod } 117)}$$

$$= J\left(\frac{2}{117}\right)^3 J\left(\frac{5}{117}\right) \boxed{\text{特性 3：}\because n = 40 = 2^3 \times 5}$$

$$= -J\left(\frac{5}{117}\right) \boxed{\text{特性 5：}\because 117 = 5(\text{mod } 8)，\therefore J\left(\frac{2}{117}\right)^3 = (-1)^3 = -1}$$

$$= -J\left(\frac{117}{5}\right) \boxed{\text{特性 6：}\because 117 = 1(\text{mod } 4)}$$

$$= -J\left(\frac{2}{5}\right) \boxed{\text{特性 7：}\because 117 = 2(\text{mod } 5)}$$

$$= 1 \boxed{\text{特性 5：}\because 5 = 5(\text{mod } 8)，\therefore -J\left(\frac{2}{5}\right) = 1}$$

筆記 設有一合成數 $n = pq$，其中 p, q 是奇質數，若存在 $x \in \mathbb{Z}_n^*$，且因加寇比符號 $J\left(\frac{x}{n}\right) = J\left(\frac{x}{p}\right)J\left(\frac{x}{q}\right) = \left(\frac{x}{p}\right)\left(\frac{x}{q}\right)$，我們可以得到表格 1.2[3]。在表格中，只有

表 1.2　四種在 $\mathbb{Z}_n^*$ 的加寇比符號

$J\left(\frac{x}{p}\right)$	$J\left(\frac{x}{q}\right)$	$Q_{ij}(n)$	$J\left(\frac{x}{n}\right)$
1	1	$Q_{00}(n)$	1
-1	-1	$Q_{11}(n)$	1
1	-1	$Q_{01}(n)$	-1
-1	-1	$Q_{10}(n)$	-1

3　賴溪松、韓亮、張真誠，近代密碼學及其應用，2003。

$x \in Q_{00}(n)$ 時，x 才是模 n 的二次剩餘，若 x 屬於其他三項 $Q_{11}(n)$, $Q_{01}(n)$, $Q_{10}(n)$ 則為非二次剩餘。因此，兩次二次剩餘之乘績為二次剩餘；二次剩餘與非二次剩餘之乘積為非二次剩餘。

令 $p=3, q=7$（且 $p, q > 2$），合成數 $n=21$，可得到 $Q_{00}(21)=\{1,4,16\}$ 在表格 1.3，即使因為 $J\left(\frac{5}{3}\right)J\left(\frac{5}{7}\right)=1\times1=1=J\left(\frac{5}{21}\right)$，然而 $a=5 \notin Q_{00}(21)$。只有 $J\left(\frac{a}{p}\right)=1$ 且 $J\left(\frac{a}{q}\right)=1$ 時，才能得到 $J\left(\frac{a}{n}\right)=1$，因此，在 $a \in \{1,4,16\}$ 時，可以得到二次剩餘 $Q_{00}(21)=\{1,4,16\}$。

表 1.3　在 $\mathbb{Z}_{21}^{*}$ 的加寇比符號

$a \in \mathbb{Z}_{21}^{*}$	1	2	4	5	8	10	11	13	16	17	19	20
$a^2(\bmod n)$	1	4	16	4	1	16	16	1	4	16	4	1
$J\left(\frac{a}{3}\right)$	1	-1	1	-1	-1	1	-1	1	1	-1	1	-1
$J\left(\frac{a}{7}\right)$	1	1	1	-1	1	-1	1	1	1	-1	-1	-1
$J\left(\frac{a}{21}\right)$	1	1	1	1	-1	-1	-1	-1	1	1	-1	1

Tips 1.15　布倫整數（Blum integer）的定義

布倫整數是 $n=pq$ 形式的複合整數，同時 $p=q=3(\bmod 4)$。當 n 為布倫整數時，其二次剩餘的特性如下：

- $J\left(\frac{-x}{n}\right) = J\left(\frac{x}{n}\right)$
- 若 $x, y \in \mathbb{Z}_n^{*}$，並且滿足 $x^2=y^2(\bmod n)$，其中 $x \neq y$ 或 $-y(\bmod n)$，則 $J\left(\frac{x}{n}\right) = -J\left(\frac{y}{n}\right)$。
- 若 $a \in QR_n$，則 $x^2=a(\bmod n)$ 分別在若 $Q_{00}(n)$, $Q_{11}(n)$, $Q_{10}(n)$, $Q_{01}(n)$ 中各有一解。
- $a \in QR_n$ 的唯一平方根稱之為 a 模 n 的主平方根（principal square root）。

筆記 ▶ 布倫整數 $n=21$，$J\left(\dfrac{a}{21}\right)=\{1,4,5,16,17,20\}$，其中 $a=\{1,2,...,20\}$ 且 $QNR_{21}=$ $\{5,17,20\}$，其中 $a=4$ 的四個平方根（square root）分別為 $2\in Q_{01}(21)$, $5\in Q_{00}$ (21), $16\in Q_{11}(21)$, $19\in Q_{10}(21)$，其中只有 16 是 4 模 21 的主要平方根。

1.1.3　原根（Primitive roots）

Tips 1.16　原根（primitive roots）定義 (1)

假設整數 a 和 p 互質（滿足 $\gcd(a,p)=1$），使 $a^x\equiv1(\mathrm{mod}\ p)$ 成立的最小正整數 x 稱為 a 對模 p 的次數 (degree) 或階 (order)。根據 *Euler's theorem*，若整數 a 和 p 互質，則 $a^{\phi(p)}\equiv1(\mathrm{mod}\ p)$。若 $x=\phi(p)=p-1$（即 p 非合成數），則稱 a 是模 p 的一個原根或生成元 (*generator*)。

Tips 1.17　原根（primitive roots）定義 (2)

給定 $p\in\mathbb{N}$，若存在 $a\in\mathbb{Z}$ 且與 p 互質滿足，使得 $\{a, a_2,..., a_{\phi(p)}\}$ 成為一個模 p 簡約餘數系統（*reduced residue system*），則稱 a 是模 p 之下的原根（*primitive root*）。換言之，生成元的每個次方恰好生成不會重複的非零元素。

n	1	2	3	4	5	6	7	8	9	10
$2^n(\mathrm{mod}\ 11)$	2	4	8	5	10	9	7	3	6	1

從上面的表格我們可以發現：

1. $n=\{1, 2, ..., 10\}$，10 個在模 11 之下，每個餘數皆相異，其中 $10=\phi(11)$ $=11-1$（尤拉定理）。

2. 2 和 11 互質，所以 2^n 和 11 也是互質。

3. 由簡約餘數系統的定義可以得知 $\{2, 2^2,..., 2^{10}\}$ 是一個模 11 的簡約餘數系統。

4. 每個和 11 互質的數 $a=\{2, 4, 8, 5, 10, 9, 7, 3, 6, 1\}$，都可以找到 $1 \leq n \leq 10$ 使得 $a \equiv 2^n \pmod{11}$。

5. 僅將 n 列到 10 的原因是因為 $2^{10} \equiv 1 \pmod{11}$，如果 $m=10k+i$ 其中 $0 \leq i \leq 9$，則 $2^m \equiv 2^i \pmod{11}$。因此每 10 次方就一個循環，僅需列出 10 次即可。

6. 在本範例中，2 是模 11 的原根。

根據原根的定義，如果 a 是模 p 的原根，則 a^k 是模 p 原根的充分必要條件是 $\gcd(k,\phi(p))=1$。這個結論很重要，假設我們找到了模 p 的一個原根 a，只要 a 的次方數 k 與 $\phi(p)$ 互質，那麼 a^k 也會是模 p 的一個原根。也就是說，只要找到了模 p 的一個原根，即可找出其他的原根。

關於原根的數論基礎，延伸了以下重要觀念：

1. $\{a_0, a_1, ..., a_{\phi(p)}\}$ 是模 p 的簡化剩餘系統。

2. 只要找到了模 p 的一個原根，我們就可以找出其他的原根。

3. 若是模 p 有原根，則它共有 $\phi(\phi(p))$ 個對於模 p 不相同的原根。

4. 若 p 為 $\{2, 4, a^k, 2a^k\}$（其中 a 為奇質數且 $k \geq 1$）四者之一時，原根才存在。

1.1.4 階（Order）

Tips 1.18 階（order）定義

給定 $p \in \mathbb{N}$ 以及 $a \in \mathbb{Z}$ 滿足 $\gcd(a, p)=1$。若 $n \in \mathbb{N}$ 是最小的正整數滿足 $a^n \equiv 1 \pmod{p}$，則稱 n 為 a 在模 p 之下的階（order，有限域的元素個數稱為它的階，是一個質數的冪。），並以 $ord_p(a)=n$ 表之。

由於 $\gcd(a, m)=1$(Greatest Common Divisor, gcd)，根據尤拉定理（Euler's Theorem），$a^{\phi(m)} \equiv 1 \pmod{m}$，所以 $ord_m(a)$ 必存在，且依定義可得知 $ord_m(a) \leq \phi(m)$。

Tips 1.19 尤拉定理（Euler's Theorem）

若 n, a 為正整數，$\gcd(n, a)=1$（即 n, a 互質），則 $a^{\phi(n)}\equiv 1 \pmod{n}$，即 $a^{\phi(n)}$ 與 1 在模 n 下同餘，$\phi(n)$ 為尤拉函數。

1.1.5　有限域（Finite field）

在模的運算裡，因為質數 p 的存在，使得任一整數 $x\in\mathbb{Z}_p$ 會存在一個乘法反元素 $x^{-1}\in\mathbb{Z}_p$，並且滿足 $xx^{-1}=1 \pmod{p}$，因此我們可以說模 p，是在同餘的數學運算時的有限域（或稱之為有限體、有限場），符號定義為 $\mathbb{F}_{p^m}$ 或 $GF(p^m)$（GF, Galois Field）[4]。

Tips 1.20 有限域（Finite filds）定義

有限域 $\mathbb{F}$ 是包含有限個元素，其 $\mathbb{F}$ 的階（*order*），是在 $\mathbb{F}$ 有限域中的元素個數。其他有限域的特性如下：

- 若 $\mathbb{F}$ 是一個有限域，則 $\mathbb{F}$ 包含 p^m 個元素（其中 p 為質數且整數 $m \geq 1$）。
- 每個質數冪次方 p^m，唯一存在階（*order*）為 p^m 的有限域，符號定義為 $\mathbb{F}_{p^m}$ 或 $GF(p^m)$。
- 若 $\mathbb{F}_q$ 是一個具有階為 q 的有限域（$q=p^m$，p 為質數），則 $\mathbb{F}_q$ 的特性就是 p；此外，$\mathbb{F}_q$ 是 $\mathbb{Z}_p$ 的子域（*subfild*），因此 $\mathbb{F}_q$（階為 m）可以被視為 $\mathbb{Z}_p$ 的延伸。

4　埃瓦里斯特·伽羅瓦（Évariste Galois），19 世紀著名法國數學家。在他還只有十幾歲的時候，他就發現了 n 次多項式可以用根式解的充要條件；他優異的數學才能，創造了一系列突破性的理論，包括群論和域論。

筆記 有限域 $\mathbb{F}_{2^4}$（代表 $p=2,\ m=4$），多項式 $f(x)=x^4+x+1$（$\mathbb{F}_{2^4}$ 在 $\mathbb{Z}_2$ 下不可分解 (irreducible)），如同質數；故多項式 $f(x)=x^4+x+1$ 也可以稱之為質式 [5]，(0010) 是 $\mathbb{F}_{2^4}^*$ 的生成值。

$$\mathbb{F}_{2^4}=\{a_3x^3+a_2x^2+a_1x+a_0:a_i\in\{0,1\}\}$$

多項式 $\{a_3x^3+a_2x^2+a_1x+a_0\}$ 可簡化用向量表示為 $(a_3\ a_2\ a_1\ a_0)$，其長度為 4，且

$$\mathbb{F}_{2^4}=\{(a_3\ a_2\ a_1\ a_0):a_i\in\{0,1\}\}$$

以下是有限域算術的範例：

1. 有限域元素加法（減法）[6]，令 $A=(x^3+x+1)=(1011)$，$B=(x^3+1)=(1001)$：

$$C=A+B\ (\text{mod } p)=(1011)+(1001)\ (\text{mod } p)$$
$$=(2012)\ (\text{mod } 2)$$
$$=(0010)$$

$\therefore (1011)+(1001)=(0010)$

表 1.4　模 $f(x)=x^4+x+1$ 下，x 的指數次方

i	$x^i\,(\text{mod } x^4+x+1)$	向量表示
0	1	(0001)
1	x	(0010)
2	x^2	(0100)
3	x^3	(1000)
4	$x+1$	(0011)
5	x^2+x	(0110)

5　irreducible polynomial(prime polynomial)：「不可約多項式」，俗稱「質式」，無法用乘法分解的多項式。

6　$GF(2^n)$ 的情況下，正號＝負號，加法＝減法＝ XOR。

i	$x^i \pmod{x^4+x+1}$	向量表示
6	x^3+x^2	(1100)
7	x^3+x+1	(1011)
8	x^2+1	(0101)
9	x^3+x	(1010)
10	x^2+x+1	(0111)
11	x^3+x^2+x	(1110)
12	x^3+x^2+x+1	(1111)
13	x^3+x^2+1	(1101)
14	x^3+1	(1001)

2. 有限域元素乘法，令 $A=(x^3+x^2+1)=(1101)$, $B=(x^3+1)=(1001)$, $f(x)=x^4+x+1$：將 A,B 以多項式相乘，然後將乘積除以 $f(x)$ 時取餘數：

$$(x^3+x^2+1) \cdot (x^3+1) = x^6+x^5+x^3+x^3+x^2+1 \pmod{p}$$
$$= x^6+x^5+2x^3+x^2+1 \pmod{2}$$
$$= (1102101) \pmod{2}$$
$$= (1100101)$$
$$= x^6+x^5+x^2+1 \quad \boxed{參考表 1.4}$$
$$= (1100)+(0110)+(0100)+(0001)$$
$$= (1111)$$
$$\equiv x^3+x^2+x+1 \pmod{f(x)}$$

$\therefore (1101) \cdot (1001) = (1111)$

3. (1011) 的反元素為 (0101)，驗證如下：

$$(x^3+x+1) \cdot (x^2+1) = x^5+x^2+x+1 \quad \boxed{參考表 1.4}$$
$$= (0110)+(0100)+(0010)+(0001)$$
$$\equiv 1 \pmod{f(x)}$$

$\therefore (1011) \cdot (0101) = (0001)$

1.1.6 橢圓曲線密碼學概念（Elliptic Curve Cryptography, ECC）

ECC 演算法是一種**基於橢圓曲線**數學的公開密鑰加密演算法，Miller 與 Koblitz 於 1985 年分別提出在橢圓曲線的有限域運算所發展的的公開金鑰密碼系統，其安全性植基在解決**橢圓曲線離散對數**的困難性，利用橢圓曲線上的點構成有限域上計算橢圓離散對數的問題，可應用在加解密、金鑰交換與數位簽章；常見的 EC 有三類：

1. 定義在 Galois 體 $\mathbb{F}_p = \mathbb{Z}/p$ 上的橢圓曲線，也就是質數曲線（Prime Curve），其中 p 為大質數。

- **質數體橢圓曲線方程式**：$E:y^2 = x^3 + ax + b$；假設在橢圓曲線上任意兩點 $P = (x_1, y_1) \in E(\mathbb{F}_p)$、$Q = (x_2, y_2) \in E(\mathbb{F}_p)$，且 $P \neq \infty \neq Q$，則運算規則如下：

  (a) $P + \infty = \infty + P = P$, $\forall P \in E(\mathbb{F}_p)$

  (b) $P + (-P) = (x_1, y_1) + (x_1, -y_1) = \infty$

  (c) $P + Q = (x_3, y_3)$，x_3, y_3 分別計算如下：

$$\begin{cases} x_3 = \lambda^2 - x_1 - x_2 \\ y_3 = \lambda(x_1 - x_3) - y_1 \end{cases} \text{且 } \lambda = \begin{cases} \dfrac{y_2 - y_1}{x_2 - x_1}, if\, P \neq Q \\ \dfrac{3x_1^2 + a}{2y_1}, if\, P = Q \end{cases}$$

網站 Wolfram Mathworld[7] 的橢圓曲線 $E:y^2 = x^3 + ax + b$，調整係數 a, b 後的橢圓曲線變化，由左而右分別為 $(a=0, b=-1)$, $(a=0, b=1)$, $(a=-3, b=3)$, $(a=-4, b=0)$, $(a=-1, b=0)$，如圖 1.1。

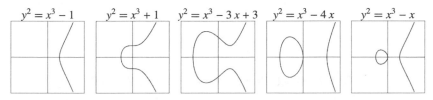

圖 **1.1** 橢圓曲線 $E:y^2 = x^3 + ax + b$，調整係數 a, b 的橢圓曲線圖

7　Wolfram Mathworld, https://mathworld.wolfram.com/EllipticCurve.html

2. 定義在 Galois 體 $\mathbb{F}_{2^m}$ 上的橢圓曲線，也就是二元曲線（Binary Curve），其中 m 為大整數。

- **二元體橢圓曲線方程式**：$E{:}y^2=xy=x^3+ax+b$；假設在橢圓曲線上任意兩點 $P=(x_1,y_1)$、$Q=(x_2,y_2)$，且 $P\neq\infty\neq Q$，則運算規則如下：

(a) $P+\infty=\infty+P=P$

(b) $P+(-P)=(x_1,y_1)+(x_1,-y_1)=\infty$

(c) $P+Q=(x_3,y_3)$，x_3,y_3 分別計算如下：

$$
\begin{cases}
x_3=\begin{cases}\lambda^2+\lambda+x_1+x_2+a,\ \text{if } P\neq Q\\ \lambda^2+\lambda+a,\ \text{if } P=Q\end{cases}\\
y_3=\lambda(x_1+x_3)+x_3+y_1
\end{cases}
\quad\&\quad
\lambda=\begin{cases}\dfrac{y_2+y_1}{x_2+x_1},\ \text{if } P\neq Q\\ x_1+\dfrac{x_1}{y_1},\ \text{if } P=Q\end{cases}
$$

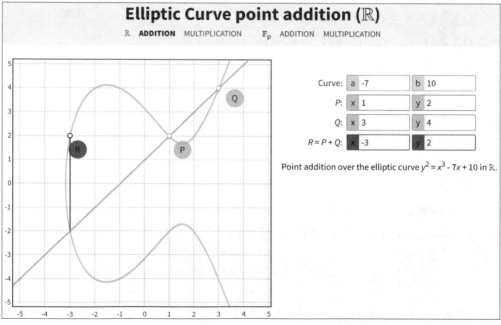

圖 1.2　橢圓曲線 $E{:}y^2=x^3+7x+10$ 的橢圓曲線圖

筆記 在圖 1.2 中，係數 $a=-7$, $b=10$，座標 $P=(x_1, y_1)=(1,2)$, $Q=(x_2, y_2)=(3,4)$，計算 $P+Q=R=(x_3, y_3)$ 過程如下：

因為 $P \neq Q, \therefore \lambda = \frac{y_2-y_1}{x_2-x_1} = \frac{4-2}{3-1} = 1$

$$x_3 = \lambda^2 - x_1 - x_2 = 1^2 - 1 - 3 = -3$$

$$y_3 = \lambda(x_1 - x_3) - y_1 = 1(1-(-3)) - 2 = 2$$

$$\therefore R = (x_3, y_3) = (-3, 2)$$

若是 P 與 Q 是同一點，請參考下一個筆記範例說明。

讀者可以調整圖 1.2，P 點的 x 座標，觀察加法在曲線上的變化如圖 1.3。

在相同的安全強度下，ECC 的金鑰長度可相對於其他密碼系統為短小（表 1.5），且相較於 RSA 演算法，ECC 在相同密鑰長度下，安全性更高。160 位的 ECC 金鑰與 1024 位的 RSA 金鑰具有相同的安全強度。

表 1.5 金鑰長度相對應的安全等級

對稱式	橢圓曲線	DH/DSA/RSA
80	163	1024
128	283	3072
192	409	7680
256	571	15360

因此 ECC 金鑰的存儲空間佔用也較小，同時 ECC 運算量少，所以對私鑰的處理速度遠比 RSA 快，例如解密和簽名運算，適用在行動裝置或智慧卡等有限記憶體的裝置。

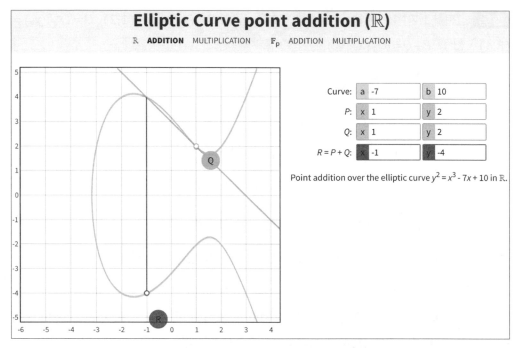

圖 1.3　橢圓曲線 $E{:}y^2{=}x^3{+}7x{+}10$ 的橢圓曲線圖

整理橢圓曲線基本運算（以質數體為例）：

1. 定義一個平面之橢圓曲線 $E{:}y^2{=}x^3{+}ax{+}b$，其中 $a,b{\in}\mathbb{R}$。

2. 過曲線上兩點 P、Q 畫一直線（如圖 1.2），可找到直線與曲線之交點 $-R$，且 $R{=}P{+}Q$。

3. 若 $P{=}Q$（如圖 1.3），則 P 就代表橢圓切線上的切點，可以得到另一點 $2P{=}P{+}P$。

筆記 在圖 1.3 中，係數 $a=-7, b=10$，座標 $P=(x_1,y_1)=(x_2,y_2)=(1,2)$，也就是 P 與 Q 是同一點，計算 $P+P=2P=(x_3,y_3)$ 過程如下：

因為 $P=P, \therefore \lambda=\frac{3x_1^2+a}{2y_1}=\frac{3\times1^2+(-7)}{2\times2}=-1$

$$x_3=\lambda^2-x_1-x_2=(-1)^2-1-1=-1$$
$$y_3=\lambda(x_1-x_3)-y_1=(-1)(1-(-1))-2=-4$$
$$\therefore 2P=(x_3,y_3)=(-1,-4)$$

4. 同樣的，$2P$ 可與 P 點再次相加，得到 $3P=P+2P$。

筆記 在圖 1.3 中，係數 $a=-7, b=10$，座標 $P=(x_1,y_1)=(1,2)$，計算 $3P=P+2P=(x_1,y_1)+(x_2,y_2)=(1,2)+(-1,-4)=(x_3,y_3)$ 過程如下：

因為 $P\neq 2P, \therefore \lambda=\frac{y_2-y_1}{x_2-x_1}=\frac{-4-2}{-1-1}=3$

$$x_3=\lambda^2-x_1-x_2=3^2-1-(-1)=9$$
$$y_3=\lambda(x_1-x_3)-y_1=3(1-9)-2=-26$$
$$\therefore 3P=(x_3,y_3)=(9,-26)$$

5. 以此類推，存在正整數 k 使得 $Q=\underbrace{P+P+\cdots+P}_{k}=kP$。

6. 若是在橢圓曲線上的一個點 P 可以找到最小的正整數 n 並且滿足 $n\cdot P=\infty$（無限遠點），則 n 稱之為點 P 的級數（order）。橢圓曲線上點的級數一定是曲線級數的因數。

由以上可求出對應 P 點，公鑰為 (Q)，私鑰為 (k)，且從 Q、P 逆向運算 n 十分困難。對於橢圓曲線的實際範例，讀者可參考下列網站範例 [8]，可以更清楚質數體下的橢圓曲線 E: $y^2=x^3+ax+b$，經過係數 a, b 的調整或質數 p 的調整，了解在加法與乘法上的關係。

8　https://andrea.corbellini.name/ecc/interactive/modk-mul.html

首先選擇要橢圓曲線是在調整實數 $a, b \in \mathbb{R}$ 或選擇質數 $p \in \mathbb{F}_p$。

接著調整（假設讀者選擇調整質數 $p=97$），在 Galois 體 $\mathbb{F}_{97}$ 如圖 1.4）的質數線橢圓曲線 $E: y^2 = x^3 + 2x + 3$，該橢圓曲線 E 有 100 個點（包括無窮遠點），p 點所生成的子集合有 5 個點。

我們可以進行質數 p 的調整後（例如 $p=5$、11、23），或是調整橢圓曲線係數 a 或 b，可以發現調整後的相對參數。以下為 Galois 體 $\mathbb{F}_p$（縮寫成 $GF(p)$）的橢圓曲線 $E: y^2 = x^3 + 2 + 3$，在調整質數 p 後，所生成的子集合點的數目與級數：

1. $GF(5)$，所生成的子集合有 3 個點，在曲線 $y^2 = x^3 + 2x + 3$ 上有級數為 7 個點（包含無窮遠點）。

2. $GF(11)$，所生成的子集合有 4 個點，在曲線 $y^2 = x^3 + 2x + 3$ 上有級數為 13 個點（包含無窮遠點）。

3. $GF(23)$，所生成的子集合有 12 個點，在曲線 $y^2 = x^3 + 2x + 3$ 上有級數為 24 個點（包含無窮遠點）。

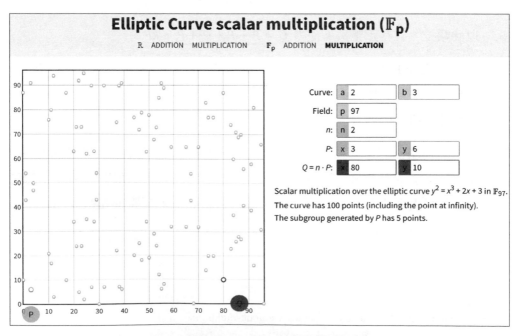

圖 1.4　質數體 $\mathbb{F}_{97}$ 下的橢圓曲線純量乘積圖

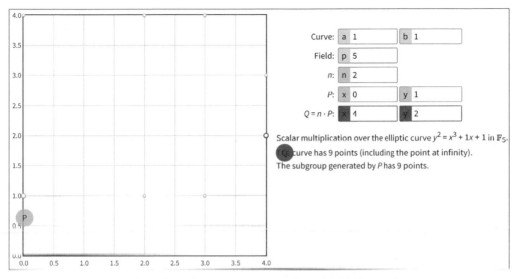

圖 **1.5** 質數體 GF_5 下 $P=(0, 1)$ 的橢圓曲線純量加法

筆記 橢圓曲線實例

1. 質數體 $\mathbb{F}_5$（圖 1.5），若選擇 $P=(0, 1)$，在曲線 $y^2=x^3+x+1$ 的級數為 9，因為 $9P=\infty$。

$(0, 1) \leftrightarrow (0, 4)$
$(2, 1) \leftrightarrow (2, 4)$
$(3, 1) \leftrightarrow (3, 4)$
$(4, 2) \leftrightarrow (4, 3)$

$P=(0, 1), 2P=(4, 2), 3P=P+2P=(2, 1),$
$4P=(3, 4), 5P=(3, 1), 6P=(2, 4), 7P=(4, 3),$
$8P=(0, 4), 9P=\infty$

- $x=1$ 不在曲線上。

- 每一點都有一個反元素，與各自反元素成一對。

- 對於一對互為反元素的點，其 y 值在 $\mathbb{Z}_p$ 下互為加法反元素，例如 $y=1$，$y=4$。

- 反元素在相同的垂直線上。

2. 質數體 $\mathbb{F}_5$（圖 1.6），若選擇 $P=(2, 1)$，則在曲線 $y^2=x^3+x+1$ 的級數為 3，因為 $3P=\infty$。

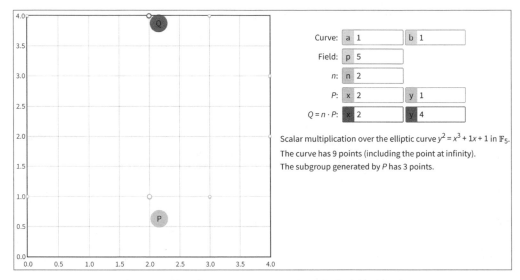

圖 1.6 質數體 GF_5 下 $P=(2, 1)$ 的橢圓曲線純量加法

$(0, 1) \leftrightarrow (0, 4)$
$(2, 1) \leftrightarrow (2, 4)$
$(3, 1) \leftrightarrow (3, 4)$
$(4, 2) \leftrightarrow (4, 3)$

$P=(2, 1)$, $2P=(2, 4)$, $3P=\infty$

每一點都有一個反元素，與各自反元素成一對，反元素在相同的垂直線上。對於一對互為反元素的點，其 y 值在 $\mathbb{Z}_p$ 加法反元素。

$(x, y) \rightarrow (x, -y)$ 其中 $-y$ 是 y 的加法反元素。

- **封閉性**：兩點相加會在曲線上另一個點
- **結合性**：$(P+Q)+R=R+(Q+R)$
- **交換性**：$P+Q=Q+P$
- **存在單位元素**：零點 O
- **存在反元素**：曲線上每一點都會有一對稱於 x 軸的點

1.2 對稱式加密系統 （Symmetric Encryption System）

透過一個情境來探討對稱式加密：假設 Alice 要傳輸一個秘密資料給 Bob，Alice 將資料放在盒子內，並且用鑰匙將盒子外的鎖上鎖，鎖起來後，這個盒子傳送給 Bob，Bob 拿到後，因為 Alice 與 Bob 各有一支同樣的鑰匙，Bob 可用相同的鑰匙進行解鎖，拿到秘密資料，這就是對稱式加密。

這類演算法在加密和解密時使用相同的密鑰，或是使用兩個可以簡單地相互推算的密鑰，也就是傳送方在傳送資料時，使用密鑰加密；同時接收方收到訊息後，也使用同一個密鑰解密。

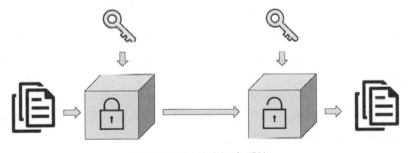

圖 1.7　對稱式加密系統

因為加密與解密為使用相同金鑰，對稱式加密演算法解密的步驟為將加密反過來做，所以其優點為解密時較快速；因此，對稱式加密的缺點為容易被攔截密鑰之有心人破解；密鑰的複雜度也決定了對稱式加密被破解的難度，如何選擇並安全的傳輸金鑰也會成為對稱式加密的另一個課題。

1.2.1 AES（Advanced Encryption Standard，進階加密標準）

Joan Daemen 和 Vincent Rijmen 於 1998 年提出 Rijndael 對稱金鑰加密演算法，經過許多加解密演算法的選汰之後，美國國家標準與技術研究院

（NIST）於 2001 年決議用 Rijndael 加密演算法為 AES，取代了資料加密標準（Data Encryption Standard, DES）。

AES 使用對稱金鑰進行加解密，其密鑰長度有 128、192 和 256 位元三種。AES 的加密過程主要有四個轉換步驟進行迴圈，分別是：置換（SubBytes）、行移位（ShiftRows）、列混合（MixColumns，僅在最後一輪省略）與密鑰加法（AddRoundKey）；迴圈數量決定於所選擇的密鑰長度（128 位元密鑰：10輪、192 位元密鑰：12 輪、256 位元密鑰：14 輪）。而解密過程則是加密過程的逆向操作。

在對稱式加密系統中，使用同一把金鑰進行加密雙方通訊的訊息；假設 Alice 與 Bob 通訊，兩個共用一把相同的金鑰；試想，若是 Alice 也要與 Candy 通訊，則 Alice 與 Candy 則也要擁有另外一把不同的金鑰；否則若是都使用相同金鑰進行通訊，Candy 就可以解密出 Alice 要給 Bob 的訊息，相對的，Bob 也可以解密出 Alice 要給 Candy 的訊息，這樣的過程會造成資訊是在不安全的狀態下傳送！

此外，還有金鑰被竊取的問題需要防範，只要通訊雙方任何一個人洩露金鑰，就會破壞了原本建立的安全機制。

1.3 非對稱式加密系統（Asymmetric Encryption System）

為了改良對稱式加密的缺點，於是有了非對稱式加密的密碼機制。前面提到的對稱式加密優點為容易運算、計算量小，所耗費的時間也少，但缺點則是金鑰容易在傳遞的過程中被攔截，進而導致密文被破解。為了解決金鑰不安全的問題，衍生出了另一種加密方法——「非對稱式加密」。

> **Tips 1.21 非對稱式加密演算法**
>
> 此演算法需要兩個金鑰，公鑰用作加密，私鑰則用作解密。使用公鑰把明文加密後所得的密文，只能用相對應的私鑰才能解密並得到原本的明文。

在這個加密演算法中，使用者持有一對金鑰：

- **公鑰**：是可以公開流通給人傳遞的，用處為加密訊息給私鑰持有人，就算被竊聽也無所謂。

- **私鑰**：為使用者自己持有，由公鑰加密的訊息無法使用公鑰還原，只有私鑰能解密並得到被加密的原文。

但因為公鑰與私鑰之間存在著算數函式的關聯性，所以非對稱式加密的密鑰需要更多的長度，才能防止被數學運算破解，並達到與對稱式加密相同的安全性。

1.3.1 加密

非對稱式加密如圖 1.8 所示（在 1.4.2 會介紹 ElGamal 非對稱金鑰加密演算法），Alice 有一對鑰匙，分別是公鑰與私鑰，公鑰可以給 Bob，Bob 用 Alice 的公鑰將明文文件加密後送給 Alice，Alice 就可以用她自己的私鑰解密還原明文。

1.3.2 驗證

如果是驗證，則公鑰與私鑰的使用就會相反如圖 1.9。假設 Alice 要讓 Bob 相信這份文件是來自於 Alice 本人，那麼 Alice 就要使用她自己的私鑰將文件加密（或稱之為簽章），之後將加密後的文件給 Bob，Bob 拿到密件後使用 Alice 的公鑰進行解密，解密後的文件與原來的文件比對是否相同，若是相同即可確認資料來源是 Alice。

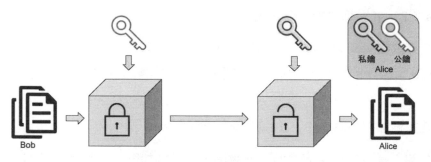

圖 1.8　非對稱式加密系統

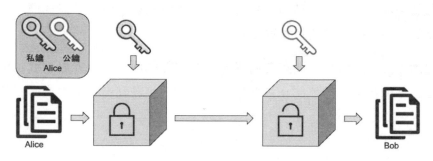

圖 1.9　簽章系統

1.4　數位簽章（Digital Signature）

　　數位簽章是利用非對稱式密碼系統的公鑰與私鑰，確保所傳遞之訊息的安全性與真實性，透過傳送者的私鑰處理明文，接收者可以透過傳送者的公鑰，驗證傳送者所傳遞之訊息，若能確認公鑰的真實性，即公鑰有取得第三方憑證，則傳送者將不可否認曾經發送過該訊息；以下我們介紹 RSA 數位簽章、ElGamal 加密演算法與橢圓曲線數位簽章。

1.4.1　RSA 演算法

　　RSA 演算法是由三位作者 Ron Rivest、Adi Shamir 和 Leonard Adleman 於 1977 年提出，屬於 Asymmetric Encryption（非對稱式加密），使用了一對金鑰（keypair）的方式解決了訊息加密、數位簽章和身份驗證問題。

　　RSA 演算法的基礎奠定在對極大整數做因數分解的難度上，也就是當兩個質數相乘後，要拆解回原本的兩質數越困難，RSA 演算法就越安全。至今為止，只要選擇的質數足夠大，幾乎不存在被破解的可能。

　　公鑰與私鑰的計算方式：

1.　選擇兩個質數 p 與 q 且 $p \neq q$，計算出 $N = p \cdot q$。

2.　根據尤拉函數，不大於 N 且與 N 互質的數有 $(p-1)(q-1)$ 個。

3.　選擇一個整數 $e < (p-1)(q-1)$ 且 e 與 $(p-1)(q-1)$ 互質。

4.　求出 e 的模反元素 d，令 $e \cdot d \equiv 1 \pmod{(p-1)(q-1)}$

　　由以上求出公鑰為 (e, N)，私鑰為 (d, N)，其餘數字銷毀。

　　假設明文資料為 M 且 $M < N$，則：

- 加密 / 驗證訊息的算法為 $m \equiv M^e \pmod{N}$
- 解密 / 簽章訊息的算法為 $M \equiv m^d \pmod{N}$

筆記 ▸ *RSA 實例 1*

1.　$p = 3,\ q = 11$，$N = p \cdot q = 3 \cdot 11 = 33$；$N$ 的二進制為：$\underset{6}{\underline{100001}}$；$N$ 的二進制長度（密鑰長度）是 $6bit$；實際應用要使用 $1024bit$ 以上才安全。

2.　$\phi(N) = (p-1)(q-1) = 2 \cdot 10 = 20$。

3.　隨機選擇 $e = 3$ 後（3 與 20 互質），計算出 $d = 7$ 滿足 $e \cdot d \equiv 1 \bmod \phi(N)$。

4.　公鑰 $\{e, N\} = \{3, 33\}$，私鑰 $\{d, N\} = \{7, 33\}$。

5.　假設 $M = 13$，將 M 用公鑰 $\{e, N\} = \{3, 33\}$ 進行加密計算得到 m，也就是 $m = 13^3 \bmod 33 = 2197 \bmod 33 = 19$。

6. 將密文 $m=19$ 用私鑰 $\{d, N\}=\{7, 33\}$ 進行解密計算得到 M，也就是 $M=19^7$ mod $33=893871739$ mod $33=13$，明文解密完成。

筆記 *RSA 實例 2*

1. $p=61, q=53$，$N=p \cdot q=3233$；N 的二進制為：$\underset{12}{\underline{110010100001}}$；$N$ 的二進制長度（密鑰長度）是 12；實際應用要使用 $1024bit$ 以上才安全。

2. $\phi(N)=(p-1)(q-1)=60 \cdot 52=3120$。

3. 隨機選擇 $e=17$ 後，計算出 $d=2753$ 滿足 $e \cdot d \equiv 1$ mod $(p-1)(q-1)$。

4. 公鑰 $\{e, N\}=\{17, 3233\}$，私鑰 $\{d, N\}=\{2753, 3233\}$。

5. 假設 $M=13$，將 M 用公鑰 $\{e, N\}=\{17, 3233\}$ 進行加密計算得到 m，也就是 $m=13^{17}$ (mod 3233)$=8650415919381337933$ (mod 3233)$=47$。

6. 將 $m=47$ 用私鑰 $\{d, N\}=\{2753, 3233\}$ 進行解密計算得到 M，也就是 $M=47^{2753}$ (mod 3233)$=(1.929313916809209593490619 2005668e+4603)$ (mod 3233)$=13$。

對照 RSA 實例 1 與實例 2，不難發現，只要是 N 的 2 進制位元數越大，計算上更花時間，分解因式也更困難。上述計算可以用 Python 的 pow() 函數進行計算驗證。

Hint 1.1 pow( ) 的基本語法

pow(base, exponent, modulus)

例如： *modResult = pow(2, 3) # 計算 2^3*

　　　 print(modResult)

結果： *8*

例如： *modResult = pow(2, 3, 5) # 計算 2^3 mod 5*

　　　 print(modResult)

結果： *3*

1.4.2 ElGamal 加密演算法

ElGamal 是常見的加密演算法，於 1985 年所發表，能用於資料加密也能用於數位簽章，其計算上的安全性（難度）是植基於計算有限域的離散對數問題。

基於 DH 演算法，非對稱 ElGamal 加密演算法由三部分組成：密鑰生成、加密和解密。

假設 Alice 要送密文給 Bob，首先 Alice 要產生私密金鑰與公開金鑰。

Alice		Bob
選擇一個人質數 P，		選擇 $y \in_R \mathbb{Z}_{p-1}$
P 的原根 $g, x \in_R \mathbb{Z}_{p-1}$		計算 $c_1 = g^y \pmod{P}$
計算 $X = g^x \pmod{P}$	$\xrightarrow{X,g,P}$	計算 $s = X^y \pmod{P}$
		計算 $m' = H(M)$
計算 $s = c_1^x \pmod{P} = g^{xy} \pmod{P}$	$\xleftarrow{c_1,c_2}$	計算 $c_2 = m' \cdot s$
計算 $m' = c_2 \cdot s^{-1}$		

Alice 密鑰生成的步驟如下：

1. Alice 選擇一個大質數 P，取得 P 的一個原根 g 和一個亂數 $x \in_R \mathbb{Z}_{P-1}$，其中 g 和 x 均小於 P，且 x 與 $P-1$ 互質。

2. Alice 計算 $X = g^x \pmod{P}$；

3. Alice 的公鑰 $PK = \{X, g, P\}$，私鑰 $SK = x$。

Bob 使用 Alice 的公鑰 $PK = \{X, g, P\}$，加密一條消息 m 給 Alice 的步驟如下：

1. Bob 隨機選擇一個亂數 $y \in_R Z_{P-1}$，然後計算 $c_1 = g^y \pmod{P}$

2. Bob 計算共享秘密 $s = X^y \pmod{P} = g^{xy} \pmod{P}$

3. Bob 把他要發送的秘密訊息 M 映射為 P 上的一個元素 m'。

4. Bob 計算 $c_2 = m' \cdot s$

5. Bob 將密文 $\{c_1, c_2\}$ 發送給 Alice。

Tips 1.22 安全性問題

如果攻擊者知道了 m'，那麼攻擊者很容易就能知道 X^y 的值。因此對每一條信息都產生一個新的 y 可以提高安全性。所以 y 也被稱作臨時密鑰。

Alice 拿到密文 $\{c_1, c_2\}$ 後的解密步驟如下：

1. Alice 計算共享秘密 $s = c_1^x \pmod{P} = g^{xy} \pmod{P}$。

2. Alice 隨後計算 $m' = c_2 \cdot s^{-1}$，並將 m' 其映射回明文 m，其中 s^{-1} 是 s 在群 P 上的逆元（反元素）。

3. 解密過程是能正確解密出明文，因為 $c_2 \cdot s^{-1} = m' \cdot X^y \cdot (g^{xy})^{-1} \pmod{P} = m' \cdot g^{xy} \cdot g^{-xy} = m'$。

美國的 DSS（Digital Signature Standard）的 DSA（Digital Signature Algorithm）演算法是經 ElGamal 演算法演變而來。GnuPG（GNU Privacy Guard）和 PGP（Pretty Good Privacy）等很多密碼學系統中都應用到了 ElGamal 算法。

筆記 *ElGamal* 加密實例

1. *Alice* 選定一個大質數 $P=53$；原根 $g=5$。

2. *Alice* 隨機選擇一個 $x=7 \in_R \mathbb{Z}_{p-1}$，計算 $X=g^x \pmod{P} = 5^7 \pmod{53} = 78125 \bmod 53 = 3$。

3. *Alice* 的公鑰 $PK=\{X, g, P\}=\{3, 5, 53\}$，私鑰 $SK=7$。

4. *Bob* 使用 *Alice* 的公鑰 $PK=\{X, g, P\}=\{3, 5, 53\}$，加密一條訊息 $M=9$ 給 *Alice*。

5. *Bob* 隨機選擇 $y \in_R \mathbb{Z}_{p-1}=11$，計算 $c_1=g^y \pmod{P} = 5^{11} \bmod 53 = 48828125 \bmod 53 = 20$。

6. *Bob* 計算 $s=X^y=3^{11}$ mod $53=177147$ mod $53=21$。

7. *Bob* 計算 $c_2=M \cdot s=9 \cdot 21=189$，並將密文 $\{c_1, c_2\}=\{20, 189\}$ 發送給 *Alice*。

8. *Alice* 拿到密义 $\{c_1, c_2\}=\{20, 189\}$ 後，計算 $s=c_1^x$ mod $P=20^7$ mod $53=$ 1280000000 mod $53=21$。

9. *Alice* 隨後計算 $m=c_2 \cdot s^{-1}=189 \cdot 21^{-1}=9 \cdot 21 \cdot 21^{-1}=9$。

10. *Alice* 計算取得訊息 $M=9$。

1.4.3 橢圓曲線數位簽章演算法（Elliptic Curve Digital Signature Algorithm, ECDSA）

在 1.1.6 節中我們可以得知，橢圓曲線數位簽章（ECDSA）的安全性是植基於橢圓曲線離散對數問題（ECDLP，Elliptic Curve Discrete Logarithm Problem）。假設 Alice 要送要送訊息 M 的簽章給 Bob，首先 Alice 要產生私密金鑰與公開金鑰。

Alice	Bob

選擇 $x_A, k \in_R \mathbb{Z}_n$

計算公鑰 $Q=x_A G$

計算 $m=h(M)$

計算 $kG=\{x_1, y_1\}$

計算 $r=x_1 \pmod n$

計算 $s=k^{-1}(m+x_A r) \pmod n$ $\xrightarrow{r,s,M}$ 計算 $w=s^{-1} \pmod n$

計算 $u_1=h(M)w \pmod n$, $u_2=rw \pmod n$

計算 $u_1 G+u_2 Q=\{x_0, y_0\}$, $v=x_0 \pmod n$

如果 $v=r$，則簽章驗證完成

Alice 密鑰生成的步驟如下：

1. Alice 選擇一個 n 級數夠大的基點 $G \in GF(p)$。

2. Alice 選擇私鑰 x_A，其中 $1 < x_A < n$，正整數；

3. Alice 計算公鑰 $Q = x_A G$。

Alice 計算 M 的簽章步驟如下：

1. Alice 隨機選擇一個亂數 $k \in_R \mathbb{Z}_n$，然後計算 $k \cdot G = \{x_1, y_1\}$，並計算 $r = x_1 \pmod n$；若 $r = 0$ 則重新計算。

2. 計算 $m = h(M)$，其中 $h(\cdot)$ 是雜湊函數。

3. Alice 計算 $s = k^{-1}(m + x_A r) \pmod n$；若 $s = 0$ 則重新計算。

4. Alice 將訊息 M 的簽章 $\{r, s\}$ 傳遞給 Bob。

Bob 驗證 M 的簽章 $\{r, s\}$ 步驟如下：

1. Bob 計算 $w = s^{-1} \pmod n$。

2. Bob 計算 $u_1 = h(M)w \pmod n$ 與 $u_2 = rw \pmod n$。

3. Bob 計算 $u_1 \cdot G + u_2 \cdot Q = \{x_0, y_0\}$ 與 $v = x_0 \pmod n$。

$$
\begin{aligned}
u_1 \cdot G + u_2 \cdot Q &= u_1 G + u_2 x_A G \\
&= (u_1 + u_2 x_A)G \\
&= (h(M)w + rwx_A)G \\
&= (ms^{-1} + rs^{-1}x_A)G \\
&= (m + rx_A)s^{-1}G \\
&= (m + rx_A)(k^{-1}(m + x_A r))^{-1}G \\
&= (m + rx_A)(k^{-1})^{-1}(m + x_A r)^{-1}G \\
&= (k^{-1})^{-1}G \\
&= kG = \{x_0, y_0\}
\end{aligned}
$$

4. 若 $v = r$，則簽章驗證完成。

1.5 金鑰交換密碼系統（Diffie-Hellman Key Exchange System）

金鑰交換密碼系統植基於離散對數的困難度上，可用於對稱式加密系統。假設 Alice 與 Bob 為了要進行加解密工作，必須要共同擁有一把金鑰，此時用金鑰交換可以解決這個問題。

Alice		Bob
選擇 $x_A \in_R \mathbb{Z}_p$		選擇 $x_B \in_R \mathbb{Z}_p$
計算公鑰 $Y_A = a^{x_A} \pmod{P}$	$\xrightarrow{Y_A}$	計算公鑰 $Y_B = a^{x_B} \pmod{P}$
計算 $K_{AB} = Y_B^{x_A} \pmod{P}$	$\xleftarrow{Y_B}$	計算 $K_{AB} = Y_A^{x_B} \pmod{P}$

Alice 與 Bob 共同擁有的公開元素：

1. 選擇一個大質數 P

2. 根據大質數 P 找到一個原根（primitive root，或稱之為生成元 generator）a，其中 $a < P$

Alice 的金鑰產生演算法：

1. Alice 選擇一個私鑰 x_A，其中 $x_A < P$

2. 計算 Alice 的公鑰 $Y_A = a^{x_A} \pmod{P}$

Bob 的金鑰產生演算法：

1. Bob 選擇一個私鑰 x_B，其中 $x_B < P$

2. 計算 Bob 的公鑰 $Y_B = a^{x_B} \pmod{P}$

Alice 與 Bob 拿到彼此的公開金鑰 Y_A, Y_B

Alice 拿到 Bob 的公鑰 Y_B 後計算密鑰演算法：

- $K_{AB} = Y_B^{x_A} \pmod{P} = a^{x_B x_A} \pmod{P}$

Bob 拿到 Alice 的公鑰 Y_A 後計算密鑰演算法：

- $K_{AB} = Y_A^{x_B} \pmod{P} = a^{x_A x_B} \pmod{P}$

於是當雙方完成了金鑰交換後，彼此有共同的金鑰 K_{AB} 即可進行加解密運算。

筆記 *Diffi-Hellman* 金鑰交換實例

1. 選定一個大質數 $P=53$；原根 $a=5$。

2. *Alice* 選擇一個私鑰 $x_A=7$，計算公鑰 $Y_A = a^{x_A} \bmod P = 5^7 \bmod 53 = 78125 \bmod 53 = 3$，並將公鑰 Y_A 傳遞給 *Bob*。

3. *Bob* 選擇一個私鑰 $x_B=11$，計算公鑰 $Y_B = a^{x_B} \bmod P = 5^{11} \bmod 53 = 48828125 \bmod 53 = 20$，並將公鑰 Y_B 傳遞給 *Alice*。

4. *Alice* 取得 *Bob* 的公鑰後，計算 $K_{AB} = Y_B^{x_A} \bmod P = 20^7 \bmod 53 = 1280000000 \bmod 53 = 21$。

5. *Bob* 取得 *Alice* 的公鑰後，計算 $K_{AB} = Y_A^{x_B} \bmod P = 3^{11} \bmod 53 = 177147 \bmod 53 = 21$。

6. *Alice* 與 *Bob* 透過金鑰交換取得共同的金鑰 $K_{AB}=21$。

1.5.1　Elliptic Curve Diffie-Hellman, ECDH

橢圓曲線密碼系統，同樣也可以實作 Diffie-Hellman 金鑰交換系統，稱之為 ECDH。我們了解 ECC 的基本概念後，會更容易理解 ECDH。

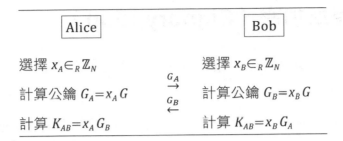

Alice 與 Bob 共同擁有的公開元素：

1. 根據橢圓曲線，Alice 與 Bob 共同約定橢圓曲線參數，首先是質數體 GF_p，在 GF_p 體選擇一個 n 級數夠大的基點 G。

    Alice 的金鑰產生演算法：

1. Alice 選擇一個私鑰 x_A，其中 $1 < x_A < n$。

2. 計算 Alice 的公鑰 $G_A = x_A G$ 後，將 G_A 傳送給 Bob。

    Bob 的金鑰產生演算法：

1. Bob 選擇一個私鑰 x_B，其中 $1 < x_B < n$

2. 計算 Bob 的公鑰 $G_B = x_B G$，將 G_B 傳送給 Bob。

    Alice 與 Bob 拿到彼此的公開金鑰 G_A, G_B

    Alice 拿到 Bob 的公鑰 Y_B 後計算密鑰演算法：

1. $K_{AB} = x_A G_R = x_B x_A G$

    Bob 拿到 Alice 的公鑰 Y_A 後計算密鑰演算法：

1. $K_{AB} = x_B G_A = x_A x_B G$

    Alice 與 Bob 擁有共通的橢圓曲線點 $(x_A \cdot x_B) \cdot G$。於是此點 $(x_A \cdot x_B) \cdot G$ 的 x 座標就是雙方的共同金鑰 K_{AB}。

1.6 簽章加密（Signcryption）

在密碼學中，簽章加密（Signcryption）植基於公開金鑰密碼系統，可同時執行數位簽章與加密。

1997 年 Zheng 首次提出簽章加密[9]，簽章與加密這兩種基本密碼工具，能保證機密性、完整性和不可否認性。在公開金鑰密碼系統中，傳統的方法是對訊息進行數位簽章後，再進行加密（signature-then-encryption）；學者認為這可能存在的問題是：計算效率低與大量位元傳輸造成的計算成本高。

簽章加密是一種相對較新的密碼技術，它訴求在一個邏輯步驟中執行數位簽章與加密的功能，相較於傳統的簽章後加密，可以有效地降低計算成本與通信成本。

簽章加密系統包含三個演算法，分別是共用參數設定（setup）、簽章加密（signcryption）與簽章驗證解密（unsigncryption with veifiaion）。

| Alice | Bob |

選擇 $x \in_R [1, ..., P-1]$

計算 $(k_1, k_2) = H(y_B^x \pmod P)$

計算 $c = E_{k_1}(M)$, $r = H_{k_2}(M)$

計算 $s = x/(r+x_A) \pmod q$ $\xrightarrow{c,r,s}$ 計算 $(k_1, k_2) = H((y_A \cdot g^r)^{s \cdot x_B} \pmod P)$

計算 $M = D_{k_1}(c)$

若 $r = H(M)$，則簽章加密驗證完成

---

9 Yuliang Zheng, Digital signcryption or how to achieve cost(signature & encryption) « cost(signature) + cost(encryption), Advances in Cryptology - CRYPTO '97 pp 165-179

共用參數設定步驟如下：

1. 選定大質數 P，在 $P-1$ 的大質因數 q，隨機選擇模 P 下，滿足階（order）為 q 的整數 $g \in_R [1, ..., P-1]$

2. 單向雜湊函數 $H(\cdot) \in \{0, 1\}^{128}$

3. 具有金鑰 K 的單向雜湊函數 $H_K(\cdot)$

4. 加密演算法 $E(\cdot)$ 與解密演算法 $D(\cdot)$

5. Alice 隨機選擇私鑰 $x_A \in_R [1, ..., P-1]$，並計算公鑰 $y_A = g^{xA} \pmod{P}$

6. Bob 隨機選擇私鑰 $x_B \in_R [1, ..., P-1]$，並計算公鑰 $y_D = g^{xB} \pmod{P}$

   假設 Alice 要送 個訊息 M 的簽章加密給 Bob

   Alice 簽章加密 M 的步驟如下：

1. 選擇 $x \in_R [1, ..., P-1]$

2. 計算 $(k_1, k_2) = H(y_B^x \pmod{P}) \in \{0, 1\}^{128}$，其中 $k_1 \in \{0, 1\}^{64}$，$k_2 \in \{0, 1\}^{64}$

3. 計算 $c = E_{k_1}(M)$

4. 計算 $r = H_{k_2}(M)$

5. 計算 $s = x/(r+x_A) \pmod{q}$ 後，將 $\{c, r, s\}$ 傳遞給 Bob

   Bob 接收到 $\{c, r, s\}$ 後，解簽章加密（Unscryption）的步驟如下：

1. 計算 $(k_1, k_2) = H((y_A \cdot g^r)^{s \cdot x_B} \pmod{P})$

2. 計算 $M = D_{k_1}(c)$

3. 若 $r = H_{k_2}(M)$，則簽章加密驗證完成。

筆記 *Signcryption* 簽章加密實例

1. *Alice* 與 *Bob* 共用一個大質數 $P=53$；原根 $g=5$，明文 $M=99$。

2. *Alice* 隨機選擇私鑰 $x_A = 7 \in_R \mathbb{Z}_{52}$，計算公鑰 $y_A = g^{x_A} \pmod{P} = 5^7 \bmod 53 = 78125 \bmod 53 = 3$。

3. *Bob* 隨機選擇 $x_B=11\in_R \mathbb{Z}_{52}$，計算公鑰 $y_B=g^{x_B} \bmod P=5^{11} \bmod 53=48828125 \bmod 53=20$。

4. *Alice* 隨機選擇 $x=21\in_R \mathbb{Z}_{52}$

5. *Alice* 計算

$$(k_1, k_2)=H(y_B^x \,(\bmod P))$$
$$=H(20^{21} \bmod 53)$$
$$=H(209715200000000000000000000000 \bmod 53)$$
$$=H(39)=\{f4c10bf22aa353e2\}_{16}$$
$$=\underbrace{11110100110000010000101111110010 0\ 0101010101000110101000000000000}_{64}$$

取前 32 位元為 $k_1 = \{\underbrace{11110100110000010000101111110010}_{32}\}_2 = \{4106292210\}_{10}$，

取後 32 位元為 $k_1 = \{\underbrace{01010101010001101010011111100010}_{32}\}_2 = \{715346914\}_{10}$，

本範例 $H(\cdot)$ 是用 *MD5* 雜湊函數（16 位 UTF8）。

6. 計算密文

$$c=E_{k_1}(M)$$
$$= E_{4106292210}(99)$$
$$= \{7C\ n7AJ\ xZ\ quRDmj4GhSC\ RAw==\}$$

本範例 $E(\cdot)$ 是用 *AES* 加密（輸出 base64）。

7. 計算

$$r=H_{k_2}(M)=H(k_2\,||\,M)$$
$$= \{715346914||99\}=\{fee1a9b4f62d454c\}_{16}$$
$$= \{18366147350082964286\}_{10}$$

8. 計算 $s=x/(r+x_A) \pmod{q}=21/(18366147350082964286+7) \bmod 52$。

9. *Alice* 將 $\{c, r, s\}$ 傳遞給 *Bob*。

10. *Bob* 接收到 $\{c, r, s\}$ 後，先計算

$(k_1, k_2)=H\,((y_A \cdot g_r)^{s \cdot x_B} \pmod{P})$

$= H\,((5^7 \cdot 5^{18366147350082964286})^{21/(18366147350082964286+7) \cdot 11} \bmod 53)$

$= H\,((5^{7+18366147350082964286})^{21/(18366147350082964286+7) \cdot 11} \bmod 53)$

$= H\,(5^{21 \cdot 11} \bmod 53)=H\,(39)$

$= \{f4c10bf22aa353e2\}_{16}$

$\blacksquare \{1111010011000001000010111111100100010101010100011010100000000000\}_2$

$\subset \{0, 1\}^{64}$

取 $k_1=\{11110100110000010000101111110010\}_2=\{4106292210\}_{10}$，

$\quad k_2=\{10101010100011010100111111000010\}_2=\{715346914\}_{10}$。

11. 解出明文

$M=D_{k_1}(c)$

$\quad=D_{4106292210}(7C\ n7AJ\ xZ\ quRDmj4GhSC\ RAw==)$

$\quad=99$

12. 計算

$r'=H_{k_2}\,(M)$

$\quad=H\,(715346914||99)=\{fee1a9b4f62d454c\}_{16}$

$\quad=\{18366147350082964286\}_{10}$

$\quad=r$

因為 $r'=r$，故驗證完成。

1.7 其他電子簽章

數位簽章的種類，因應不同的應用需求，真是不勝枚舉，除了比較基本的 RSA、DSA、ECDSA 等，學者還提出環簽章（Ring signature）、線上／離線簽章（Online/offlne signature）、前饋安全簽章（Forward secure signature）、時間膠囊簽章（Time capsule signature）、可消毒簽章（Sanitizable signature）、代理簽章（Proxy signature）、不可否認簽章（Undeniable signature）等等，皆是因應不同的電子商務環境而設計。

本章節列舉盲目簽章、門檻簽章、變色龍簽章與單次簽章作介紹，有興趣的讀者可以更深入探究這些簽章的應用環境。

1.7.1 盲目簽章（Blind Signature）

David Chaum 在 1983 年提出盲目數位簽章 [10]，要傳遞的訊息會在簽章之前被偽裝（加盲），簽章者不知道訊息內容的情況下進行簽章；盲目簽章可用公開金鑰密碼系統（如 RSA, DSA）實現；產生盲目簽章後，驗證者可將原始的非盲訊息（明文）進行公開驗證。盲目簽章通常用於與隱私相關的協議中，其中簽章者和明文訊息擁有者是不同人。最常用的範例如加密選舉系統、數字現金或是數位遺囑。

以加密選舉作為實際案例，選民（投票者）將已完成的匿名選票放入一個特殊的複寫紙內襯信封中，該信封的外面預先印有選民的憑證。政府官員驗證證書並在信封上簽名，從而通過複寫紙將他的簽名轉移到裡面的選票上。簽名後，該信封還給選民，選民將現在已簽名的選票轉移到一個新的未標記的普通信封中。因此，代表政府的簽章者無法得知訊息為何，但第三方可以稍後驗證簽名，並知道此份簽署是有效的。

---

10 Chaum, D. Blind Signatures For Untraceable Payments. Advances in Cryptology. Springer, 1983.

可以使用許多常見的公鑰簽名方案來實現盲簽名方案，例如 RSA 和 DSA。為了執行這樣的簽名，消息首先被「隱藏」，通常通過以某種方式將其與隨機「隱藏因子」組合。盲消息被傳遞給簽名者，然後簽名者使用標準簽名算法對其進行簽名。生成的消息以及致盲因子稍後可以根據簽名者的公鑰進行驗證。在一些盲簽名方案中，例如 RSA，甚至可以在簽名被驗證之前從簽名中去除盲因子。在這些方案中，盲簽名方案的最終輸出（消息 / 簽名）與普通簽名協議的最終輸出相同。假設 Alice 想要在她的消息上獲得簽名，簽名者 Bob 擁有他的秘密簽名密鑰。在協議結束時，Alice 獲得了 Bob 在 m 上的簽名，而 Bob 沒有了解該消息的任何信息。這種不學習任何東西的直覺很難用數學術語來捕捉。通常的方法是證明對於每個（對抗性）簽名者，都存在一個模擬器，可以輸出與簽名者相同的信息。這類似於零知識證明系統中定義零知識的方式。

植基於 RSA 的盲目簽章：

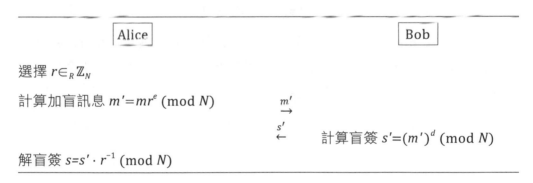

	Alice	Bob
選擇 $r \in_R \mathbb{Z}_N$		
計算加盲訊息 $m'=mr^e \pmod N$	$\xrightarrow{m'}$	
	$\xleftarrow{s'}$	計算盲簽 $s'=(m')^d \pmod N$
解盲簽 $s=s' \cdot r^{-1} \pmod N$		

假設 Alice 要求 Bob 對訊息 m 進行盲目簽章。

1. 一如 RSA 的設定，Bob 選擇兩個質數 p 與 q 且 $p \neq q$，計算出 $N=p \cdot q$；選擇一個整數 $e < (p-1)(q-1)$ 且 e 與 $(p-1)(q-1)$ 互質。求出 e 的模反元素 d，令 $e \cdot d \equiv 1 \bmod (p-1)(q-1)$。Bob 的公鑰為 (e, N)，私鑰為 (d, N)。

2. Alice 選擇一個整數 $r \in_R \mathbb{Z}_N$，且滿足 $\gcd(r, N)=1$。

3. Alice 計算 $m'=mr^e \pmod N$，其中 $r^e \pmod N$ 為盲目因子。

4. Alice 將 m' 傳送給 Bob。

5 Bob 計算 $s'=(m')^d \pmod{N}$ 後，將 s' 傳送給 Alice。

6. Alice 計算

$$
\begin{aligned}
s &= s' \cdot r^{-1} && (\bmod\ N)\\
&= (m')^d\, r^{-1} && (\bmod\ N)\\
&= m^d\, r^{ed}\, r^{-1} && (\bmod\ N)\\
&= m^d && (\bmod\ N)
\end{aligned}
$$

1.7.2 變色龍簽章（Chameleon Signature）

Krawczyk 與 Rabin 在 1997 年提出變色龍電子簽章（Chameleon Signature），並在 2000 年發表 [11]，透過有後門（trapdoor）的變色龍雜湊函數（Chameleon Hash Function），實現簽章不變，明文可修改的特性。

在離線（offline）的狀態下，將變色龍雜湊函數進行簽章，即可以線上即時（online）的，對於不同的明文訊息，計算其雜湊碰撞；能變更明文訊息但是不會變更數位簽章就是變色龍簽章。

初始化共用參數：

1. 令 p 是一個安全的大質數，同時隨機選擇一個大質數 q 可以滿足 $q=(p-1)/2$。

2. 令 g 是具有階為 q 的原根，隨機選擇後門私鑰 $TK=x \in_R \mathbb{Z}_p$，並計算出變色龍函數的雜湊公鑰 $HK=(g,y)=(g, g^x \pmod{p})$。

---

11 H. Krawczyk and T. Rabin. Chameleon signatures. In In Symposium on Network and Distributed Systems Security, pages 143–154, 2000.

變色龍雜湊函數（Chameleon Hash, $ChHK(\cdot)$）：

1. 假設訊息為 m，修改過的訊息為 m'，兩個不同的訊息經過雜湊函數的運算後相等：$Ch_{HK}(m)=Ch_{HK}(m')$

2. 計算變色龍散雜湊函數 $Ch_{HK}(m, s)=g^m y^s \pmod{p}$，其中 s 是隨機產生 臨時變數。

3. 簽章者用 TK，可以算出 $s'=(m-m')x^{-1}$

4. 驗證者用 HK，

$$Ch_{HK}(m, s)=g^m y^s \pmod{p}$$
$$=g^{m'} y^{s'} \pmod{p}$$
$$=Ch_{HK}(m', s')$$

結合 DSA 與 $Ch(\cdot)$：

1. 假設 $\{PK, SK\}$ 是簽章者的公鑰與私鑰，$S_{SK}(\cdot)$ 是 DSA 簽章函數。

2. 如果有相同的雜湊值，產生的簽章 $\sigma=S_{SK}(Ch_{HK}(m, s))=S_{SK}(Ch_{IIK}(m', s'))$ 就會不變。

1.7.3 單次簽章（**One-time Signature**）

Leslie Lamport 在 1979 年提出只需用到單向雜湊函數，即可建構一次性數位簽章 [12]，稱之為 One Time Signature (OTS) scheme，因為單向雜湊函數具有不可逆運算的安全性，所以整體而言，單次簽章的安全，是植基在雜湊函數的安全性上，但是只能用一次。

假設 Alice 要送訊息 $M(M'=H(M)=\{m_1, m_2, ..., m_{128}\}$，其中 $m_i\in\{0, 1\}$, $1\leq i \leq 128)$ 的單次簽章給 Bob（本單次簽章以 128 位元為例）。

---

12 L. Lamport, Constructing digital signatures from a one-way function, Technical Report SRI-CSL-98, SRI International Computer Science Laboratory, Oct. 1979.

Alice		Bob

$SK=\{sk_1, sk_2, ..., sk_{128}\}, sk_i \in_R \mathbb{Z}^+$

$PK=\{H(sk_1), H(sk_2), ..., H(sk_{128})\}$

$M'=H(M)=\{m_1, m_2, ..., m_{128}\}$

計算簽章 $S=\{s_1, s_2, ..., s_{128}\}$

$\begin{cases} if\ m_i=0,\ s_i=H(sk_i). \\ if\ m_i=1,\ s_i=sk_i \end{cases}$ $\xrightarrow{M,PK,S}$ 計算 $PK'=\{pk_1, pk_2, ..., pk_{128}\}$

$\begin{cases} if\ m_i=0,\ pk_i=s_i. \\ if\ m_i=1,\ pk_i=H(s_i) \end{cases}$

如果 $PK=PK'$，則簽章驗證成功

---

1. Alice 用隨機數字產生器生成 128 個隨機數字做為私鑰 $SK=\{sk_1, sk_2, ..., sk_{128}\}$，並將 128 個隨機數字，分別進行雜湊運算得到一個公鑰 $PK=\{H(sk_1), H(sk_2), ..., H(sk_{128})\}=\{pk_1, pk_2, ...pk_{128}\}$，其中 $H(\cdot)\in\{0, 1\}^{128}$ 是單向雜湊函數。

2. Alice 將訊息 M 轉換為 2 進制 $M=\{m_1, m_2, ...m_{128}\}$，其中 $mi\in\{0, 1\}$，$1 \leq i \leq 128$。

3. Alice 計算簽章 $S=\{s_1, s_2..., s_{128}\}$ 如下：

$\begin{cases} if\ m_i=0,\ s_i=H(sk_i). \\ if\ m_i=1,\ s_i=sk_i \end{cases}$

4. Alice 將 $\{M, S\}$ 傳送給 Bob。

5. Bob 驗證簽章，先計算 $PK'=\{pk_1, pk_2, ...pk_{128}\}$ 如下：

$\begin{cases} if\ m_i=0,\ pk_i=s_i. \\ if\ m_i=1,\ pk_i=H(s_i) \end{cases}$

如果 $PK=PK'$，則簽章驗證成功。

1.7.4 門檻式簽章（(t,n) Threshold Signature）

門檻式數位簽章（threshold signature）的推演，來自於秘密分享機制（secret sharing scheme），之後各種門檻式簽章陸續被推演出來，如植基於 DSA、RSA、EC 的門檻式簽章。

1.7.4.1 秘密分享機制

Shamir 與 Blakey 在 1979 年分別提出秘密分享機制（secret sharing scheme）的構想與方法來解決主金鑰管理的問題，Shamir 的秘密分享是一種 (k, n) 門檻式機制 [13]，目的是將秘密分割成 n 個數據片段 $s_1, s_2..., s_n$；機制的構想如下：

1. 將密碼系統主金鑰 S 透過某種方法分成 n 把小金鑰 $s_1, s_2..., s_n$（或稱之為 shadow），分別交給 n 個人來保管。

2. 保管小金鑰的這 n 個人中之任意 k 個人會合 $(k \leq n)$，即可推導出密碼系統的主金鑰。

3. 知道任意 $k-1$ 把（或更少）的小金鑰，無法得知有關主金鑰的任何訊息。

有 k 個或者更多的 s_i 件會使得 S 容易計算。換言之，可經由 k 個部分的秘密的任意組合重新建構出完整的 S 秘密。

假設分派者（Dealer）選定要共享的秘密 S，並決定一個整數域 N 後，分派者建構一個 $k-1$ 次方的多項式：

$$f(0) = a_0 + a_1x + a_2x^2 + \cdots + a_{k-1}x^{k-1}$$

---

13 Adi Shamir, How to Share a Secret, Communications of the ACM, Volume 22(11), pp.612 - 613, Association for Computing Machinery, 1979.

分派者利用 $f(x)$ 產生 n 個小金鑰（其中 $i \neq 0$），也就是 $(x_i, y_i) = (i, f(x))$，$i = 1, 2..., n$。每對 $(i, f(x))$ 可視為多項式 $f(x)$ 在坐標平面上的一個點，由於 $f(x)$ 為 $k-1$ 次方的多項式，因此 k 對或 k 對以上的點坐標可惟一決定 $f(x)$，進而重建出秘密 S。

$$f(0) = \sum_{j=0}^{k-1} y_j \prod_{i=0, i \neq j}^{k-1} \frac{x_i}{x_i - x_j} = a_0$$

1. 假設秘密 $S = 99$，將秘密分為 6 個部分 ($n = 6$)，只要有 3 個部分的任何子集 ($k = 3$) 即可重建秘密。隨機取得 2 數字 ($k-1 = 2$)，分別是：37 和 79。

2. 令自由係數 $a_0 = 99, a_1 = 37, a_2 = 79$，產生的多項式是：

$$f(x) = 99 + 37x + 79x^2$$

3. 分派者從該多項式中建構六個點 $D_{x-1} = (x, f(x))$，並分別發送給 6 位參與者。

$$D_0 = (1, 99 + 37 + 79) = (1, 215);$$
$$D_1 = (2, 99 + 74 + 316) = (2, 489);$$
$$D_2 = (3, 99 + 111 + 711) = (3, 921);$$
$$D_3 = (4, 99 + 148 + 1264) = (4, 1511);$$
$$D_4 = (5, 99 + 185 + 1975) = (5, 2259);$$
$$D_5 = (6, 99 + 222 + 2844) = (6, 3165)$$

4. 任何 3 點即可重建秘密，選擇 $(x_0, y_0) = (2, 489)$；$(x_1, y_1) = (4, 1511)$；$(x_2, y_2) = (5, 2259)$

5. 計算 *Lagrange* 多項式：

$$\Delta_0(x) = \frac{x - x_1}{x_0 - x_1} \cdot \frac{x - x_2}{x_0 - x_2} = \frac{x - 4}{2 - 4} \cdot \frac{x - 5}{2 - 5} = \frac{1}{6}x^2 - \frac{3}{2}x + \frac{10}{3}$$

$$\Delta_1(x) = \frac{x - x_0}{x_1 - x_0} \cdot \frac{x - x_2}{x_1 - x_2} = \frac{x - 2}{4 - 2} \cdot \frac{x - 5}{4 - 5} = -\frac{1}{2}x^2 + \frac{7}{2}x + 5$$

$$\Delta_2(x) = \frac{x - x_0}{x_2 - x_0} \cdot \frac{x - x_1}{x_2 - x_1} = \frac{x - 2}{5 - 2} \cdot \frac{x - 4}{5 - 4} = \frac{1}{3}x^2 - 2x + \frac{8}{3}$$

6. 計算

$$
\begin{aligned}
f(x) &= \sum_{j=0}^{2} y_j \, \Delta_j(x) \\
&= y_0 \Delta_0(x) + y_1 \Delta_1(x) + y_2 \Delta_2(x) \\
&= 489 \left(\frac{1}{6}x^2 - \frac{3}{2}x + \frac{10}{3} \right) + 1511 \left(-\frac{1}{2}x^2 + \frac{7}{2}x - 5 \right) + 2259 \left(\frac{1}{3}x^2 - 2x + \frac{8}{3} \right) \\
&= 99 + 37x + 79x^2
\end{aligned}
$$

7. 經由上述式子，可以得到秘密 $f(0) = 99$。然而以上的說明，是使用整數算術而不是有限域算術，即使能正常運作，卻也存在一個安全問題：也就是攻擊者可以得到關於秘密 S 的部分公開的子金匙 $(i, f(x))$，進而推導出所有可能的 a_i 值後，最後秘密 S 容易被暴露出來。

經過多項式的階數在幾何上的推導，惡意攻擊者可以透過已知點之間可能採用平滑曲線的路徑。

我們可以選擇一個大質數 P 的有限域算法，使得分派者將計算每個點改為 $(x, f(x) \ (\bmod P))$。在有限域上的多項式曲線，與通常的平滑曲線相比，它顯得均勻分布，破解難度更高。

1.7.4.2　DSS 門檻式簽章

數位簽章標準（Digital Signature Standard, DSS）用的是 DSA 演算法（ElGa-mal）；因此 DSS 與 Shamir 的 (t,n) 秘密分享機制結合後如圖 1.10，可推導出 DSS 門檻式簽章。門檻式的簽章從最早的 (n,n)，意即 n 位成員需要有

n 位同意即可計算出簽章，演化到 (t,n)，也就是 n 位成員需要有 t 位同意門檻（threshold）即可計算出簽章；我們透過 Harn[14] 發表的論文進行門檻式簽章的了解。

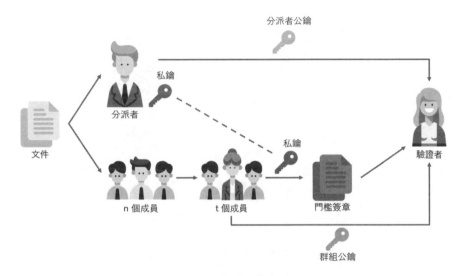

圖 1.10　門檻式簽章系統

Dealer 初始化共用參數：

1. 選定大質數 P，以及可以將 $P-1$ 整除的大質因數 q。

2. 隨機選擇 $r \in_R \mathbb{Z}_P$，並計算 $z = r^{\frac{P-1}{q}} \pmod{P} > 1, z \in GF(P)$ 且滿足稚（order）為 q。

3. 選擇多項式係數 $a_i \in_R \mathbb{Z}_{q-1}$，$i = 1, 2, ..., t-1$

$$f(0) = a_0 + a_1 x + a_2 x^2 + ... + a_{k-1} x^{k-1}$$

4. 令 $\{P, q, z\}$ 為公開參數，保留係數 a_i 為秘密參數。

14　L. Harn, "Group-Oriented (t,n) Threshold Digital Signature Scheme and Digital Multisingature," IEE Proc. Comput. Digit. Tech, Vol.141, No.5, pp.307-313, 1994.

5. 令群體密鑰 $y=r^{f(0)}(\mathrm{mod}\ P)$。

6. 分派者給每個成員 i 選擇公開參數 x_i，並計算成員 i 的私密金鑰 $f(x_i)(\mathrm{mod}\ q)$ 與公開金鑰 $y_i=z^{f(x_i)}(\mathrm{mod}\ P)$。

(t, n) 門檻簽章的計算：

1. 假設 $\{u_1, u_2, ..., u_t\}$ 共同合作簽署訊息 m，每個參與者 u_i 任選一個整數 $k_i \in_R \mathbb{Z}_{q-1}$，計算 $w_i=z^{f(x_i)}(\mathrm{mod}\ P)$，並將 w_i 給所有參與者。當參與者都公開 $w_i(i=1, 2, ..., t)$ 後，每一位參與者計算

$$w = \prod_{i-1}^{t} w_i\ (\mathrm{mod}\ P)$$

2. 每一位參與者用自己的私鑰 $f(x_i)$ 與 k_i 對於訊息 m 計算簽章 $\{s_i\}$：

$$s_i = f(x_i)m'(\prod_{i=1,i\neq 1}^{t} \frac{-x_j}{x'_i-x_i}) - k_iw\ (\mathrm{mod}\ q)$$

3. 因此針對訊息 m' 的參與者 u_i 的簽章為 $\{w_i, s_i\}$，其中 $m'=h(m)$。參與者將 $\{w_i, s_i\}$ 傳遞給分派者，分派者驗證部分簽章如下：

$$y_i^{m'\left(\Pi_{j=1,j\neq i}^{t}\frac{-x_j}{x_i-x_j}\right)} = w_i^{w}z^{s_i}(\mathrm{mod}\ P) \tag{1.4}$$

4. 當分派者收集 t 位參與者的部分簽章 $\{r_i, s_i\}(i=1, 2, ..., t)$ 且驗證後，可以計算 (t, n) 門檻簽章 $\{w, s\}$ 如下：

$$s=s_1+s_2+ ... +s_t\ (\mathrm{mod}\ q)$$

(t, n) 門檻簽章的驗證：

1. 使用公開金鑰 y 來驗證訊息 m 的門檻簽章 $\{r, s\}$，驗證式子如下：

$$y^{m'}=w_i^{w}z^{s}\ (\mathrm{mod}\ P)$$

2. 因為參與者的簽章 $\{w_i, s_i\}$ 滿足公式 (1.1)；若將公式 (1.1) 將其 $i=1, 2, ...,$ t 重複相乘，可得以下式子

$$\prod_{i=1}^{t} y_i^{m'(\prod_{j=1,j\neq i}^{t}\frac{-x_j}{x_i-x_j})} = \prod_{i=1}^{t} w_i^{w} z^{s_i} (\text{mod } P)$$

$$z^{m'\sum_{i=1}^{t}f(x_i)\left(\prod_{j=1,j\neq i}^{t}\frac{-x_j}{x_i-x_j}(\text{mod } q)\right)} = \left(\prod_{i=1}^{t} w_i\right)^{w} z^{\sum_{i=1}^{t}s_i} (\text{mod } P)$$

$$z^{m'f(0)} = w^w z^s (\text{mod } P)$$

$$y^{m'} = w^w z^s (\text{mod } P)$$

1.7.4.3 RSA 門檻式簽章

Victor Shoup 在 2000 年提出植基於 RSA 的門檻式簽章 [15]，成員中有一個可信任的分派者（Dealer），在群體共有 l 個人的情況下，其中有 k 個人同意（$k \leq t+1$ 且 $l-t \leq k$，t：門檻值），就可以產生出簽章。

Dealer 初始化共用參數：

1. Dealer 選擇兩個安全的大質數 p, q，滿足 $p=2p'+1$, $q=2q'+1$，p', q' 同樣是質數。

2. Dealer 計算 $N=pq$，$n=p'q'$，選擇 RSA 公鑰 $e>1$，計算 $ed=1 \ (\text{mod } n)$。

3. Dealer 定義一個多項式

$$f(X) = \sum_{i=0}^{k-1} a_j X^i \in \mathbb{Z}[x]$$

其中 $a_i \in_R \mathbb{Z}_n$ 且 $1 \leq i \leq k-1$，令 $a_0 = d$。

---

15 Victor Shoup, Practical Threshold Signatures, Advances in Cryptology - EUROCRYPT 2000, pp. 207–220, 2000.

4. Dealer 計算 $s_i = f(i) \pmod{n}$，其中 $1 \le i \le l$；s_i 是給參與者 i 的共享私鑰 (secret key share)SK_i。

5. Dealer 隨機選擇 $v \in_R Q_N$, $1 \le i \le l$；計算 $v_i = v^{s_i} \in_R Q_N$（其中 Q_N 為二次剩餘，是 $\mathbb{Z}_N^*$ 下的子集合，也就是 $Q_N \subset \mathbb{Z}_N$）；驗證金鑰 VK 為 $VK = v$，且 $VK_i = v_i$。

6. 令 $\Delta = l!$，子集合 S 中的 k 個點，其中 $k \in \{0,...,l\}$，以及 $i \in \{0,...,l\} \setminus S$，且 $j \in S$，定義

$$\lambda_{i,j}^S = \Delta \frac{\prod_{j' \in S \setminus \{j\}} (i - j')}{\prod_{j' \in S \setminus \{j\}} (j - j')} \subset \mathbb{Z} \tag{1.5}$$

7. 拉格朗日插值公式（Lagrange interpolation formula）可得到

$$\Delta \cdot f(i) = \sum_{j \in S} \lambda_{i,j}^S f(i) \pmod{n} \tag{1.6}$$

差集（符號為 \）：根據指兩個集合相減後的結果。或指二個關聯式相減時，將兩者共同部分除外後，前個關聯式所剩部分的集合。

有效簽章：

1. 如同傳統的 RSA 的簽章 $y^e = H(M) \in \mathbb{Z}_n^*$，其中 $H()$ 是雜湊函數且 $H() \in \mathbb{Z}_n^*$，M 是要被簽章的明文。

產生部分簽章的證明 $\{z, c\}$：

1. 要將明文 M，產生部分簽章（signature share）；每一個參與者 i 的部分簽章包含

$$x_i = x^{2\Delta s_i} \in Q_n$$

x_i 可以是簽章的部分證明（POC, proof of correctness）。

2. POC 只是用來證明 x_i^2 離散對數的基礎（base）是 $\tilde{x}=x^{4\Delta}$。同樣的，v_i 離散對數的基礎（base）是 v。

3. 參與者 i 選擇一個隨機值 $r \in \{0,...,2^{L(n)+2L_1}-1\}$，其中 $L(n)$ 代表 n 的位元長度；令 H' 是一個雜湊函數，輸出 L_1-bit 整數，代表第二個安全參數的位元長度 $(L_1=128)$，計算簽章的部分證明 $\{z, c\}$

$$v' = v^r, x' = \tilde{x}^r, c = H'\left(v, \tilde{x}, v_i, x_i^2, v', x'\right), z = s_i c + r$$

4. 要驗證簽章的部分證明 $\{z, c\}$，計算

$$c = H'(v, \tilde{x}, v_i, x_i^2, v^z v_i^{-c}, \tilde{x}^z x_i^{2c})$$
$$\because v^z v_i^{-c} = v^z v^{-s_i c} = v^{z-s_i c} = v^{s_i c + r - s_i c} = v^r$$
$$\because \tilde{x}^z x_i^{-2c} = x^{4\Delta z} x^{-2c(2\Delta s_i)}$$
$$= x^{4\Delta z - 2c2\Delta s_i}$$
$$= x^{4\Delta(s_i c + r) - 4c\Delta s_i}$$
$$= x^{4\Delta s_i c + 4\Delta r - 4c\Delta s_i}$$
$$= x^{4\Delta r}$$
$$\therefore c = H'(v, \tilde{x}, v_i, x_i^2, v^r, x^{4\Delta r})$$

結合所有的部分簽章：假設從參與者 S 集合裡面（其中 $S=\{i_1, i_2, ...i_k\} \subset \{1, ..., l\}$)，將有效的部分簽章分享結合。

令 $x=H(M) \in \mathbb{Z}_n^*$，假設 $x_{i_j}^2 = x^{4\Delta s_{i_j}}$，結合所有的部分簽章，計算

$$w = x_{i_j}^{2\lambda_{0,i_1}^S} ... x_{i_k}^{2\lambda_{0,i_k}^S}$$

其中 λ 在式子 1.1 定義是整數。從式子 1.2，得知 $w^e = x^{e'}$，其中

$$e' = 4\Delta^2 \tag{1.7}$$

由於 $\gcd(e', e)=1$，可輕易計算出 $y^e = x = w^a x^b$，其中 a, b 整數滿足擴展歐幾里得演算法（輾轉相除法）$e'a + eb = 1$。

1.8 雜湊函式（Hash Function）

雜湊函式是重要的密碼學元件，透過雜湊函數可以產生固定長度的輸出，因此常與公開金鑰密碼系統配合使用。

王小雲教授與其研究團隊在 2004 年的國際密碼學研討會（CRYPTO），發表了尋找 MD5、SHA-0 及其他相關雜湊函式的雜湊碰撞的新方法[16]。他們發現兩個完全不同的訊息在經雜湊函式計算中，可以透過「鴿巢原理」[17]進行分析後可以得到完全相同的雜湊值。目前較為通用的雜湊函式，如 MD4、MD5、RIPEMD 都已經找到碰撞，之後更有密碼學領域的學者分析了 SHA-1 的密碼，隨著時間的推移越顯得雜湊函式的安全性越低。

目前主要的雜湊函數（SHA-1 系列與 RIPEMD 系列）與過往 MD 系列相同的是，都採用「壓縮函數」多層次重疊交互作用的方式進行設計，由於輸出的長度固定，可藉由「生日攻擊」法[18]，有效的將安全位元長度減半，再經由固定置換次數「鴿巢原理」提高了在隨機攻擊的過程中所發生碰撞的機率。因此，訊息摘要必須足夠長，是雜湊函數一個必要的安全條件，才能防止針對雜湊函式的攻擊。

16　Wang,Xiaoyun;Feng,Dengguo;Lai,Xuejia;Yu,Hongbo.CollisionsForHashFunctionsMD4,MD5,HAVAL-128andRIPEMD.

17　有 100 隻鴿子放進了 99 個鴿籠裡，顯而易見的一定有一個鴿籠裡放進了至少兩隻鴿子。

18　密碼學攻擊的方法之一，就是用概率的數學原理，針對生日問題 - 在同一班級裡最少應有多少學生，存在至少有兩位學生有相同生日的機率會大於 50%？生日攻擊的攻擊者可在 $\sqrt{2^n} = 2^{n/2}$ 中找到雜湊函式碰撞。

1.8.1　hash：單向雜湊函數（One-way Hash Function）

Tips 1.23　雜湊演算法定義

雜湊演算法是一種把不定長度的訊息壓縮成固定長度的訊息摘要（*Message Digest, MD*），將資料的格式固定後，從原始資料中建立一個名為雜湊值的方法。

單向雜湊函數為將任意長度的訊息資料，演算成固定長度的雜湊值，其雜湊值具備以下功能：

1. 對任意長度的資料輸入，皆產生固定長度的雜湊值輸出。換言之，給定一訊息 m，可以快速計算 $h(m)$。

2. 雜湊值會隨明文資料改變而改變，若是產生碰撞，就需改進演算法；關於運算上的特性如下：

   (a) 運算不可逆：給定摘要 y，很難找到訊息 m 使得 $h(m)=y$。

   (b) 弱抗碰撞（Weakly Collision Resistance）：給定訊息 m_1，很難找到另一個訊息 $m_2(m_2 \neq m_1)$ 使得 $h(m_1)=h(m_2)$。

   (c) 強抗碰撞（Strongly Collision Resistance）：很難同時找到不同之 m_1 及 m_2 使得 $h(m_1)=h(m_2)$。

3. 訊息可輕易計算雜湊值，但其雜湊值難以逆向運算回原本的資料。具有這種「很難找到兩個不同輸入產生相同輸出」的 hash function，我們說它具有 collision resistance（抗碰撞）的性質。

圖 1.11　雜湊函數

因為其正向快速，逆向困難的特性，且計算出的雜湊值只要輸入有一點變動，得到的結果會與原本相距甚遠，就如同檔案的指紋一般，因此雜湊函數經常用來識別檔案與資料是否有被竄改。

1.8.2 雜湊函數的種類

我們知道雜湊函數的應用相當廣泛，大致上來區分雜湊函數，分為無金鑰（Unkeyed）與有金鑰（Keyed）兩種，無金鑰細分為單向雜湊（One-way Hash Function），抗碰撞雜湊函數（Collision Resistant Hash Function）；有金鑰的雜湊則分為早期的訊息鑑別碼（Message Authentication Code, MAC）與近代的變色龍雜湊函數（Chameleon Hash Function），但是安全特性都必須被滿足，如附圖 1.12。

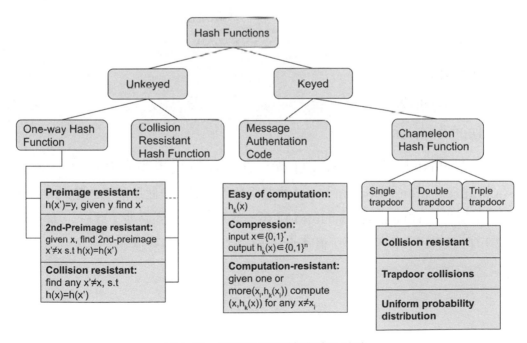

圖 1.12　雜湊函數的種類與安全特性

基於 FIPS[19] 所提出的安全雜湊標準（Secure Hash Standard），PyCryptodome 提供以下雜湊函數套件：

SHA-2 家族（FIPS 180-4）

1. SHA-224

2. SHA-256

3. SHA-384

4. SHA-512, SHA-512/224, SHA-512/256

SHA-3 家族（FIPS 202）

1. SHA3-224

2. SHA3-256

3. SHA3-384

4. SHA3-512

5. TupleHash128

6. TupleHash256

一般 Hash 函數的內部設計會包含一個可以重複使用的壓縮函數（Compres- sion Function）；$f()$ 會有兩輸入變數，一個是前次的輸入（又稱之為串聯變數 (Chaining Variable)），另一個是文件 m 的區塊（取一）。經壓縮函數 $f()$ 且在迭代作用之後，最後會輸出一個 n-bit 的訊息摘要。

---

19 Federal InFormation Processing Standards Publication

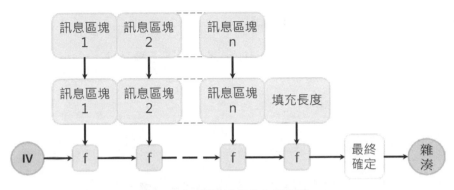

圖 1.13　雜湊函數的內部設計

　　經壓縮函數迭代 n 次後，可以得到最後的輸出，該輸出即是 n-bit 的訊息摘要。步驟簡要如下：

1.　將 m 填補成 m'，即 L 塊 b-bit 區塊，$m'=Y_0||Y_1||Y_2||\cdots||Y_{l-1}$。

2.　然後以壓縮函數 $f()$ 迭代作用：$c_0=$ IV（起始向量 Initial Vector, IV）$=n$-bit 初始值 $c_i=f(c_{i-1}, Y_{i-1})$，其中 $1 \leq i \leq L$；最後 $h(m)=c_L$。

3.　壓縮函數 $f()$ 是為 Hash 函數設計的關鍵，以抗碰撞的壓縮函數 $f()$ 所設計之 Hash 函數，就一定是抗碰撞的。

1.9　變色龍雜湊函數（Chameleon hash Function）

　　隨著應用需求的演化，區塊式的排列組合所疊加的雜湊運算，實現一個輸入一個輸出，既不能碰撞，又不可逆，也就是一對一的計算，演化成有限域上的雜湊值計算，學者稱之為變色龍雜湊。

　　變色龍雜湊經過多次不同的輸入，但是會有相同的輸出，仍然要滿足不可逆，但是必須要有後門才能計算出碰撞，實現多對一的計算。這也是近代密碼學的一個很有趣的反轉，接下來我們探討變色龍雜湊函數的運算與相關研究。

Tips 1.24 Trapdoor hash Family

一個具有後門的雜湊函數家族 (I, H) 須滿足以下三種特性：

- 有效率的計算
- 須有後門才可以碰撞
- 碰撞限制

- I → (TK, HK)：I 會產出後門金鑰 TK 與雜湊金鑰 HK。

- H → 雜湊值 $(H_{HK}=\beta)$：H 經由雜湊金鑰 HK 會產出雜湊值 β。

關於後門的雜湊函數家族，總共有三種類別，分別是單一後門雜湊函數、雙後門雜湊函數與三後門雜湊函數，我們在下個子章節逐一介紹。

1.9.1　單一後門雜湊函數（Single-trapdoor hash Function）

最早的變色龍雜湊函數是具有單一後門的雜湊函數，我們逐一介紹以下三個學者的單一後門雜湊函數。

Krawczk 提出植基於離散對數的問題上的單一後門雜湊函數 [20]。

I:

- 令 p 是一個安全質數，並隨機選擇一大質數 q 滿足 $q=(p-1)/2$。

- 令 g 是一個具有 q 階的生成值。隨機選擇一個 x 後計算 $y=g^x \pmod{p}$。

- $HK=(p, g, y)$, $TK=x.$

---

20 Krawczyk and Rabin, Chameleon signatures, NDSS '00

H:

$$H_{HK}(m, s) \overset{\text{def}}{=} g^m y^s \pmod{p}. (= 2\text{exp} \approx 480\text{mul.})$$

給定一個 TK，s' 可以找到 $s' = (m - m') \, x^{-1} \pmod{q}$。給定一個 HK，可滿足下列方程：

$$H_{HK}(m, s) = g^m y^s \pmod{p} = g^{m'} y^{s'} \pmod{p} = H_{HK}(m', s')$$

Shamir 提出植基於因式分解的問題上的單一後門雜湊函數 [21]。

I:

- 令 p 和 q 是兩個安全質數，同時計算 $n = pq$，其中 p, q 滿足 $p' = (p-1)/2$ 和 $q' = (q-1)/2$。
- 令 y 是一個具有 $\lambda(n)$ 階的生成值，其中 $\lambda(n) = lcm(p-1, q-1) = 2p'q'$。
- $HK = (n, g), TK = (p, q).$

H:

$$H_{HK}(m, s) \overset{\text{def}}{=} g^{m\|s} \pmod{p}. (= 1\text{exp} \approx 240\text{mul.})$$

其中 '$\|$' 表示連接。給定 TK，則 s' 可以計算為 $s' = 2^k(m - m') + s \pmod{\lambda(n)}$ 給予一個 HK，可滿足下列方程：

$$H_{HK}(m, s) = g^{m\|s} \pmod{n} = g^{m'\|s'} \pmod{n} = H_{HK}(m', s')$$

Ateniese 提出整合 ID 與植基於因式分解的問題上的單一後門雜湊函數 [22]。

---

21 Shamir and Tauman's FAC-based Trapdoor Hash Family, Crypto '01

22 Ateniese and Medeiros, Identity-based chameleon hash and applications, FC '04

I:

- 令 p 和 q 是兩個安全質數並計算 $n=pq$。

- 令 v 是一個隨機質數，並滿足 $GCD(v, \phi(n))=1$，其中 $\phi(n)=(p-1)(q-1)$。

- 計算 w 和 z 使得 $wv+z\phi(n)=1$。

- $J=C(ID)$，其中 C 是基於 RSA 的安全編碼函數。然後計算一個密鑰 $B=J^w(\bmod\ n)$。

- $HK=(n, v, ID), TK=(p, q, w, B)$.

H:

$$H_{HK}(ID, m, r) \stackrel{\text{def}}{=} J^{H(m)} r^v \ (\bmod\ n).(=2\exp\approx480\text{mul.})$$

給定 TK，r' 可以計算為 $r'=rB^{H(m)-H(m')} \ (\bmod\ n)$。給定 HK，m' 的其他碰撞可以計算為

$$H_{HK}(ID, m, r)=J^{H(m)}r^v \ (\bmod\ n)=J^{H(m')}r'^v \ (\bmod\ n)=H_{HK}(ID, m', r')$$

1.9.2 雙後門雜湊函數（Double-trapdoor hash Function）

雙後門雜湊函數的設計，學者分別提出植基在 DL-based、Factoring-based 與 ECDL-based 的雙後門雜湊函數，透過雙後門，可以實現多次碰撞，也就是不同的輸入，可以得到相同的雜湊值輸出。

1.9.2.1 DL-based multiple-collision trapdoor hash Family

基於離散問題的多碰撞雜湊函數家族 [23]。

---

23 Harn et al, Effcient on-line/off-line signature schemes based on multiple-collision trapdoor hash Families. The Computer Journal, '10

$\boxed{\textbf{I:}}$

- 令 p 為安全質數，隨機選擇滿足 $q=(p-1)/2$ 的大質數 q。

- 令 g 為 q 的生成值。

- $x, k, s \in \mathbb{Z}_q$ 計算 $y=g^x \pmod{p}$ 和 $r=g^k \pmod{p}$。

- $HK=(p, g, y)$, $TK=(x, k)$.

$\boxed{\textbf{H:}}$

$$H_{HK}(m, r, s) \stackrel{\text{def}}{=} g^{-f(m, r)} y^r r^s \pmod{p}. (=3\exp \approx 720\text{mul.})$$

給定 TK，s' 可以計算為

$$s'=(k')^{-1}((f(m', r')-f(m, r))+x(r-r')+ks) \pmod{q}$$

給予 HK，m' 的碰撞可以計算為

$$H_{HK}(m, r, s)=g^{-f(m, r)} y^r r^s \pmod{p}=g^{-f(m', r')} y^{r'} r'^{s'} \pmod{p}=H_{HK}(m', r', s')$$

1.9.2.2 Factoring-based multiple-collision trapdoor hash Family

基於因式分解的多碰撞雜湊函數家族 [22]。

$\boxed{\textbf{I:}}$

- 令 p 和 q 是兩個安全質數並計算 $n=pq$，其中 p, q 滿足 $p'=(p-1)/2$ 和 $q'=(q-1)/2$。

- 令 g 為階為 $\lambda(n)$ 的元素，其中 $\lambda(n)=lcm(p-1, q-1)=2p'q'$。

- $r=g^k \pmod{n}$

- $HK=(n, g)$, $TK=(p, q, k)$

H:

$$H_{HK}(m, r, s) \stackrel{\text{def}}{=} rg^{f(m, r)s} (\bmod\ n).(=1\exp \approx 240\text{mul.})$$

給定 TK, s' 可以計算為 $s'=f(m', r')^{-1} (f(m, r)s+(k-k')(\bmod\ \lambda(q))$。給定 HK，m' 的碰撞可以計算為

$$H_{HK}(m, r, s)=rg^{f(m, r)s}(\bmod\ n)=r'g^{f(m', r')s'} (\bmod\ n)=H_{HK}(m', r', s')$$

1.9.2.3　ECDL-based Chameleon Hash Family

基於橢圓曲線離散問題之多碰撞雜湊函數 [24]。

I:

- 令 $E(\mathbb{F}_t)$ 為有限域 $\mathbb{F}_t$ 上的橢圓曲線，t：質數冪。
- 令 $\#E(\mathbb{F}_t)$ 為 $E(\mathbb{F}_t)$ 點的數量，P 為 $E(\mathbb{F}_t)$ 的質數點 q 其中 $q|\#E(\mathbb{F}_t)$。
- $f():\mathbb{Z}_q \times G \to \mathbb{Z}_q$。$G$ 由 P 生成的子群。
- $k, x, \alpha \in_R \mathbb{Z}_q^*$ 並計算 $K=kP, Y=xP$。
- $HK=(K, Y), TK=(k, x, \alpha)$.

H:

$$H_{HK}(m, r) \stackrel{\text{def}}{=} f(m, K)K+rY.(=2\text{ec\_mul} \approx 58\text{mul.})$$

給定 TK，r' 可以計算為 $r'=\alpha-f(m', k'P)k'x^{-1})(\bmod\ q)$。給予 HK，m' 的碰撞可以計算為

$$H_{HK}(m, r)=f(m, K)K+rY=f(m', K')K'+r'Y=H_{HK}(m', r')$$

---

24 Chen et al, Effcient generic on-line/off-line signatures without key exposure, ACNS '07.

1.9.3 三後門雜湊函數（**Triple-trapdoor hash Function**）

三後門變色龍散列函數 [25] ＝ 雙後門變色龍散列函數（Chen et al's）＋ 帶有金鑰的雜湊函數（Message Authentication Code, MAC）。

基於橢圓曲線離散問題的三後門雜湊函數。

I:

- 令 $E(\mathbb{F}_t)$ 為有限域 $\mathbb{F}_t$ 上的橢圓曲線，t：質數冪。
- 令 $\#E(\mathbb{F}_t)$ 為 $E(\mathbb{F}_t)$ 點的數量，P 為 $E(\mathbb{F}_t)$ 的質數點 q 其中 $q|\#E(\mathbb{F}_t)$。
- $f():\mathbb{Z}_q \times G \to \mathbb{Z}_q$。$G$ 由 P 生成的子群。
- $k, x, tk, \alpha \subset_R \mathbb{Z}_q^*$ 並計算 $K=kP$, $Y=xP$ 與 $h_{tk}()$。
- $HK=(K, Y)$, $TK=(k, x, \alpha)$.
- $h_{tk}():\mathbb{Z}_q \times G \to \mathbb{Z}_q$，$G$ 子集合由 P 生成。
- $HK=(K,Y)$, $TK=(k, x, tk, \alpha)$.

H:

$$H_{HK}(m, r) \stackrel{\text{def}}{=} h_{tk}(m, K)K+rY.(=2\text{ec\_mul}\approx 58\text{mul}.)$$

給定 TK，r' 可以計算如下 $r'=\alpha-h_{tk'}(m', k'P)k'x^{-1}(\bmod q)$.

$$H_{HK}(m, r)=h_{tk}(m, K)K+rY=h_{tk'}(m', K')K'+r'Y=H_{HK}(m', r')$$

後門金鑰越多，代表後門的使用，要更注意其安全性；我們在資訊安全的機制上，從效率、安全與成本上找到平衡，沒有絕對安全的密碼機制，只有相對安全。因此，取得一個可以接受的密碼機制，還需要管理上的配合，我們在

---

25 Lin et, al, Effcient vehicle ownership identification scheme based on triple-trapdoor chameleon hash Function, Journal off Network and Computer Applications, '11

下個小節，將會探討 ISO27001:2022 在管理面需要注意的條文，以及在建構系統時，確定可接受的風險和相關應變。

1.10　ISO27001:2022

　　ISO27001 是資訊安全管理的一套國際標準，初始版本發布在 2005 年，之後在 2013 年第一次改版；在 2022 年 10 月 25 日時，再度更新。2022 年版引入了 11 個新的控制措施，將許多控制措施合併，但並無刪除任何 2013 年版本的控制措施。此標準的目的在於協助組織內部的資訊管理達到機密性、完整性與可用性。透過循環式的計畫、執行、查核、行動（Plan-Do-Check-Action, PDCA），持續改善整體資訊的安全品質為宗旨。

　　因為資訊設備的發展日新月異，對於識別身分的方式並不再受限於傳統單一如 PIN 碼、密碼識別，取而代之的是密碼結合生物特徵如指（掌）紋辨識、人臉辨識等等雙因子技術辨識方法作為認證的安全因子；目前系統認證最為常見的還是使用密碼的方式，提高密碼八碼以上的強度，同時參雜特殊字元增加其複雜度，並定期修改密碼的作為必要的控管措施；因為密碼的使用不需要特殊儀器或特殊設備，只需要讓系統管理者（擁有者）記住所屬之密碼後，用鍵盤輸入的方式就可以識別其身分，所以使用密碼進行認證仍然是普遍常用的方式，而有效的進行管理，就必須回到企業內部如何制定標準作業程序（Standard Operation Procedure, SOP）符合 ISO27001:2022 標準。

　　在 ISO27001 的章節條款附錄第 A.9 項中有關於「存取控制」的相關規範、第 A.10 項有關於「密碼」的相關規範，和第 A.12 項有關於「運作安全」的相關規範；因此，針對特權帳號密碼管理系統（Privileged Account Management System, PAMS）的開發，需參考到的規範進行以下的整理，在檢核內部 SOP 的過程中，企業內部自我評審是否適用，若是適用則相對的軌跡究竟是什麼程序進行處理，進而留下軌跡紀錄便於爾後追蹤查核與檢討改進。

1.10.1　A.09 存取控制

　　首先，在 ISO27001 的章節條款附錄第 A.9 項，關於存取控制，針對存取控制的管理，若是基於系統管理或特殊作業需要，如需設定特殊權限時，應具備嚴格管理控制措施。

- **A.9.2.3 特權的管理**：具特殊存取權限之管理；應限制與控制特權存取權限的配置與使用。

自我評審與軌跡紀錄

　　若「A.9.2.3 特權的管理」的控制措施在企業內部是適用的，那麼應該有何種的表單或控管方式留下軌跡紀錄。

ISO27001 章節 / 條款		資安稽核檢查（自評）表	自我評審	
章節 / 條款編號	章節 / 條款內容	查核項目	是否適用 （是 / 否）	執行軌跡 說明
A.09	存取控制			
A.09.02	使用者存取管理			
A.09.02.03	具特殊存取權限之管理（應限制及控制具特殊存取權限之配置及使用。）	行動碼的安裝是否作必要之授權處理或限制使用？		
		基於系統管理或特殊作業需要，如需設定特殊權限時，是否訂有嚴格管理控制措施？		

1.10.2　A.10 密碼學

　　其次，在 ISO27001 的章節條款附錄第 A.10 項，關於密碼學，針對密碼的管理有兩個主要查核項目：

- **A.10.1.1 使用密碼式控制措施之政策**：應發展及實作政策，關於資訊保護之密碼式控制措施的使用。
- **A.10.1.2 金鑰管理**：應發展及實作政策，關於貫穿其整個系統生命週期之密碼金鑰的保護。

自我評審與軌跡紀錄

若「A.10.1.1 使用密碼式控制措施之政策、A.10.1.2 金鑰管理」的控制措施在企業內部是適用的，那麼應該有何種的表單或控管方式留下軌跡紀錄。

ISO27001 章節 / 條款		資安稽核檢查（自評）表	自我評審	
章節 / 條款編號	章節 / 條款內容	查核項目	是否適用 （是 / 否）	執行軌跡 說明
A.10	密碼學			
A.10.01	密碼式控制措施			
A.10.01.01	使用密碼式控制措施之政策（應發展及實作政策，關於資訊保護之密碼式控制措施的使用。）	對於線上交易或申辦的資訊，是否訂有控制措施？以確保資訊之機密性及完整性。		
A.10.01.02	金鑰管理（應發展及實作政策，關於貫穿其整個生命週期之密碼金鑰的使用、保護及生命期。）	如需採用遠端診斷作業方式，是否有訂定診斷埠的存取作業規範（如用金鑰管理及人員身份查驗或稽核等機制）？		
		密碼金鑰管理是否有作業標準或管理程序？		

1.10.3　A.12 運作安全

最後，在 ISO27001 的章節條款附錄第 A.12 項，關於作業安全，針對作業安全的管理，若是基於系統管理或特殊作業需要，如需設定特殊權限時，應具備嚴格管理控制措施。

- A.12.4.1 事件存錄，即應產生、保存並定期審查記錄使用者活動、異常、錯誤及資訊安全事件之事件日誌。
- A.12.4.3 管理者及操作者日誌；應存錄系統管理者及操作者之活動，且應保護及定期審查該日誌。

自我評審與軌跡紀錄

若「A.12.4.1 事件存錄、A.12.4.3 管理者及操作者日誌」的控制措施在企業內部是適用的，那麼應該有何種的表單或控管方式留下軌跡紀錄。

ISO27001 章節 / 條款		資安稽核檢查（自評）表	自我評審	
章節 / 條款編號	章節 / 條款內容	查核項目	是否適用 （是 / 否）	執行軌跡 說明
A.12	運作安全			
A.12.04	存錄及監視			
A.12.04.01	事件存錄（應產生、保存並定期審查記錄使用者活動、異常、錯誤及資訊安全事件之事件日誌。）	資安事件中相關證據資料是否有適當保護措施？以作為問題分析及法律必要依據。		
		是否有監視設備或其他可偵測未經授權使用的設備，以防止資訊設施被不當使用？		
		組織所訂所有安全程序，是否確保相關人員能正確執行？		
		稽核時的存取行為是否作監控與並留有記錄？		
A.12.04.03	管理者及操作者日誌（應存錄系統管理者及操作者之活動，且應保護及定期審查該日誌。）	是否留有詳細的管理者與操作員之作業日誌？		

經過檢視上述三項條文，可以發現資訊系統都有一個共同的問題，就是金鑰管理；其重點在於，密碼金鑰管理是否有作業標準或管理程序？這對於企業內部資訊設備，例如伺服器、核心網路路由器、交換器，防火牆等五花八門的資訊設備相關管理者的最高權限，也就是特權帳號密碼，應該要一套有效的控管機制。

傳統的方法，無論是網管人員、或者是系統管理人員都將所屬的帳號密碼，都會寫好後放在信封內，在彌封處蓋上自己的印章後交給 CIO（Chief Information Officer, CIO）或資訊主管，並且統一放在上鎖的置物箱保管，上鎖的置物箱或者是檔案室都有監視錄影機，一旦發生特殊情況，例如所屬系統管理者發生意外，或因故無法及時到班需要緊急處理的系統問題，此時 CIO 就有權限拆封，取得最高管理權限後進入系統，而上述行為都規範在該公司的標準作業程序書內。

如此的管理方法卻潛藏著危機，試想，若是銀行金庫設定的密碼，甚至是企業主機的超級使用者密碼，遭 CIO 不小心誤用或在沒有監督的情況下使用，其造成的後果是非常嚴重的。也就是 CIO 擁有最高權，卻無人可以有效的監督。因此，特權帳號與密碼的管理是所有組織會共同面臨的問題，同時也是資訊安全上的弱點。

如何讓組織內部所有特權帳號人員（系統管理者），都能依照作業程序規定（符合 A.10.1.1、A.10.1.2），有效的管控所有的系統帳密，因人為因素所造成的緊急時期，能確保該帳密正常使用，並留下使用者的軌跡（符合 A.12.4.1、A.12.4.3），同時能監督 CIO 不至於濫權甚至共謀後，否認使用特權帳密進行存取（符合 A.9.2.3）。

特權帳號與密碼，掌握了企業內部 IT 各項系統的命脈，若管理機制失當，導致內部機敏資訊遭竊取，擾亂系統運作，甚至遭到勒索大筆贖金。近年來，幾乎所有的攻擊事件都是從帳號被盜用開始；因此，組織內特權帳號的管理，是一個急需被重視的問題，特權帳號指的是超出標準用戶權限之特殊存取權限或資格。特權帳號可讓組織更有效率的經營業務和管理，但是當特權帳號被攻擊導致外洩，或資訊人員、資訊主管不當使用，就會造成組織難以估計的損失，像是 Yahoo 個資外洩、孟加拉銀行的資料外洩事件、Uber 資料外洩事件等，這些有名的例子都是屬於特權憑證被侵佔的網路攻擊。

有許多公／民營公司，為了便宜行事，會將特權帳號提供給委外廠商，讓廠商能夠遠端操控來解決系統問題，但這種方式會大幅增加資安風險，因為有心人士能夠利用特權帳號，進而橫向滲透內部系統，並進而竊取公司機敏資訊，也就是為何需要開發此密碼管理系統的重要原因，釐清資安事件發生後的責任歸屬。

為了解決上述特權帳密控管問題，過往會習慣將密碼寫在紙上後彌封保全，來確保密碼使用與管理的控制措施方式，卻也衍生出如何安全的保存已彌封的信封；本書透過現行的 Python 所提供的套件（Crypto, Django, Tkinter），研發特權帳密的控管機制，開發特權帳密管理系統，本系統採用 AES 對稱式金鑰來做為網頁系統的登入驗證，這組金鑰可以放在實體 USB 隨身碟內使用 BitLocker[26] 保存上鎖，而非將金鑰直接存放在電腦硬碟內；網頁或作業系統無法直接檢測到 USB 隨身碟的 ID 進而啟動惡意程序拿走金鑰，金鑰保管者須經由 USB 隨身碟的 BitLocker(B) 解密後，在登入本系統的網頁進行認證時，存取 USB 的密鑰驗證後進入系統，然後透過特權帳號管理系統進行企業內部的特權帳密進行維護並留下紀錄；經由 USB 隨身碟保存登入系統的驗證金鑰可以提升系統使用的安全性，除了避免忘記登入密碼，更降低含有隨身碟的密碼檔案因為遺失所產生的風險。

接下來的章節，我們使用 Python 的 Crypto、Django、Tkinter 逐一建構出特權帳號與密碼的管理機制。

---

26 BitLocker 是微軟的作業系統提供的裝置加密功能，能將 USB 裝置使用 XTS-AES 128 位加密方法進行加密。

Note

02

使用 PyCryptodome
在 Python 中實現加密
演算法程式

2.1 安裝 PyCryptodome 模組

經過了第一章節的解說，在對密碼學有初步的認識之後，接下來我們要以 Python 3.9.0 來進行加密演算法程式的實作。以下的程式碼範例皆使用 Python 官方的編譯器 IDLE 執行，最新版本的開發環境以及編譯器可以由官網下載。

因為 Python 本身只提供了單向加密相關算法雜湊函數的函式庫，所以如果要使用對稱式加密演算法以及非對稱式加密演算法，通常會通過安裝第三方模組 PyCryptodome 來實現。

PyCryptodome 模組為 PyCrypto 的一個分支，相對於舊版的 PyCrypto 之最新版本增強了許多功能。而 PyCrypto 是一個實現了各種加密演算法與協議的加密套件，提供了各種加密的功能以及對應的函式。

兩者的區別為 PyCrypto 是以 C 語言實現的，所以在安裝時需要使用 C/C++ 的工具對代碼進行編譯，因此可能產生報錯。

而 PyCryptodome 的加密算法幾乎全部使用 Python 的語法，只有在對性能極為關鍵的部分才使用 C 來擴展實現，因此本章節的加密程式碼將會使用 PyCryptodome 套件來達成。

PyCrypto 套件目前已經停止更新，若想在 Python 中進行加密建議使用 PyCryptodome 或其他定期更新之模組。

2.1.1 替代舊版 PyCrypto 模組的安裝方法

在進行以下程式的教學前，首先需要建置好編譯的環境，也就是在目前使用的電腦上安裝 PyCryptodome 模組。

安裝方法為打開命令提示字元 cmd，並輸入下列指令：

```
1    pip install pycryptodome
```

若出現以下畫面則代表安裝成功。

接下來我們來測試 PyCryptodome 是否能在 Python 中正常運作。同樣地，在 cmd 中輸入以下指令：

```
1   python3 -m Crypto.SelfTest
```

沒有跑出錯誤訊息代表可以正常運作。

Tips 2.1

使用以上方法會使模組都安裝在 *Crypto* 資料夾之下，所以此方法無法同時安裝 *PyCrypto* 與 *PyCryptodome* 模組。

2.1.2　舊版 PyCrypto 與新版 PyCryptodome 模組同時並存的安裝方法

因為以上之安裝方法會使兩者之模組功能在同一資料夾中互相干擾，所以若已安裝 PyCrypto 套件者，請使用以下方法來建置環境。

在命令提示字元 cmd 中輸入以下指令：

```
1   pip install pycryptodomex
```

在這種情況下，PyCryptodome 模組會安裝在 Cryptodome 資料夾下，使得 PyCrypto 模組與 PyCryptodome 模組可以共存。

與替代舊版的安裝方法相同，若出現以下結果則代表安裝成功。

Tips 2.2

若使用以上方法來安裝模組，當接下來的範例要使用其中的套件時，需要引入 *Cryptodome* 函式庫而非 *Crypto*。

2.2 加密與解密的前置準備

加密與解密的用途除了單純的保護帳號密碼之外，還可以用於加密在指定的檔案上，以防止信件或重要檔案的內容被他人竊取。

而通常被加密的內容並不會侷限於在程序中就已經預設好的一串字串、也不會是執行程式時再從畫面中輸入的數值。當需要加密之資料過於龐大，或是資料是已經存在的一些數據時，從程式自由地開啟需要被加密的檔案再執行操作才是最佳的處理方式。這樣才能在每一次加密或解密時不用一一去修改程序內的程式碼，而是選取要開啟的檔案來符合當下的情況。

所以在學習如何以 PyCryptodome 模組實現加密與解密功能前，我們需要先從了解 Python 處理檔案的功能開始。

在此章節我們使用 Python 內建的編譯器，在下載完 Python 後開啟 IDLE（Python3.9 64-bit）即可開始使用，如下圖。

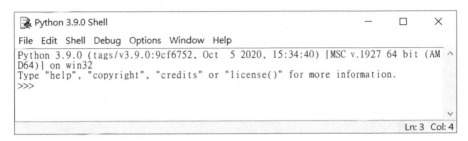

一開始開啟的畫面會出現「>>>」的字樣，在此每輸入一行後按下「ENTER」鍵皆會立刻執行所輸入的程式碼。

如果想使用檔案進行編譯，請建立新的檔案，再按下 'F5' 鍵編譯及執行程式。

2.2.1　開啟與關閉檔案

因為處理檔案的函式是內建於 Python 的功能，因此並不需要事先引入任何的模組。

開啟檔案的函式如下：

Hint 2.1　開啟檔案

檔案 = *open* (" 檔案名稱 ", ' 模式 ')

» **檔案變數**：所開啟的檔案物件在此程式中所代表的名稱。

» **檔案名稱**：被開啟的檔案的路徑與檔案名稱（" 資料夾 / 檔案名稱 . 副檔名 "）。如果不填入絕對路徑，則會以程式所在的相對路徑去查找檔案。

» **模式**：開啟檔案的方式，類別如下：

字元	所代表的意義
'r'	讀取（檔案需存在）
'w'	覆寫（若無檔案則自動建立）
'a'	續寫（從檔案的最末端往下寫入）
't'	預設文本模式
'b'	二進位模式
'+'	更新（可讀取可寫入）

'+' 符號必須前面跟隨其他模式，例如 'r+' 與 'w+' 為可同時讀寫，且從文件開頭重新開始寫入。

而 'a+' 也可同時讀寫，但與前者差別為從文件尾端開始寫入。

當執行覆寫與續寫程式碼時，若不存在符合檔案名稱之文件，則 Python 會創建一個新的檔案，並以此命名。

若此檔案已存在，覆寫則會清除檔案原本的內容，並將新的內容覆蓋至原本的檔案中。所以如果想保留原檔案之內容，請使用續寫。

'b' 符號前面也需要跟隨其他模式，例如 'rb' 與 'wb'，代表此檔案的讀取與寫入皆使用二進位模式進行。

Python 的設計為每次開啟檔案之後，就可以在接下來的程式碼中對檔案進行處理。但同時開啟檔案後閒置也會消耗系統的資源，若每次檔案處理完畢時都不關閉檔案，久而久之系統的資源也會漸漸減少至乾涸。

所以當我們不再需要被開啟的檔案時，就必須關閉檔案以釋放系統資源。將當前的檔案物件覆蓋成所需處理之新的檔案不失為一種解決的辦法，但在使用完畢後將檔案關閉仍是個好的習慣。

關閉檔案的函式如下：

Hint 2.2　關閉檔案

檔案 *. close()*

» **檔案變數**：需要關閉的檔案物件名稱，與開啟檔案函式中的檔案變數相同。

如果沒有先開啟檔案並賦予變數的話，則無法使用關閉檔案的函數。

接下來我們將在 Python 中演示如何使用開啟與關閉檔案的函式。

假設想開啟的檔案位於桌面，而桌面的絕對路徑為 "C:/Users/Desktop"，結合上面所學之函式，我們可以寫出以下的程式碼：

```
1   file = open("C:/Users/Desktop/test.txt",'r')
2   file.close()
```

若程式存放的位置與想要開啟的檔案在同一個資料夾路徑內，第一行程式碼也可以寫成較為簡潔的形式，如下：

```
1   file = open("test.txt",'r')
```

但是程式有時候會在讀寫檔案時，會因為出現了錯誤狀況而提早跳出編譯。

當這種情形發生時，關閉檔案的函式就不會被呼叫，進而導致使用以上方法開啟檔案時，檔案可能會無法被正確的關閉。

因此，為了保證無論程式出錯與否都能正確地關閉檔案，我們可以使用 Python 中的語法 try 與 finally 來達成：

```
1   try:
2       file = open("test.txt",'r')
3       # file access.
```

```
4    finally :
5       if file:
6           file.close()
```

不過如果每次開啟檔案都要複寫一次上方的程式碼的話，會造成程式碼太過繁瑣以致於難以閱讀，所以 Python 還提供了另一個代替 try 函式的方法，也就是使用 with 函式來開啟檔案。

使用 with 開檔的函式如下：

Hint 2.3　開啟檔案

with open ("檔案名稱" '模式') as 檔案

當離開了 with 語句的範圍時，檔案就會被自動關閉。

範例程式碼如下：

```
1    with open("test.txt",'r') as file:
2        # file access.
3    # file close.
```

【程式說明】

- ➜ 2：第二行程式碼因為有縮排，代表這行程式碼是在成功開啟 "test.txt" 檔案後所執行的動作。

- ➜ 3：而第三行程式碼因為沒有縮排，所以在執行第三行程式碼前會先關閉 "test.txt" 檔案，再執行此行。

以上為開啟或關閉檔案的各種操作。因為單純的開啟與關閉檔案並不能存取或修改 "test.txt" 裡面的內容，所以我們需要對檔案做讀取與寫入。

2.2.2 讀取與寫入檔案

通常一個完美的程式能夠隨著使用者的指令而做出不同的反應，而不是只會執行固定的動作的執行檔而已。

所以在執行程式碼的時候，使用者會需要跟程式產生互動，像是在 Python 中以螢幕為媒介，讓使用者「輸入一或多個引數」至程式內的函式（input），與顯示「輸出運算結果」在執行畫面的函式（output）。

同樣的，在 Python 中處理檔案的方法中，也含有輸入（讀取）與輸出（寫入）的函式。其中讀取的函式有三種，分別為 read、readline、readlines，以下將介紹這三種不同的讀取函式。

在演示讀取檔案中的內容前，我們需要先創建一個檔案以供讀取。

以 txt 檔案為例，首先開啟記事本來建立一個文件，並將檔案名稱儲存為 "test.txt"：

然後我們在 Python 中以讀取的模式來開啟檔案，再進行處理。

範例程式碼如下：

```
1    file = open("test.txt",'r')
```

在這裡需要注意一點，如果想要讀取檔案裡的內容，開啟檔案的函式中的引數模式必須含有 'r' 符號。

若是要同時讀寫同一個檔案，可使用含有 '+' 符號的 'r+' 或 'w+' 的模式等等。

接下來我們會使用三種讀取的方式去讀取 test.txt 裡的內容，以顯示出各個函式間的差別。

1. read 函數

Hint 2.4　READ

資料 = 檔案 . *read(* 長度 *)*

本函數為讀取指定大小的資料並存放進**字串 string** 中。

» **資料**：為讀取檔案後，被讀取的資料所存放的變數名稱。

» **檔案**：為開啟檔案時所設置的檔案變數名稱。

» **長度**：設置引數會按照指定的大小讀取資料，如未設置則讀取全部剩餘的資料。

使用 read 讀取 test.txt 的內容的程式碼如下：

```
1    file = open("test.txt",'r')
2    part = file.read(5)
3    print(part)
4    data = file.read()
5    print(data)
6    file.close()
```

【程式說明】

◆ 1：當程式開始時使用 open() 函數以讀取 'r' 模式開啟檔案。

◆ 2：第二行程式碼中，因為 read(5) 函數括號中的長度參數為 5，所以程序會讀取檔案中的前 5 個字節，並儲存在變數 part 中。

◆ 3：印出變數 part 的資料，也就是 "Hello"。

◆ 4：而第四行程式碼的 read() 函數沒有指定長度參數，所以會讀取檔案裡剩餘的資料並儲存在變數 data 中。

◆ 5：印出變數 data 所儲存的資料，資料為 " World!\nPython file example."。

◆ 6：程式結束前使用 close() 函數將檔案關閉。

【執行結果】

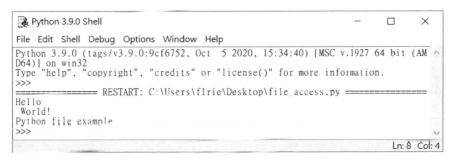

2. readline 函數

Hint 2.5 READ

資料 = 檔案 . *readline()*

本函數為讀取下一行資料，包括句末的換行符號 \n。

» **資料**：為讀取檔案後，被讀取的資料所存放的變數名稱。

» **檔案**：為所設置的檔案變數名稱。

使用 readline 讀取 test.txt 的內容的程式碼如下：

```
1   file = open("test.txt",'r')
2   line = file.readline()
3   print(line)
4   file.close()
```

【程式說明】

◆ 1：使用 open() 函數以讀取 'r' 模式開啟檔案。

◆ 2：使用 readline() 函數讀取一行資料，並儲存在變數 line 中。

◆ 3：印出變數 line 中的資料。

◆ 4：關閉開啟的檔案 test.txt。

【執行結果】

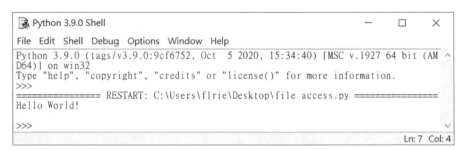

```
Python 3.9.0 Shell                                    —    □    ✕
File  Edit  Shell  Debug  Options  Window  Help
Python 3.9.0 (tags/v3.9.0:9cf6752, Oct  5 2020, 15:34:40) [MSC v.1927 64 bit (AM
D64)] on win32
Type "help", "copyright", "credits" or "license()" for more information.
>>>
================= RESTART: C:\Users\flrie\Desktop\file_access.py ================
Hello World!

>>>
                                                              Ln: 7  Col: 4
```

其中 line 變數裡的資料為："HelloWorld!\n"，是文件 test.txt 中第一行的字串。

Tips 2.3

因為 *print()* 函數會在句子尾端自動換行，再加上 *line* 變數尾端原本的換行符號 *\n*，所以程式會換行兩次，並在第三行停止。

---

3. readlines 函數

Hint 2.6 READ

資料 = 檔案 . *readlines()*

讀取全部或剩餘的資料，包括句末的換行符號 \n。結果為**串列 list**，一行資料為一個元素。

使用 readlines 讀取 test.txt 的內容的程式碼如下：

```
1   file = open("test.txt",'r')
2   data = file.readlines()
3   print(type(data))
4   print(data)
5   file.close()
```

【程式說明】

* 1：使用 open() 函數以讀取 'r' 模式開啟檔案。

* 2：使用 readlines() 函數讀取全部的資料，並儲存在變數 data 中。

* 3：使用 type() 函數印出資料的型別。

* 4：印出變數 data 中的資料。

* 5：關閉開啟的檔案。

【執行結果】

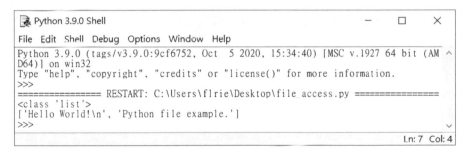

type() 函數顯示出資料的型別為串列 list。

其中 data 裡的資料為：'Hello World!\n' 與 'Python file example.' 兩個元素所組成的串列。

Tips 2.4

原本的文件中有兩行的文字，因為在第一行句末有換行，所以變數中的第一個元素尾端有換行符號 \n。

同樣的，Python 也提供了幾種把資料寫入檔案的方法：

1. write 函數

Hint 2.7 WRITE

檔案 . write(字串)

本函數的意義為將指定的**字串 string** 輸入進檔案裡。

» **檔案**：為開啟檔案時所設置的名稱。

» **字串**：為被輸入的資料（字串變數或 " 在引號中直接輸入一個字串 "）。

使用 write 把資料寫入 test.txt 的程式碼如下：

```
1   file = open("test.txt",'w')
2   data = "Hello World!"
3   file.write(data)
4   file.close()
```

【程式說明】

◆ 1：第一行程式碼為使用 open() 函數以寫入 'w' 模式開啟檔案。

◆ 2：建立一個名稱為 data 的字串，變數中的資料為："Hello World!"。

◆ 3：在程式第三行時將 data 中所儲存的資料寫入 test.txt 文件中。

◆ 4：在寫入完畢後使用 close() 函數將檔案關閉。

【執行結果】

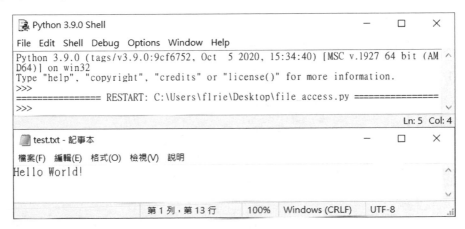

2. writelines 函數

本函數把串列中的所有元素輸入進檔案裡。函式 writelines 的概念與 readlines 相似，將引數**串列 list** 或 **turple** 中的資料逐個印出。

但 writelines 並不會自動換行，所以須自行在每個元素結尾加上換行符號 \n。

使用 writelines 把資料寫入 test.txt 的程式碼如下：

```
1    file = open("test.txt",'w')
2    data = ['Python\n', 'file', 'write']
3    file.writelines(data)
4    file.close()
```

【程式說明】

◆ 1：以寫入 'w' 模式開啟檔案。

◆ 2:建立一個變數名稱為 data 的串列,變數其中的資料為:['Python\n', 'file', 'write']。

◆ 3:將 data 中的資料寫入 test.txt 文件中。

◆ 4:使用 close() 函數將檔案關閉。

【執行結果】

因為寫入並不會將結果顯示於編譯器上,因此執行結果與前一範例皆為空白,故此處只顯示記事本內容。

Tips 2.5

因為串列 *data* 中的第一個元素 *'Python\n'* 的結尾包含了換行符號 *\n*,所以第二個元素 *'file'* 從記事本的第二行開始。

且串列 *data* 變數中第二筆資料 *'file'* 與第三筆資料 *'write'* 中並無含有空白或換行符號 *'\n'*,所以在記事本中兩個元素 *'file'* 與 *'write'* 中間並沒有間隔或換行。

---

3. print 函數

在 Python 中,print 函數不僅可以將結果顯示在螢幕上,也可以用來輸出資料到檔案中:

Hint 2.9　WRITE

print(資料 , file = 檔案)

　　print 函數可以把任意資料輸入進指定的檔案裡，並且維持在編譯器結果畫面上顯示的樣子，與 write 最明顯的差距為 print 會自動換行。

　　同時，使用 print 函數輸出資料至檔案時也可以使用函數中的 sep 參數來間隔串列中的多個元素，或使用 end 參數來指定結束的字元。

　　範例如下：

```
1   print(*data, sep='\t', end='\n')
```

【程式說明】

* 此行程式碼為使用 print 函數於程式結果畫面印出串列 data 中的每個元素，並使用 tab 分隔各個元素，且在印出所有元素後以換行 \n 結束。

【執行結果】

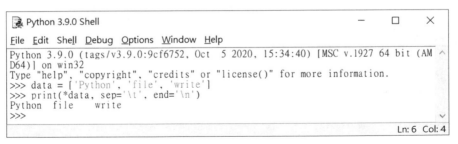

因為變數 *data* 為一個串列，所以為了取出串列中的所有元素來印出至螢幕上，可以在變數前加上「 * 」號。

使用 print 把串列寫入 test.txt 的程式碼如下：

```
1    out = open("test.txt",'w')
2    data = ['Python\n', 'file', 'write']
3    print(data)
4    print(data, file = out)
5    out.close()
```

因為 *print* 函數輸出至檔案的指令為 *file=* 檔案變數，為了區別 *print* 的語法與檔案變數，此範例中檔案的變數名稱為 *out*。

【程式說明】

- 1：以寫入 'w' 模式開啟檔案。

- 2：建立一個變數名稱為 data 的串列，變數其中的資料為：['Python\n', 'file', 'write']。

- 3：將變數 data 中儲存的資料印出在螢幕上。

- 4：使用 print 函數將 data 中的資料寫入 test.txt 文件中。

- 5：使用 close() 函數將檔案關閉。

【執行結果】

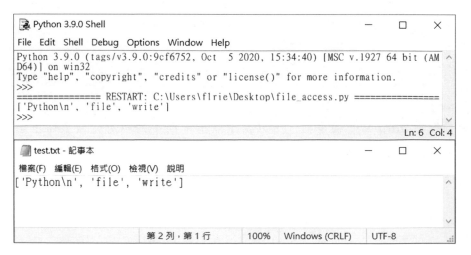

因為 print 函數會自動換行,所以檔案 test.txt 共含有兩行。

使用 print 函數印出元素 'Python\n' 中的換行符號時,函數會判斷 \n 為元素的內容而非換行指令,所以並不會在記事本中執行換行,而是以印出 '\n' 來代替。

2.3 實作字元編碼 (Character Encoding)

在維基百科中,是如此形容編碼的:

> 編碼是資訊從一種形式或格式轉換為另一種形式的過程;而解碼則是編碼的逆過程。

由上述可知,編碼是一種對資料做格式轉換的處理方法,所以並不會更動到資料本身。而加密則是利用金鑰對資料做演算法處理,所以被加密後的資料會變成無法輕易被識別的形式。

因此雖然經過編碼後的資料可能看似亂碼,如同被加密處理過的資料一般,但編碼嚴格來說並不是加密的一種。

其中字元編碼為使用位元、位元組或自然數序列將文字轉換成容易傳遞的形式,常見的編碼有 ASCII 與 Unicode。

本章節接下來將介紹在密碼學中較常使用的編碼:base64、hash 和 hamc 演算法。

2.3.1 base64 編碼

base64 為 Python 內建的功能,所以只需導入模組即可使用。

base64 是一種基於 64 種字符來表示二進制數據的方法，實際操作為將三個字元的二進位 ASCII 為一組並編碼成四個位元組，也就是把三個二進制後的字元切分成四等分再轉回字元，因此進行編碼後的數據會比原始數據長，約為 4/3 倍。

其中會使用到的 64 種字符包含英文大小寫 A～Z、a～z 和數字 0～9，剩下的兩個用來補足空白的字符會因為作業系統的不同而有分別。

以 base64 編碼之程式碼如下：

```
1    import base64
2
3    data = b'ManA'
4    encode = base64.b64encode(data)
5    decode = base64.b64decode(encode)
6
7    print(encode)
8    print(decode)
```

【程式說明】

- 1：從 Python 導入 base64 的模組。
- 3：要進行編碼的資料為 b'ManA'。
- 4：將 data 中的資料編碼成 base64 的形式，資料前方的 'b' 代表二進位 byte 格式的字串。
- 5：將編碼後的結果解碼成原本的資料。
- 7：印出編碼後的結果。
- 8：印出解碼後的結果。

【執行結果】

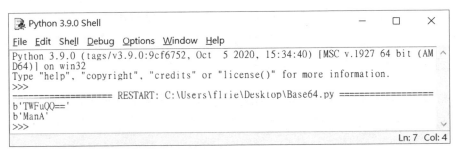

2.3.2　hash：單向雜湊函數（One-way Hash Function）

雜湊函數的定義如下：

> 雜湊演算法是一種把訊息壓縮成摘要，將資料的格式固定後，從資料中建立雜湊值的方法。

也就是無論輸入進雜湊演算法的資料長度如何，皆會產生固定長度的雜湊值。也因為如此，雜湊演算法的特性為正向快速，逆向困難。

且計算出的雜湊值只要輸入有一點變動，得到的結果皆會與原本相距甚遠。因此雜湊函數經常用來識別檔案與資料是否被竄改，就如同檔案的指紋一般。

目前常見的雜湊演算法有 MD5（「MD5 Message-Digest Algorithm」）、SHA 家族（「Secure Hash Algorithm」），以下將介紹最基礎的 MD5 演算法以及 SHA 家族當中最常見的 SHA-256 演算法。

1. MD5 訊息摘要演算法

MD5 為一種被廣泛使用的密碼雜湊函式，可以產生出固定 128 位元（16 位元組）的雜湊值。在 Python3 中使用 MD5 函式時，需先導入 hashlib 模組。

MD5 雜湊的方式為將輸入的資料以 512 位元為倍數分組，最後一組為 448 位元的資料加上 64 位元的填充前資料長度，若不符合則填充附加位元至滿足條件。填充完畢後再將各個組別與雜湊初值經過迴圈運算並得出結果，作為下次迴圈運算的輸入變數，以此類推。

對以上 MD5 的原理有稍微了解之後，接下來我們要介紹如何在 Python 中使用雜湊函數。

> 因為 *MD5* 可能產生碰撞情形，且已證實可以被彩虹表攻擊加以破解，對於需要高度安全性的資料，建議改用其他雜湊演算法。

在 hashlib 函式庫中建立雜湊演算法物件之函數如下：

Hint 2.10

演算法物件 = hashlib . 演算法名稱 ( )

例如建立 MD5 的演算法物件之函數為：

演算法物件 = hashlib . md5 ( )

因為函式庫中包含許多雜湊函式，所以此行程式碼之意義為從 hashlib 函式庫中獲取 MD5 加密算法，表示接下來要進行 MD5 的演算。

同樣的，如果把函式 hashlib 後的 md5 改成其它演算法名稱，則可以執行其它的雜湊函數。目前支持的算法有 sha1(), sha224(), sha256(), sha384(), sha512(), blake2b() 和 blake2s()。

建立了演算法物件之後，接著即可放入需進行編碼演算的資料。

計算雜湊值之函式為：

Hint 2.11

演算法物件 . *update* (資料)

　　將需要演算之資料作為引數放入此函數中，即可得到此資料所對應的雜湊函數結果。

　　但在此資料無法以字串 **string** 的形式放入函數中，必須轉為可讀寫的**字節 byto** 模式才可支持，可讀寫字節類對象包含 **bytes**、**bytearray** 和 **array.array** 等等。

　　如同創造字串 **str** 時需在資料的開頭與結尾加上單引號「'」，創造字節 **bytes** 只需要將字串前面再加上一個「b」即可，以下程式碼為字節範例。

```
1   byte = b'MD5'
```

▌若要把字串變數轉為字節，請使用 *fromhex()* 函式。

　　以上的函式只是在演算法物件中計算資料的雜湊值而已，並無法讓我們直接取得計算出的雜湊值。

　　若直接將計算雜湊值的函式印出，將不會得到回傳雜湊值的結果，如下圖。

```
Python 3.9.0 Shell                                    —    □    ✕
File  Edit  Shell  Debug  Options  Window  Help
Python 3.9.0 (tags/v3.9.0:9cf6752, Oct  5 2020, 15:34:40) [MSC v.1927 64 bit (AM
D64)] on win32
Type "help", "copyright", "credits" or "license()" for more information.
>>> import hashlib
>>> MD5 = hashlib.md5()
>>> print(MD5.update(b'MD5'))
None
>>>
                                                              Ln: 7 Col: 4
```

所以我們接下來要介紹將計算好的雜湊值取出的方法。

取得雜湊值之函式有兩種，第一種為：

Hint 2.12 BIN

雜湊值 = 演算法物件 . *digest ( )*

此函式返回的值為**字節 base64**，也就是把雜湊值以二進位的方式輸出數據，範例結果如下。

```
1    b'\xc4\xcaB8\xa0\xb9#\x82\r\xccP\x9aou\x84\x9b'
```

另一種方式為以十六進位的方式輸出：

Hint 2.13 HEX

雜湊值 = 演算法物件 . *hexdigest ( )*

此函式返回的值與上面不同，是以**字串 string** 形式來輸出十六進位的結果，輸出範例如下。

```
1    c4ca4238a0b923820dcc509a6f75849b
```

因為十六進位的表示法結果比二進位來的較為精簡明瞭，因此以下的範例皆以十六進位的方式來演示。

了解了以上的函式後，接下來我們要透過 Python 實際創造出一個可以計算雜湊值的程式。

假設我們要計算字節串 b'MD5' 經過 MD5 雜湊演算法後所輸出的雜湊值，產生 MD5 雜湊值之程式碼如下：

```
1    import hashlib
2
3    data = b'MD5'
4    MD5 = hashlib.md5()
5    MD5.update(data)
6    result = MD5.hexdigest()
7
8    print(result)
```

【程式說明】

- ◆ 1：從 Python 導入 hashlib 的模組。

- ◆ 3：建立一個變數名稱為 data 的二進制資料，內容為 b'MD5'。

- ◆ 4：建立 MD5 演算法物件，以計算雜湊值。

- ◆ 5：計算變數 data 的雜湊值。

- ◆ 6：取得雜湊值，並以十六進位來表示。

- ◆ 8：印出雜湊後的結果。

【執行結果】

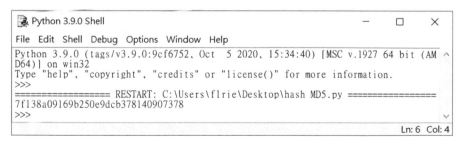

其中，計算雜湊值之函式為：

Hint 2.14

演算法物件 . *update* (資料)

若重複呼叫此函數，則取得之結果為 *'前一次呼叫時所輸入之資料'* 加上 *'本次呼叫時所輸入之資料'* 所產生之雜湊值，即為續寫資料並重新計算雜湊值。

所以當檔案較大時，可使用**分批次讀取**的方式來產生雜湊值，範例文件如下：

若每次讀取一行並使用 .update() 函式來計算雜湊值，第一次讀取的情況會等同上一個範例的結果，也就是：

```
1    MD5.update(b'MD5')
```

而第二次的結果會為第一行的 b'MD5' 加上第二行的 b'MD5' 一起進行計算，而非再重複計算一次 b'MD5' 的雜湊值：

```
1    MD5.update(b'MD5MD5')
```

第三次計算的結果將會是記事本中全部共三行 b'MD5MD5Python' 加起來所得的雜湊值：

```
1    MD5.update(b'MD5MD5Python')
```

以下將撰寫一個逐行讀取的程式，程式會讀取文件中的每一行，並在讀取一次之後**更新**雜湊值後再輸出一次，因此總共會輸出如上述所示三種不同的結果。

> 若是想要在同一個程式碼中覆蓋舊的結果並產生一個新的雜湊值，只需要透過重新建立 *MD5* 物件即可。

開啟檔案 "text.txt" 並逐行讀取資料計算雜湊值之程式碼如下：

```
1    import hashlib
2
3    MD5 = hashlib.md5()
4    with open("test.txt",'rb') as file:
5        for line in file:
6            MD5.update(line[:-2])
7            result = MD5.hexdigest()
8            print(result)
9    file.close()
```

【程式說明】

+ 1：從 Python 導入 hashlib 的模組。

+ 3：建立 MD5 演算法物件。

+ 4：以二進制讀取 'rb' 的方式開啟檔案，並將檔案變數名稱定為 file。

+ 5：使用 for 迴圈逐行讀取檔案中的內容，將每行的資料儲存在 line 變數中。

+ 6：在每次迴圈時計算 line 變數的雜湊值，[:-2] 為將每行行尾的換行符號 \n 去掉的語法。

+ 7：取得產生的雜湊值，以十六進位的方式輸出。

+ 8：印出雜湊編碼後的結果。

+ 9：關閉所開啟的檔案 file。

【執行結果】

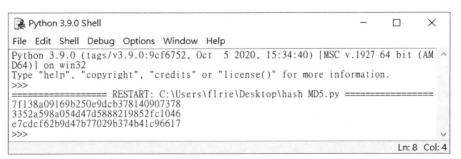

可觀察到，範例檔案中第一行與第二行皆為 b'MD5'，但印出之雜湊值並不相同。此為資料更新而非重新計算所產生的結果，因此在重複進行雜湊時請特別注意是否有以上的情況發生。

2. SHA-256 安全散列演算法

SHA 演算法有很多版本，隨著版本的上升，安全性以及演算法也逐漸改進。其中 SHA-2 包含 SHA-224、SHA-256、SHA-384、SHA-512 等等，後綴之數字為輸出的雜湊值長度位元。雖然至今尚未出現對 SHA-2 有效的攻擊，但其演算法與已經被破解的 SHA-1 的基礎十分相似。

> *SHA-256 在虛擬幣中具有重大的意義，是整個區塊鏈依靠的安全性基礎，所以在此處特別介紹。*

SHA-256 與 MD5 一樣會先將輸入的資料做分區的預處理，無論資料本身是否滿足條件，皆會填充原始資料，使結果的長度為 512 的倍數。將資料中每 512 位元分成不同組後，再分別進行迭代迴圈計算，使結果為 256 位元的數字摘要。

在 Python3 中使用 SHA-256 函式時，一樣需要先導入 hashlib 模組。

在 hashlib 函式庫中建立 SHA-256 雜湊演算法物件之函數為：

```
演算法物件 = hashlib . sha256 ( )
```

也就是把建立 md5 演算法的函式的演算法名稱改為 sha-256。除此之外，其他計算雜湊值與取得雜湊值的函式和使用方法與 MD5 相同。

所以如果要計算字節串 b'SHA256'，產生 SHA-256 雜湊值之程式碼如下：

```
1    import hashlib
2
3    data = b'SHA256'
```

```
4    SHA = hashlib.sha256()
5    SHA.update(data)
6
7    result = SHA.hexdigest()
8    print(result)
```

【程式說明】

- ◆ 1：導入 hashlib 的模組。

- ◆ 3：要計算 SHA256 雜湊值的變數 data 的資料為 b'SHA256'。

- ◆ 4：建立 SHA256 演算法物件。

- ◆ 5：計算變數 data 的雜湊值。

- ◆ 7：取得第五行計算出的雜湊值。

- ◆ 8：印出雜湊的結果。

【執行結果】

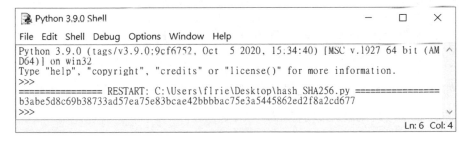

另外，上頁所用到之全部的 SHA256 函數可以簡化成一行程式碼完成：

```
1    import hashlib
2
3    result = hashlib.sha256(b'SHA256').hexdigest()
4    print(result)
```

【程式說明】

- ◆ 1：導入 hashlib 的模組。

- 3：計算並取得字符 b'SHA256' 的雜湊值。
- 4：印出雜湊值。

【執行結果】

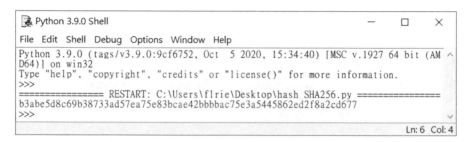

此處執行的結果與前一個範例相同，但程式碼較為精簡。亦可先宣告字符串為變數 data，再取代範例中 b'SHA256' 的部分。

並且還有另外一種方式可以建立演算法物件，如下：

Hint 2.15

演算法物件 = *hashlib . new (' 雜湊演算法 ', 資料)*

如同第一個建立演算法物件的函式，將括號中的雜湊演算法字串輸入演算法物件的名稱，即可使用該演算法。

可以選擇是否要輸入資料，如果此處不填入之後可以再使用 update() 函式來計算雜湊值。

以 hashlib.new() 函式改寫產生 SHA-256 雜湊值之程式碼如下：

```
1    import hashlib
2
3    data = b'SHA256'
4    hashlib.new('sha256', data)
```

```
5
6    result = SHA.hexdigest()
7    print(result)
```

【程式說明】

◆ 1：導入 hashlib 的模組。

◆ 3：令變數 data 的資料為 b'SHA256'。

◆ 4：使用 SHA256 演算法物件計算變數 data 的雜湊值。

◆ 6：取得計算出的雜湊值。

◆ 7：印出結果。

【執行結果】

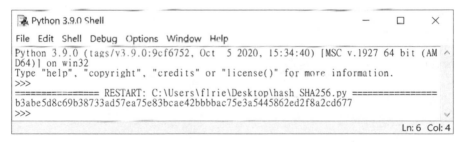

2.3.3 hmac：金鑰訊息鑑別碼 （Message Authentication Code）

在上一章節有提到，hash 雜湊演算法可以被一種名為彩虹表攻擊的方法破解。

其概念就是利用大量可能的資料去進行雜湊演算後，將運算出的雜湊值存放為雜湊表，再從其中找出匹配的雜湊值，以破解輸入資料的暴力破解法。

為了防止被上述問題攻擊，hmac 使用以下幾種對策來解決：

1. 進行數次的迭代雜湊運算，但因為高階設備能快速地進行運算，所以只能降低攻擊的效率。

2. 在進行雜湊演算之前在資料的任意位置插入特定的字串，稱之為「加鹽」。

3. 與加鹽相似，不過是以特定密碼來代替加鹽，即為在雜湊之前使用金鑰來模擬「加密」。

在進入 hmac 演算法的主題之前，我們先直接使用 hash 雜湊演算法來模擬「加鹽」的過程。即為在原始計算函式的資料字串之後加上鹽變數。鹽可以為一個字串，一個隨機數，或是穿插在資料中的亂碼，此處使用 'salt' 來代替。

以 SHA-256 演算法實現加鹽之程式碼如下：

```
1   import hashlib
2
3   data = b'SHA256'
4   salt = b'salt'
5
6   SHA = hashlib.new('sha256')
7   SHA.update(data + salt)
8
9   result = SHA.hexdigest()
10  print(result)
```

【程式說明】

- 1：導入 hashlib 的模組。

- 3：令變數 data 的資料為 b'SHA256'。

- 4：所加的鹽 salt 內容為 b'salt'，可以隨意設定。

- 7：建立 SHA256 演算法物件。

- 8：使用 SHA256 演算法物件計算引數 data 加上 salt 的雜湊值。

◆ 9：取得計算出的雜湊值。

◆ 10：印出結果。

【加鹽前執行結果】

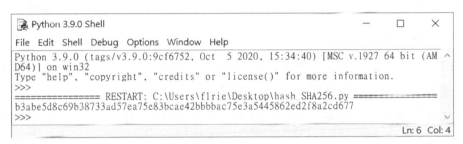

▌ 加鹽前的程式碼請參照上一章節之範例。

【加鹽後執行結果】

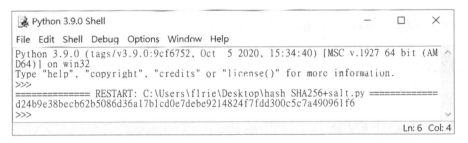

可以看到加鹽後的雜湊值與未加鹽前之雜湊值不同，原理即是因為加鹽後資料字串與原本不同，計算出來的雜湊值當然也會相異。

但因為直接在資料後方加上字串的方法也很容易被破解，所以公認的標準 RFC2104 制定出了一個規範的計算流程，稱作 hmac ── 也就是在計算雜湊值時，把金鑰混入計算過程中，並減緩雜湊值形成的速度。

因此就算遇到了有心人士想使用暴力破解法取得密碼，也可增加破解的時間成本，使對方知難而退。

在經過以上的講解，對 hmac 與 hash 的差別有大略的概念後，接下來的篇幅中將介紹三種在 Python 中使用 hmac 計算雜湊值的方法。

1. PBKDF2 密鑰派生演算法

PBKDF2 函數為 hashlib 函式庫所提供 PKCS#5 基於密碼的偽隨機函數，在使用前必須導入函式庫。

PBKDF2 演算法實現了**密鑰延伸**（key stretching）類型的演算法，這類演算法是隨著電腦運算速度增快，避免密碼被暴力破解的解決方案。簡單而言就是將加鹽之雜湊值進行多次重複的遞迴計算從而增加計算時間，而這個次數是可選擇的。

只要將遞迴雜湊運算的次數調升，就能輕易的讓運算速度降低，減緩運算速度快的設備破解密碼的時間。如果遇到碰撞攻擊時，駭客破解所需的大量時間成本會令人望而生畏。

使用 hashlib 函式庫的 pbkdf2 函式如下：

Hint 2.16

演算法物件 = *hashlib . pbkdf2_hmac (*'雜湊演算法'，明文資料，鹽，迭代次數，*dklen*= 長度)

其中 **dklen** 為派生密鑰的長度，也就是演算後結果的長度，若不指定則預設為雜湊演算法的雜湊值大小。

範例程式碼如下：

```
1   import hashlib
2
3   HMAC = hashlib.pbkdf2_hmac('sha256', b'password', b'salt', 100000)
4   result = HMAC.hex()
5   print(result)
```

【程式說明】

- ♦ 1：導入 hashlib 的模組。

- ♦ 3：使用 SHA-256 雜湊演算法將密碼 b'password' 加上鹽 b'salt'，並以 PBKDF2 的格式迭代 100000 次。

- ♦ 4：將結果轉為十六進位。

- ♦ 5：印出編碼後的結果。

【執行結果】

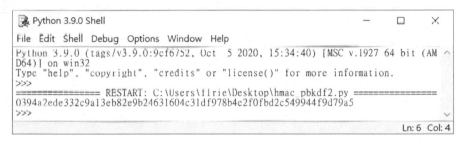

Tips 2.6

因為前一章節之 *hash* 函數所產生的結果為 *'_hashlib.HASH'* 型別，因此將結果轉為十六進位所使用的函數為 *hexdigest()*。

而 *pbkdf2* 函數產生的結果型別為 *'bytes'*，所以使用 *Python* 內建的將整數轉為十六進位之函數 *hex()*。

另外，在 PyCryptodome 中，也包含著相同的密鑰派生函數，只需導入 Crypto.Protocol.KDF 模組即可使用。

使用 PyCryptodome 函式庫的 pbkdf2 演算法之函數為：

Hint 2.17

演算法物件 = *PBKDF2 (* 明文資料 *,* 鹽 *, dklen=* 長度 *, count=* 迭代次數 *,*
雜湊演算法 *)*

其中 **dklen** 為所設定之結果的長度，預設為 16，迭代次數預設為 1000。
程式碼如下：

```
1   from Crypto.Protocol.KDF import PBKDF2
2   from Crypto.Hash import SHA256
3
4   result = PBKDF2('password', 'salt', 64, 100000,
    hmac_hash_module=SHA256)
5   print(result)
```

【程式說明】

- 1：從 PyCryptodome 中導入 PBKDF2 的模組。
- 2：從 PyCryptodome 中導入 SHA256 的模組。
- 4：使用 SHA-256 雜湊演算法將密碼 b'password' 加上鹽 b'salt'，設定長度為 64 位元並以 PBKDF2 的格式迭代 100000 次。
- 5：印出編碼後的結果。

【執行結果】

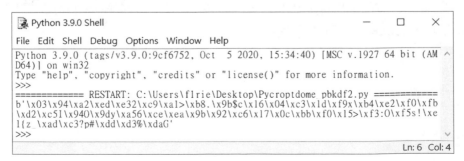

2. scrypt 密鑰派生演算法

此函數一樣為 hashlib 函式庫以及 PyCryptodome 函式庫皆提供之演算法，在使用前必須導入相對應之函式庫。

scrypt 為一種**密鑰導出**（KDF）的功能算法，主要適用於生成密鑰，目的是為了避免駭客以低成本大量的生產密碼去試探。其演算法最初的設計為降低 CPU 的負荷，盡量減少使用 CPU 計算並利用閒置時間進行演算。

因此 scrypt 不僅計算所需時間長，占用的記憶體也多。使得並行計算多個雜湊值變得十分的困難，因此對此演算法進行暴力攻擊時將空礙難行。

使用 hashlib 函式庫的 scrypt 函式如下：

Hint 2.18

演算法物件 = $hashlib \, . \, scrypt \, ($ 明文資料 , 鹽 , n , r , p , 內存限制 , $dklen = $ 長度 $)$

其中引數 n 為 CPU 內存開銷因子，必須是 2 的指數並小於 2^{32} 次方，例如 1024。r 為區塊大小，p 為並行化參數，並行化的意義為將資料切斷並各自計算雜湊值。

內存限制默認為 32 百萬位元組（Mib），派生密鑰長度預設為 64。

程式碼如下：

```
1    import hashlib
2
3    HMAC = hashlib.scrypt(b'password', salt= b'salt', n=2**14, r=8,
         p=1)
4    result = HMAC.hex()
5    print(result)
```

【程式說明】

- ◆ 1：導入 hashlib 的模組。

- ◆ 3：將密碼 b'password' 加上鹽 b'salt'，並設定內存限制引數為 2^{14}，區塊大小為 8。

- ◆ 4：把結果轉為十六進位。

- ◆ 5：印出編碼後的結果。

【執行結果】

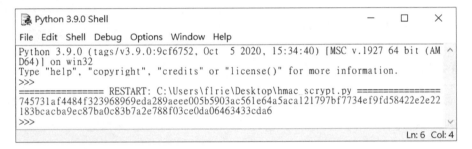

使用 PyCryptodome 函式庫的 scrypt 演算法之函數為：

Hint 2.19

演算法物件 = *PBKDF2 (* 明文資料 *,* 鹽 *,* 長度 *, n, r, p)*

程式碼如下：

```
1 from Crypto.Protocol.KDF import scrypt
2
3 result = scrypt('password', 'salt', 16, N=2**14, r=8, p=1)
4 print(result)
```

【程式說明】

- ◆ 1：從 PyCryptodome 中導入 scrypt 的模組。

♦ 3：將密碼 b'password' 加上鹽 b'salt'，並設定內存限制引數為 2^{14}，區塊大小為 8。

♦ 4：印出編碼後的結果。

【執行結果】

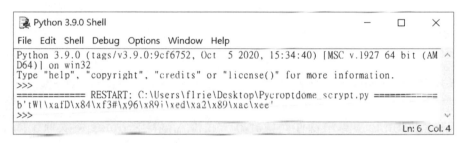

3. hmac 函式庫標準算法

此算法為 Python 自帶之實現標準 hmac 算法的模組，只需導入 hmac 函式庫即可使用演算法，hmac 算法針對所有雜湊演算法都通用。

編碼的流程就像是將鹽替代成一個金鑰，並在計算雜湊值時把金鑰混入計算過程中，依據不同的金鑰計算出不同的結果。同時在驗證雜湊值時，也需要提供正確的金鑰才能完成。所以 hmac 比起其他的雜湊函數更加的安全及標準化。

此演算法的函數與 hashlib 中的雜湊演算法使用方法相似，可建立演算法物件、計算雜湊函數與更新。但 hmac 函式庫針對所有雜湊演算法皆能使用，包括安全性較弱的 MD5 與 SHA-1 演算法。

使用 hashlib 函式庫的 hmac 函式如下：

Hint 2.20

演算法物件 = $hmac . new$ (鹽 , 資料 , $digestmod$ = ' 雜湊演算法 ')

» **資料**：被進行雜湊計算之原始資料，若未指定則預設為空，可使用 update() 函數以增加資料進行雜湊。

» **金鑰**：對資料進行雜湊演算法時所加入的鹽。

此演算法所使用之更新與取得雜湊值函數與在前一章節時所使用之函數相同。

更新演算法物件的函式如下：

演算法物件 . *update (* 資料 *)*

在建立 hmac 演算法物件時會計算一次輸入資料之 hmac 雜湊值，如果要再加上新的字串重新計算雜湊值，可以使用此函數。

取得雜湊值之函式如下：

雜湊值 = 演算法物件 . *digest ( )*

雜湊值 = 演算法物件 . *hexdigest ( )*

同樣可分為使用十進位以及十六進位之表示法取得結果。

使用 hmac 函式庫之程式碼如下：

```
1    import hmac
2
3    data = b'password'
4    salt = b'salt'
5    HMAC = hmac.new(salt, data, digestmod='SHA256')
6
7    result = HMAC.hexdigest()
8    print(result)
```

【程式說明】

- 1：從 Python 中導入 hmac 的模組。

- 3：欲雜湊的資料為 b'password'。

- 4：欲加入混雜的鹽為 b'salt'。

- 5：使用 hmac 算法計算結果。

- 7：將結果轉為十六進位。

- 8：印出編碼後的結果。

【執行結果】

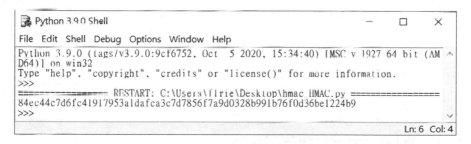

此外在 hmac 函式庫中有一個新的取得雜湊值函數：

Hint 2.21

演算法物件 = *hmac . digest*（鹽，資料，'雜湊演算法'）

其函數可直接計算雜湊值並輸出，等同於建立演算法物件 hmac.new() 加上取得演算法 digest() 函數兩種功能之簡略版本。

範例程式碼如下：

```
1    import hmac
2
3    HMAC = hmac.digest(b'salt', b'password', 'SHA256')
4    result = HMAC.hex()
5    print(result)
```

【程式說明】

- 1：從 Python 中導入 hmac 的模組。
- 3：使用 hmac.digest() 函式來計算結果並以十進位的形式輸出。
- 4：將結果使用 hex() 函式轉為十六進位。
- 5：印出編碼後的結果。

【執行結果】

2.4 對稱式加密演算法（Symmetric Encryption）

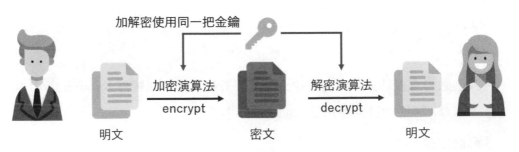

圖 2.1　對稱式加密流程圖

前面的章節主要介紹關於編碼與雜湊相關的演算法，而以下的章節將進階到密碼學知識的應用。本文接下來將討論基礎密碼學的三大種類：「對稱金鑰加密」、「非對稱金鑰加密」及「數位簽章」。

對稱式與非對稱式加密演算法的差別在於加密與解密使用的金鑰是否為同一把；而數位簽章與非對稱式加密演算法的差別則為加密時使用的金鑰為公鑰還是私鑰。本章節主要介紹三種演算法的第一項——「對稱式加密」。

對稱式加密的定義如下：

> 這類演算法在加密和解密時使用相同的密鑰，或是使用兩個可以簡單地相互推算的密鑰。

也就是傳送方在傳送資料時，使用金鑰加密；同時接收方收到訊息後，也使用同一個金鑰解密。因為加密與解密皆使用相同金鑰，因此解密的方法就是將加密的步驟反過來做，所以其優點為解密時較快速。

但也因為如此，對稱式加密的缺點為容易被攔截密鑰之有心人破解。所以，密鑰的複雜度決定了對稱式加密被破解的難度，如何選擇安全的傳輸金鑰也成為對稱式加密的一大課題。

不過，安全的傳輸金鑰並不在本教學討論的範圍之內，所以如何產生一個安全度高的密鑰就是接下來的重點。

Random 函式庫：偽亂數生成器

此處產生亂數使用的模組為 PyCryptodome 中所包含的亂數模組 Crypto.Random。PyCryptodome 模組為專門設計用來實作加密之套件，其中包含的 Random 函式庫不僅能夠產生隨機亂數，還可回傳選中之隨機元素、使用函數來打亂序列等功能。

1. 產生隨機亂數金鑰

在 Crypto.Random 模組中，產生隨機亂數之函數為：

Hint 2.22

變數 = *get_random_bytes* (長度)

此函數為回傳一個固定長度的字串，使用前需導入 Crypto.Random 模組。

» **變數**：為產生亂數後存放之結果。

» **長度**：為所設定之亂數大小，單位為位元組。

利用此函數，可以製造一組不被預測之金鑰字串，以防金鑰被輕易的猜測且破解。

程式碼如下：

```
1    from Crypto.Random import get_random_bytes
2
3    key = get_random_bytes(32)
4    print(key)
```

【程式說明】

◆ 1：從 Crypto.Random 模組中導入 get_random_bytes() 函數。

◆ 3：產生 32 位元組的隨機金鑰。

◆ 4：印出結果。

【執行結果】

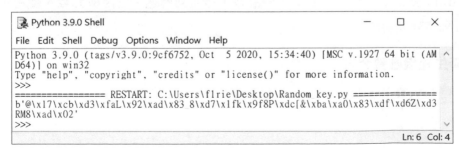

2. 以密碼產生對應金鑰

如果想以一組任意長度之密碼作為金鑰使用,可以使用先前章節所介紹的加鹽之雜湊函數來產生。加上隨機函數所製造的鹽來雜湊金鑰,即可達成增加密碼之安全度的目標。

此處使用 PBKDF2 加上隨機亂數函式當範例,亦可使用安全性較高之 scrypt 函數代替 PBKDF2 雜湊函數。

程式碼如下:

```
1    from Crypto.Protocol.KDF import PBKDF2
2    from Crypto.Random import get_random_bytes
3
4    password = 'password'
5    salt = get_random_bytes(32)
6
7    key = PBKDF2(password, salt, dkLen=32)
8    print(key)
```

【程式說明】

- 1:從 Crypto 模組中導入 PBKDF2 雜湊函數。
- 2:從 Crypto.Random 模組中導入 get_random_bytes() 函數。
- 4:指定的密碼為 b'password'。
- 5:使用隨機亂數產生鹽。
- 7:依據密碼與鹽,使用 PBKDF2 雜湊函數產生金鑰。
- 8:印出結果。

【執行結果】

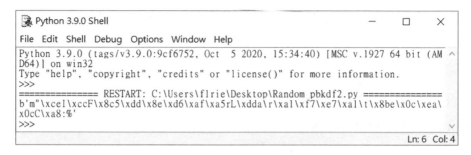

2.4.1　DES 演算法：資料加密標準

在介紹完如何簡易的產生具有一定安全性的金鑰之後，接下來的章節將介紹兩種對稱式加密演算法，使用的模組為 PyCryptodome。

首先是 DES 對稱式加密演算法，其為 IBM 公司發展出的加密系統，並曾被美國國家標準局製定為標準過。DES 已被使用了 20 餘年，因此在對稱式加密中是一種經典的演算法。

在加密演算法中，大略分為對明文逐個加密的串流加密法、以及將明文切分成固定區塊後再加密的區塊加密法兩種方法，資料加密標準演算法是以 64 位元為一個區塊進行加密之演算法，因此被加密的資料須為 64 位元之倍數，加密所使用的金鑰也是 64 位元（即為 8 位元組）。

若長度不符合倍數的條件，就需要進行填充資料的動作。接下來的加解密範例為求簡單明瞭的介紹，採用剛好長度的資料字串以及金鑰，因此無須進行填充，但不建議以此方法進行實際應用。

然而因為金鑰長度過短，此演算法可以被窮舉法破解，所以現今被認為是不安全的演算法。因此以下之範例將不使用亂數金鑰，以使用精簡的程式碼來演示此算法為重點。

引用 Crypto.Cipher 函式庫後，創建 DES 演算法之函數為：

Hint 2.23

演算法物件 $= DES.new($ 金鑰, 模式 $)$

所有加密與解密之行為必須在創建演算法之後才能進行，其中金鑰的長度必須為 8 位元組。

» **模式**：為**加密工作模式**，也就是加密每個明文資料所選擇的方法與過程，使用的模式將會決定是否要對資料進行填充之處理。

在此處的 DES 加密範例程式碼皆使用電子密碼本 ECB 模式。

電子密碼本 ECB（Electronic codebook）為最簡單且直觀的模式。將原文資料切分為大小均一且各自獨立的區塊，並將每個區塊使用金鑰加密。本模式的缺點為因為原文資料的各個區塊會被加密成相同的結果，所以不能很好的隱藏資料的形式。

因為此模式為區塊加密法，所以使用此加密模式前需要填充原文資料。

1. 使用 DES 演算法加密資料

使用 DES 演算法加密資料之函數為：

Hint 2.24

密文 $= DES.encrypt($ 明文 $)$

請注意，金鑰與欲加密之明文需以**字節 byte** 型別來處理。

因為 DES 為區塊加密法，所以欲加密之明文資料長度也必須為 8 位元組之倍數。

使用 DES 加密之程式碼如下：

```
1    from Crypto.Cipher import DES
2
3    key = b'-8B key-'
4    data = b'Data Encryption Standard'
5
6    des = DES.new(key, DES.MODE_ECB)
7
8    encrypt_data = des.encrypt(data)
9    print(encrypt_data)
```

【程式說明】

- 1：從 PyCryptodome 模組中導入 DES 對稱式加密演算法。

- 3：加密所使用之金鑰需為 8 位元組之倍數，此處為 b'-8Bkey-'。

- 4：欲加密之明文資料為 b'Data Encryption Standard'。

- 6：創立 DES 演算法物件，使用電子密碼本 ECB 模式來加密。

- 8：執行加密處理。

- 9：印出加密後的結果。

【執行結果】

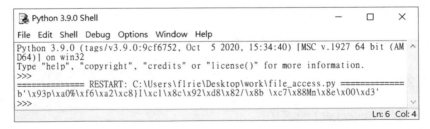

2. 使用 DES 演算法解密資料

使用 DES 演算法解密資料之函數為：

Hint 2.25

明文 = DES . decrypt (密文)

其中密文為加密明文資料後所產生之結果。

使用 DES 解密之程式碼如下：

```
1   from Crypto.Cipher import DES
2
3   key = b'-8B key-'
4   encrypt_data = b'\x93p\xa0%\xf6\xa2\xc8}I\xc1\x8c\x92\xd8\x82/\
        x8b\xc7\x88Mn\x8e\x00\xd3'
5
6   des = DES.new(key, DES.MODE_ECB)
7
8   decrypt_data = des.decrypt(encrypt_data)
9   print(decrypt_data)
```

【程式說明】

♦ 1：從 **PyCryptodome** 模組中導入 DES 對稱式加密演算法。

♦ 3：解密所使用之金鑰為 b'-8Bkey-'。

♦ 4：欲解密之密文資料為上一個加密範例的輸出。

♦ 6：創立 DES 演算法物件，使用電子密碼本 ECB 模式來加密。

♦ 8：執行解密處理。

♦ 9：印出解密後的結果。

【執行結果】

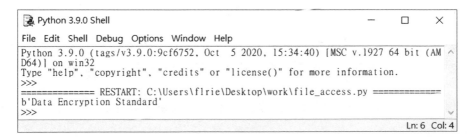

以上的範例中，明文資料恰好為 8 位元組之倍數，所以不需填充字元也可正常的執行程序。但現實情況中，不可能每次被加密之原文資料長度都如此剛好。

所以我們必須對輸入的明文資料做填充處理，以確保每次被加密的資料都可以滿足條件。以本章節之 DES 加密演算法為例，此加密模式將每 8 位元組為一個區塊做處理。

接下來將在 Python 中建構一個自己的函式，函式內容為判斷資料之長度，若不足 8 位元組之倍數則補上空白字符以滿足條件。

函式如下：

```
1   def pad(text):
2       while len(text) % 8!= 0:
3           text += ' '
4       return text
```

其中 def 為定義函式之開頭，pad 為函式名稱，函式名稱後括弧中的 text 為傳入之參數。

```
1   while len(text) % 8!= 0:
```

此行的意義為判斷 text 是否可以被 8 整除，若不行則執行迴圈內的算式，也就是在字串後方補上空白字符，直到滿足條件後才跳出迴圈。

跳出迴圈後，return 會回傳填充後的 text 回到主程式，並結束填充動作。

將上述建立之函式，結合 2-2 章節中所提到的檔案處理的方法之後，以下將演示如何使用 DES 加密法實現不需傳送明文以達到接收訊息的程式。

範例之金鑰預設為傳送與接收兩方皆原本就有，金鑰沿用上方範例之
b'-8B key-'。

3. 使用 DES 加密之程式碼如下

```
1    ''' 使用 PyCryptodome 模組進行 DES 加密 '''
2    from Crypto.Cipher import DES
3
4    def pad(text):
5        while len(text) % 8!= 0:
6            text += ' '
7        return text
8
9    data = pad('Python').encode('utf-8')
10   file_out = open("encrypted_data.bin", "wb")
11
12   key = b'-8B key-'
13
14   cipher = DES.new(key, DES.MODE_ECB)
15   encrypt_data = cipher.encrypt(data)
16
17   file_out.write(encrypt_data)
18   print(encrypt_data)
19
20   file_out.close()
```

【程式說明】

* 2：從 PyCryptodome 模組中導入 DES 對稱式加密演算法。

* 4：如果 text 不是 8 的倍數，則補上空白字符以滿足條件。

* 9：對欲加密的內容 'Python' 做填充處理。

* 10：建立一個存放被加密後的資料的檔案。

* 12：加密所使用之金鑰為 b'-8B key-'。

* 14：以 ECB 模式創立 DES 演算法物件。

* 15：執行加密資料的動作。

* 17：寫入並印出加密後的資料。

* 20：關閉檔案。

【執行結果】

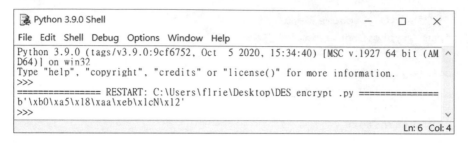

檔案 encrypted_data.bin 的內容如下：

> 因為檔案為 *bin* 二進位檔案，使用記事本 *txt* 開啟時會編碼成文字檔，是以記事本開啟之結果與印出結果不相同。

與**範例 1.** 不同的是，在做加密之前，先對被加密的內容做函式 pad() 處理。

並且同時創建一個名為 encrypted_data.bin 之二進位檔案，用來存放加密後的資料。

> 在執行程式時，若不存在名稱為 *encrypted_data.bin* 之檔案，則 *Python* 會創建一個新的檔案。

將加密後的資料印出後，程式會在執行完畢時關閉檔案。

4. 使用 DES 解密之程式碼如下：

```
1    ''' 使用 PyCryptodome 模組進行 DES 解密 '''
2    from Crypto.Cipher import DES
3
4    file_in = open("encrypted_data.bin", "rb")
5    file_out = open("decrypted_data.txt", "wb")
6
7    key = b'-8B key-'
8
9    encrypt_data = file_in.read()
10
11   cipher = DES.new(key, DES.MODE_ECB)
12   decrypt_data = cipher.decrypt(encrypt_data)
13
14   file_out.write(decrypt_data)
15   print(decrypt_data)
16
17   filc out.close()
```

【程式說明】

- 2：從 PyCryptodome 模組中導入 DES 對稱式加密演算法。

- 4：開啟存放加密資料的檔案 encrypted_data.bin。

- 5：建立一個存放解密後資料的檔案 decrypted_data.txt。

- 7：解密所使用之金鑰為 b'-8B key-'。

- 9：讀取 encrypted_data.bin 檔案中所有被加密的資料並放入變數 encrypt_data 中。

- 11：以 ECB 模式創立 DES 演算法物件。

- 12：執行解密資料的動作。

- 14：寫入並印出解密後的資料。

- 17：關閉檔案。

【執行結果】

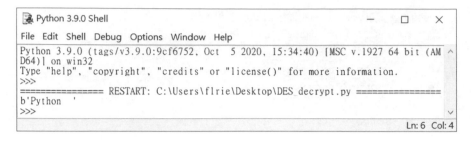

檔案 encrypted_data.bin 的內容如下：

與**範例 2.** 相同，差別是解密的密文為開啟 encrypted_data.bin 檔案後所讀取的檔案內容。

並且新建一個檔案 decrypted_data.txt，存放解密後產生的明文資料。

> 因為加密後的密文為二進制，所以使用 *bin* 檔案儲存；而解密後的資料為明文，使用 *txt* 檔儲存。

Tips 2.7

DES 演算法分為 *Single DES* 與 *Triple DES* 兩種，以上範例皆使用 *Single DES*。

---

5. DES3 三重資料加密演算法

三重資料加密演算法，又稱 TripleDES，是基於 SingleDES 金鑰過短，容易被破解的缺點所優化之版本。改善方法為增加 DES 的金鑰長度為 16 位元組，並對每個資料塊應用三次的 DES 演算法。

雖然 DES3 已改善金鑰過短的缺陷，但因為沿用 DES 演算法的緣故，所以也存在理論上的攻擊方法，建議使用下個章節所介紹之 AES 演算法當成 DES 與 DES3 之替代方案。

也因為 DES 演算法為不安全之加密演算法，所以此處僅介紹而不贅述。本章節並不會深入探討 DES3，僅介紹最基礎之加密與解密函式。

創建 DES3 演算法之函數為：

Hint 2.26

演算法物件 $= DES3 . new ($ 金鑰 $,$ 模式 $)$

除了創建演算法的函數名稱不同以外，其餘之加密模式及加解密的函數皆與 DES 相同。

加密與解密的範例程式碼如下：

```
1   from Crypto.Cipher import DES3
2
3   key = b'-DES3 16ByteKey-'
4   data = b'Data Encryption Standard'
5
6   des3 = DES3.new(key, DES3.MODE_ECB)
7
8   encrypt_data = des3.encrypt(data)
9   print(encrypt_data)
10
11  decrypt_data = des3.decrypt(encrypt_data)
12  print(decrypt_data)
```

【程式說明】

- 1：從 PyCryptodome 模組中導入 DES3 對稱式加密演算法。

- 3：所使用之金鑰為 b'-DES3 16ByteKey-'。

- 4：欲加密之明文資料為 b'Data Encryption Standard'。

- 6：以 ECB 模式創立 DES3 演算法物件。

- 8：執行加密處理並印出加密後的結果。

- 11：執行解密處理並印出解密後的結果。

【執行結果】

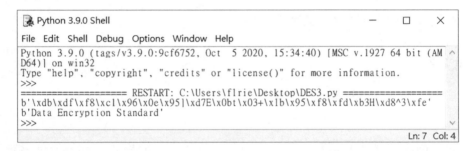

Padding 函式庫：對原文資料做填充

從上述章節可得知，在進行加密時會因為其加密模式的不同，所以有時必須填充明文資料，才能依照演算法分成固定大小的區塊而進行區塊加密。

上述我們利用 Python 內建的功能，自己建立一個函數來對資料進行填充處理，但每次使用時都要重複建立函數有些稍嫌麻煩。

且填充資料後，理論上來說必須在解密後取消填充，才能回復成最原始的明文資料，而上述自建之函數是為了使讀者更好的理解填充的基本概念，且在填充空白後，並不會影響明文之閱讀，所以沒有進行取消填充的動作。

為了確保每次被加密的資料都可以滿足條件，且可以在每次解密後使資料恢復成原樣，PyCryptodome 推出了一個方便的模組 Padding 以供使用。

此模組提供比填充空白更具安全性的填充方法，且可選擇三種填充的算法，這裡使用默認算法 pkcs7。

此算法填充字節的值為所填充的字節數，即是說，若需要填充 N 個字節，則每個填充字節的值都是 N。

例如若區塊大小為 8 位元組且原文資料為 12 位元組，需要填充 4 位元組的數值 '04'（以十六進位表示），如下。

```
1    DD DD DD DD DD DD DD DD | DD DD DD DD 04 04 04 04
```

加密前填充原文資料之函數為：

Hint 2.27

填充後資料 = pad (原文資料 , 區塊大小)

導入 Crypto.Util.Padding 模組後即可使用。解密後，除去填充之函數：

Hint 2.28

原文資料 = unpad (填充後資料 , 區塊大小)

範例程式碼如下：

```python
1    from Crypto.Util.Padding import pad, unpad
2
3    data = b'Python'
4
5    pad = pad(data, 8)
6    print(pad)
7
8    unpad = unpad(pad, 8)
9    print(unpad)
```

【程式說明】

- 1：導入 pad 以及 unpad 模組。

- 3：欲填充之明文資料為 b'Python'。

- 5：對變數 data 執行填充處理。

- 6：印出填充後的結果。

- 8：除去填充。

- 9：印出除去填充後之結果。

【執行結果】

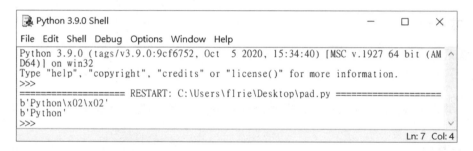

2.4.2　AES 演算法：進階加密標準

進階加密標準為一套由美國政府機構所徵選以取代 DES 的演算法標準，其入選的 Rijndael 演算法為現今 AES 所代指的演算法，目前已經廣泛用於很多加密標準當中。其優勢在於解決 DES 算法耗時且金鑰過短的問題，集安全性、性能、效率、可實現性及靈活性與一體。

此加密演算法之設計準則有兩種：

1. 使用非線性變換演算法複雜化密文、明文與金鑰之間的關係，稱作**混淆**。

2. 當明文或金鑰每變動一位時，將影響密文中的位數，同樣採取非線性變換演算法之方法，稱為**擴散**。

AES 為分組加密演算法，因此金鑰的長度分為三種，128 位元、192 位元以及 256 位元。以下的範例將以 256 位元（32 位元組）為主。其加密方式為依照金鑰長度將明文分為各個明文區塊，以特定次序生成為正方矩陣，再經由輪函式的迭代轉換後，作為下一輪的輸入繼續參與運算直到迭代結束。

在使用 AES 演算法前，我們需要利用之前所提到的亂數生成器，先建立一組進行資料加密與解密的金鑰，並儲存進檔案 AES_key.bin 中作為金鑰，以供加解密使用。

為求方便，也可以使用較為簡易的金鑰來使用 *AES* 加密，範例程式碼如下：

```
1 from Crypto.Cipher import AES
2
3 key = b'Sixteen byte key'
4 cipher = AES.new(key, AES MODE_CBC)
```

最低之金鑰大小應為 *16* 位元組（也就是 *128* 位元），但建議使用隨機加鹽的方式來產生金鑰。

1. 使用 PyCryptodome 模組建立 AES 金鑰程式碼如下：

```
1    ''' 使用 PyCryptodome 模組建立 AES 金鑰 '''
2    from Crypto.Random import get_random_bytes
3    from Crypto.Protocol.KDF import PBKDF2
4
5    password = 'password'
6    salt = get_random_bytes(32)
7
8    key = PBKDF2(password, salt, dkLen=32)
9
10   file_out = open("AES_key.bin", "wb")
11   file_out.write(key)
12   file_out.close()
13
14   print(key)
```

【程式說明】

- 2：導入 get_random_bytes 模組以產生隨機鹽字串。

- 3：導入 PBKDF2 模組將隨機密碼加鹽以增強安全性。

- 5：使用者指定之密碼為 'password'。

- 6：使用隨機亂數產生 32 位元組之鹽字串。

- 8：根據密碼與鹽產生 256 位元的 AES 金鑰。

- 10：輸出 AES 金鑰至 AES_key.bin 檔案中。

- 12：印出 AES 金鑰。

【執行結果】

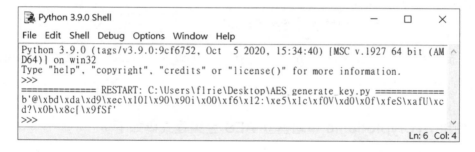

檔案 AES_key.bin 的內容如下：

> 此方法也可使用於前面所提到之 *DES* 加解密演算法中，只需將隨機亂數從 *32* 位元組改成 *8* 位元組即可。

接下來將介紹如何創建演算法物件，在創建 AES 函數之前須引入 Crypto. Cipher 函式庫。

創建 AES 演算法之函數為：

Hint 2.29

演算法物件 $= AES \cdot new$（金鑰，模式）

- » **金鑰**：在此為前面所儲存之檔案 AES_key.bin，在接下來的加密環節將會開啟並讀取儲存金鑰的檔案至此變數中，再加以使用。
- » **模式**：在 AES 加密中有許多加密的模式可以選擇，在此章節將演示如何使用各種模式來執行 AES 加密。

使用 AES 演算法加密資料之函數為：

Hint 2.30

演算法物件 $= AES \cdot encrypt$（明文）

欲加密之明文資料在此必須為**字節 bytes**。各種加密模式所使用的加密函數皆為同一種函數。

使用 AES 演算法解密資料之函數為：

Hint 2.31

演算法物件 $= AES \cdot decrypt$（密文）

加密與解密的函數會依據所使用的模式而變更，因此在創建演算法時所使用的模式需相同。以下的範例首先將使用密碼區塊連結 CBC 模式來進行加解密檔案。

> **密碼區塊連結模式 CBC**（Cipher-blockchaining），特點為每個資料塊在加密前，皆會與前一次加密後的密文進行**互斥或 xor** 邏輯運算再進行加密。第一塊資料區塊會與初始化向量 IV 運算，IV 是長度為分組大小的隨機值。

▌因為此模式為區塊加密法，所以需要填充原文資料。

2. 使用 AES 加密之程式碼─CBC 模式

```
1   ''' 使用 PyCryptodome 模組進行 AES 加密 '''
2   from Crypto.Cipher import AES
3   from Crypto.Util.Padding import pad
4
5   data = pad(b'Python', AES.block_size)
6
7   file_out = open("encrypted_data.bin", 'wb')
8   key = open("AES_key.bin",'rb').read()
9
10  cipher = AES.new(key, AES.MODE_CBC)
11  encrypt_data = cipher.encrypt(data)
12
13  file_out.write(cipher.iv + encrypt_data)
14  print(cipher.iv + encrypt_data)
15
16  file_out.close()
```

【程式說明】

- 2：從 PyCryptodome 模組中導入 AES 對稱式加密演算法。

- 3：導入 pad 模組以對資料做填充處理。

- 5：對欲加密的內容 'Python' 做填充處理。

- 7：建立一個存放被加密後的資料的檔案 encrypted_data.bin。

- 8：從檔案 AES_key.bin 中讀取加密所使用之金鑰。

- 10：以 CBC 模式創立 AES 演算法物件。

- 11：執行加密資料的動作。

♦ 13：寫入並印出初始向量與加密後的資料。

♦ 16：關閉檔案。

【執行結果】

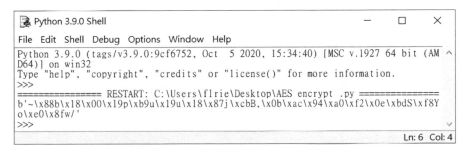

檔案 encrypted_data.bin 的內容如下：

因為使用的模式為 CBC 加密模式，所以原文資料需要先做填充處理再進行加密，此處直接導入 Padding 模組作使用。

CBC 加密模式為每個加密區塊皆與前一區塊產生邏輯運算，所以此處加密與解密皆需用到初始向量 IV。

因此在進行加密之後將初始向量與加密後的資料一併寫入檔案 encrypted_data.bin 中，以便解密時使用。

3. 使用 AES 解密之程式碼—CBC 模式

```
1    '''使用 PyCryptodome 模組進行 AES 解密'''
2    from Crypto.Cipher import AES
3    from Crypto.Util.Padding import unpad
4
```

```
5    file_out = open("decrypted_data.txt", 'wb')
6    key = open("AES_key.bin",'rb').read()
7
8    with open("encrypted_data.bin", 'rb') as file_in:
9        iv = file_in.read(16)
10       encrypt_data = file_in.read()
11
12   cipher = AES.new(key, AES.MODE_CBC, iv=iv)
13   decrypt_data = cipher.decrypt(encrypt_data)
14
15   decrypt_data = unpad(decrypt_data, AES.block_size)
16
17   file_out.write(decrypt_data)
18   print(decrypt_data)
19
20   file_out.close()
```

【程式說明】

- 2：從 PyCryptodome 模組中導入 AES 對稱式加密演算法。

- 3：導入 pad 模組以對資料做消除填充的處理。

- 5：建立一個名為 decrypted_data.txt 的檔案以存放解密後的明文。

- 6：從檔案 AES_key.bin 中讀取解密所需使用之金鑰。

- 8：使用 with() 函式開啟檔案 encrypted_data.bin。

- 9：讀取 16 位元組的初始向量。

- 10：讀取剩餘的密文部分。

- 12：以金鑰搭配 CBC 模式加上初始向量創立 AES 演算法物件。

- 13：執行解密資料的動作。

- 15：解密後對資料消除填充。

- 17：寫入並印出解密後的資料。

- 20：關閉檔案。

【執行結果】

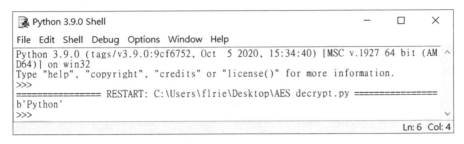

檔案 decrypted_data.txt 的內容如下：

此處 open() 函數為處理存放解密後檔案 encrypted_data.bin 的函數，並以 flle_out 為變數命名，所以在程式碼最後須關閉檔案 file_out。

而 with 函數為開啟密文檔案 encrypted_data.bin 並讀取初始向量和密文，並以 file_in 命名，當離開了 with 函數的範圍時會自動關閉檔案，因此不需要對變數 file_in 進行 close()。

因為在加密的時候存入了初始向量，所以在解密時也須將初始向量提取出來使用，因為初始向量 IV 之大小為 16 位元組，所以在讀取檔案時先讀取 16 位元組再讀取剩下之密文。

請注意，如果在加密前有填充資料的話，在解密之後也需要對資料消除填充。

4. 使用 AES 加密之程式碼—CFB 模式

密文反饋模式 **CFB**（Cipher feedback），與 CBC 相似，但 CFB 模式會先將前一個密文區塊加密後，才與明文區塊做互斥或運算。也因此，即使明文資料的長度不是加密區塊大小的整數倍，也不需要填充。這保證了資料在加密前後為相同的長度。

　　因為 CFB 模式在加密前不需要填充資料即可直接加密，所以此處並不引入 Padding 函式庫。

```
1   ''' 使用 PyCryptodome 模組進行 AES 加密 '''
2   from Crypto.Cipher import AES
3
4   data = b'Python'
5   key = open("AES_key.bin",'rb').read()
6
7   cipher = AES.new(key, AES.MODE_CFB)
8   encrypt_data = cipher.encrypt(data)
9
10  with open("encrypted_data.bin", 'wb') as file_out:
11      file_out.write(cipher.iv)
12      file_out.write(encrypt_data)
13
14  print(cipher.iv + encrypt_data)
```

【程式說明】

- 2：從 PyCryptodome 模組中導入 AES 對稱式加密演算法。

- 4：將欲加密的內容 'Python' 存進變數 data 中。

- 5：從檔案 AES_key.bin 中讀取加密所使用之金鑰。

- 7：以 CFB 模式創立 AES 演算法物件。

- 8：將變數 data 執行加密處理。

- 10：建立一個存放被加密後的資料的檔案 encrypted_data.bin。

- 11：寫入初始向量與加密後的資料。

- 14：印出初始向量與加密後的資料。

【執行結果】

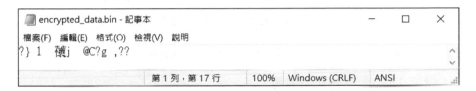

檔案 encrypted_data.bin 的內容如下：

此處使用 with() 函式處理存放密文至檔案的動作，在第 10 行時會開啟名為 encrypted_data.bin 的檔案，並以變數 file_out 為此檔案命名。若無此目標則會建立一個新的檔案。

離開了 with() 函式的範圍後程式會自動關閉變數 file_out 的檔案，因此不需要使用 close() 函式。

5. 使用 AES 解密之程式碼—CFB 模式

```
1   ''' 使用 PyCryptodome 模組進行 AES 解密 '''
2   from Crypto.Cipher import AES
3
4   file_out = open("decrypted_data.txt", 'wb')
5   key = open("AES_key.bin",'rb').read()
6
7   with open("encrypted_data.bin", 'rb') as file_in:
8       iv = file_in.read(16)
9       encrypt_data = file_in.read()
10
11  cipher = AES.new(key, AES.MODE_CFB, iv=iv)
```

```
12  decrypt_data = cipher.decrypt(encrypt_data)
13
14  file_out.write(decrypt_data)
15  print(decrypt_data)
16
17  file_out.close()
```

【程式說明】

- 2：從 PyCryptodome 模組中導入 AES 對稱式加密演算法。

- 4：建立一個名為 decrypted_data.txt 的檔案以存放解密後的明文。

- 5：從檔案 AES_key.bin 中讀取加密所使用之金鑰。

- 7：使用 with() 函式開啟檔案 encrypted_data.bin。

- 8：讀取 16 位元組的初始向量。

- 9：讀取剩餘的密文部分。

- 11：以金鑰搭配 CBC 模式加上初始向量創立 AES 演算法物件。

- 12：執行解密資料的動作。

- 14：寫入並印出解密後的資料。

- 17：關閉檔案。

【執行結果】

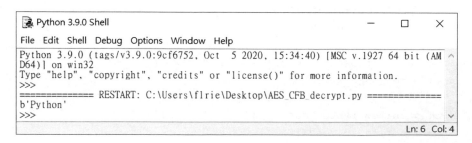

檔案 decrypted_data.txt 的內容如下：

decrypted_data.txt - 記事本	—	□	×
檔案(F) 編輯(E) 格式(O) 檢視(V) 說明			
Python			
	第 1 列，第 1 行	100%	Windows (CRLF)	UTF-8

6. 使用 AES 加密之程式碼—EAX 模式

加密認證模式 **EAX**（Encrypt Authenticate Translate）是加密分組密碼的一種操作模式。它是一種帶有關聯數據的經過身份驗證的加密算法，以兩次的通過方案提供隱私性和身份驗證，確保資料的真實性。

EAX 加密模式會產生兩種變數——**隨機數 nonce** 與認證碼 **tag**。

nonce 就如同其它模式的 IV，可以通過連接、相加或互斥或等操作產生不同的密文。

tag 為加密後的結果做異或運算後，再取前幾位所得到的認證碼。

```
1    ''' 使用 PyCryptodome 模組進行 AES 加密 '''
2    from Crypto.Cipher import AES
3
4    data = b'Python'
5
6    file_out = open("encrypted_data.bin",'wb')
7    key = open("AES_key.bin",'rb').read()
8
9    cipher = AES.new(key, AES.MODE_EAX)
10   encrypt_data, tag = cipher.encrypt_and_digest(data)
11
12   file_out.write(cipher.nonce + tag + encrypt_data)
13   print(cipher.nonce + tag + encrypt_data)
14
15   file_out.close()
```

【 程式說明 】

+ 2：從 PyCryptodome 模組中導入 AES 對稱式加密演算法。

+ 4：將欲加密的內容 'Python' 存進變數 data 中。

+ 6：建立一個存放被加密後的資料的檔案 encrypted_data.bin。

+ 7：從檔案 AES_key.bin 中讀取加密所使用之金鑰。

+ 9：以 EAX 模式創立 AES 演算法物件。

+ 10：將變數 data 執行加密處理。

+ 12：寫入加密後的資料。

+ 13：印出加密後的資料。

+ 15：關閉開啟的檔案。

【 執行結果 】

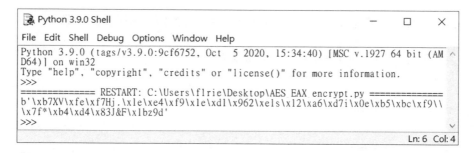

檔案 encrypted_data.bin 的內容如下：

因為加解密時需要用到 nonce 與 tag，因此需要在檔案 encrypted_data.bin 中印出這兩種變數。

7. 使用 AES 解密之程式碼—EAX 模式

```
1    ''' 使用 PyCryptodome 模組進行 AES 解密 '''
2    from Crypto.Cipher import AES
3
4    file_out = open("decrypted_data.txt", 'wb')
5    key = open("AES_key.bin",'rb').read()
6
7    with open("encrypted_data.bin", 'rb') as file_in:
8        nonce = file_in.read(16)
9        tag = file_in.read(16)
10       cipheredData = file_in.read()
11
12   cipher = AES.new(key, AES.MODE_EAX, nonce)
13   decrypt_data = cipher.decrypt_and_verify(cipheredData, tag)
14
15   file_out.write(decrypt_data)
16   print(decrypt_data)
17
18   file_out.close()
```

【程式說明】

- 2：從 PyCryptodome 模組中導入 AES 對稱式加密演算法。

- 4：建立一個名為 decrypted_data.txt 的檔案以存放解密後的明文。

- 5：從檔案 AES_key.bin 中讀取解密所需之金鑰。

- 7：使用 with() 函式開啟檔案 encrypted_data.bin。

- 8：讀取 16 位元組的 nonce。

- 9：讀取 16 位元組的 tag。

- 10：讀取其餘密文部分。

- 12：以金鑰搭配 EAX 模式與 nonce 創立 AES 演算法物件。

- 13：解密資料並進行驗證。

- 15：寫入並印出解密後的資料。

- 18：關閉檔案。

【執行結果】

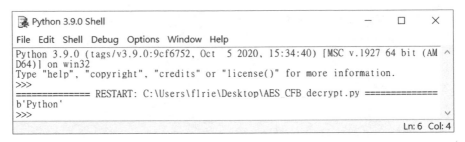

檔案 decrypted_data.txt 的內容如下：

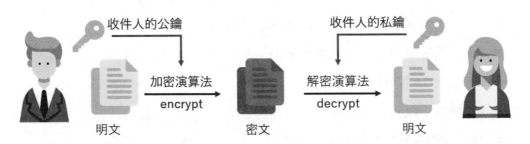

2.5 非對稱式加密演算法 （Asymmetric Cryptography）

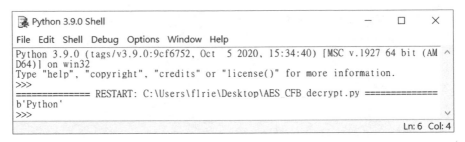

圖 2.2　非對稱式加密流程圖

　　上一章節提到的**對稱式加密**演算法的優點為容易運算、計算量小，所耗費的時間也少，但缺點則是金鑰容易在傳遞的過程中被攔截，進而導致密文被破解。所以為了解決金鑰流通時不安全的問題，衍生出了另一種加密方法——「非對稱式加密」。

節錄對非對稱式加密演算法的解釋為：

> 此演算法需要兩個金鑰，公鑰用作加密，私鑰則用作解密。使用公鑰把明文加密後所得的密文，只能用相對應的私鑰才能解密並得到原本的明文。

在此加密演算法中，使用者持有一對金鑰：

公鑰是可以公開流通給人傳遞的金鑰，用處為加密訊息給私鑰持有人，就算被竊聽也無法使用公鑰解密。**私鑰**則為使用者自己持有保存的金鑰，只有私鑰能解密並得到被加密的原文。

但因為公鑰與私鑰之間存在著算數函式的關聯性，所以非對稱式加密的密鑰需要足夠的金鑰長度，才能防止被數學運算破解，並使其密文達到與對稱式加密相同的安全性。

在以下的篇幅將介紹利用兩種類別的數學函式關係所產生之非對稱式加密演算法。

2.5.1 RSA 演算法：質數分解演算法

RSA 演算法的基礎奠定在對極大整數做因數分解的難度上。原理是因為當兩個質數相乘後，要拆解回原本的兩質數十分的複雜。

因此只要質數的數量級越大，RSA 演算法就越安全。到目前為止，只要選擇的質數足夠大就不存在被破解的可能。

接下來將介紹如何在 Python 中使用 PyCryptodome 模組進行 RSA 演算法的實作。

1. 使用 PyCryptodome 產生 RSA 公鑰與私鑰

因為只能由私鑰推導出公鑰而無法由公鑰反推回私鑰，所以需要先建立私鑰再產生公鑰。

產生 RSA 私鑰的函式如下：

Hint 2.32

私鑰物件 $= RSA \, . \, generate \, (\, 長度 \,)$

長度為金鑰的長度，單位為位元。只能輸入 1024 的倍數，使用的位元越大安全性越高。

生成私鑰的程式碼如下：

```
1  from Crypto.PublicKey import RSA
2
3  private_key = RSA.generate(2048)
4  print(private_key)
```

【程式說明】

- 1：從 PyCryptodome 模組中導入 RSA 演算法模組。
- 3：生成金鑰長度為 2048 之私鑰。
- 4：印出私鑰。

【執行結果】

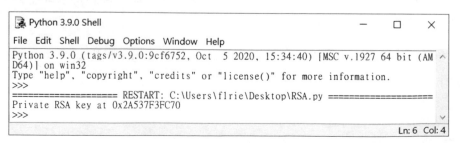

產生 RSA 公鑰的函式如下：

Hint 2.33

公鑰物件 = 私鑰物件 . *publickey ( )*

因為生成公鑰需要使用到私鑰物件，因此需先產生私鑰才能生成公鑰。生成公鑰的程式碼如下：

```
1    from Crypto.PublicKey import RSA
2
3    private_key = RSA.generate(2048)
4    public_key = private_key.publickey()
5    print(public_key)
```

【程式說明】

- 1：從 **PyCryptodome** 模組中導入 RSA 演算法模組。
- 3：生成金鑰長度為 2048 之私鑰。
- 4：使用私鑰生成公鑰。
- 5：印出公鑰。

【執行結果】

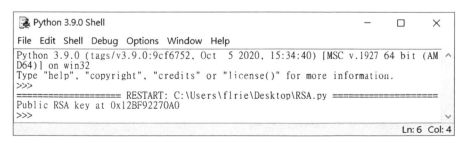

以上生成之金鑰可直接使用於加密與解密，但因為此演算法的用途為安全的傳遞訊息，所以在建立金鑰之後直接使用是沒有意義的。

因此為了傳遞公鑰讓他人使用金鑰來加密，並以此達到安全的傳遞訊息之目的，必須將金鑰轉成能夠安全儲存的格式。

PyCryptodome 模組提供了**導出**金鑰的功能以供轉碼使用或儲存成金鑰檔案。對於金鑰檔案更提供了相對的**導入**功能以轉化成可以加解密的型態。

2. PyCryptodome 儲存與開啟 RSA 金鑰

將金鑰導出之函式為：

Hint 2.34

導出之金鑰 = 金鑰物件 . *export_key ( )*

此函式為將金鑰導出，使金鑰可以安全的模式將金鑰儲存至檔案，但並不包含將金鑰寫入檔案後再儲存的功能。

使用以上的公式，可寫出產生私鑰並儲存的程式碼：

```
1   from Crypto.PublicKey import RSA
2
3   key = RSA.generate(2048)
4   private_key = key.export_key()
5
6   file_out = open("private.pem", "wb")
7   file_out.write(private_key)
8   file_out.close()
```

【程式說明】

- 1：從 PyCryptodome 模組中導入 RSA 演算法模組。

- 3：生成金鑰長度為 2048 之私鑰。

- 4：將私鑰導出成可以儲存的格式。

- 6：建立一個名為 private.pem 的檔案以存放私鑰。

- 7：將導出後的私鑰寫入檔案裡。
- 8：關閉檔案。

以上的範例在產生私鑰並導出後，建立一個名為 private.pem 的檔案，且以 'wb' 二進制寫入模式將私鑰儲存以供之後使用。

> 副檔名為 .pem 之檔案是以 base64 格式來儲存二進制的金鑰資料，通常用以儲存金鑰的檔案。

同理，產生公鑰並儲存的程式碼如下：

```
1    from Crypto.PublicKey import RSA
2
3    key = RSA.generate(2048)
4    public_key = key.publickey().export_key()
5
6    file_out = open("public.pem", "wb")
7    file_out.write(public_key)
8    file_out.close()
```

【程式說明】

- 1：從 PyCryptodome 模組中導入 RSA 演算法模組。
- 3：生成金鑰長度為 2048 之私鑰。
- 4：使用私鑰生成公鑰，並將公鑰導出成可以儲存的格式。
- 6：建立一個名為 public.pem 的檔案以存放公鑰。
- 7：將導出後的公鑰寫入檔案裡。
- 8：關閉檔案。

> 以上產生公鑰與私鑰的程式會在程式所在的資料夾建立金鑰檔案，因此此處不附上執行結果。

將金鑰導入之函式為：

Hint 2.35

金鑰 = $RSA \,.\, import\_key \,(\, 檔案 \,)$

導入函數的意義為將金鑰檔案中的內容轉化為可以使用的金鑰，也就是導出的反向操作。

結合以上所介紹之所有的函式，可以寫出一個建立 RSA 金鑰的程式：

```
1  ''' 使用 PyCryptodome 模組建立 RSA 金鑰 '''
2  from Crypto.PublicKey import RSA
3
4  key = RSA.generate(2048)
5
6  private_key = key.export_key()
7  file_out = open("private.pem", "wb")
8  file_out.write(private_key)
9  file_out.close()
10
11  public_key = key.publickey().export_key()
12  file_out = open("public.pem", "wb")
13  file_out.write(public_key)
14  file_out.close()
15
16  ''' 從檔案中讀取 RSA 金鑰 '''
17  private_key = open("private.pem", "rb").read()
18  key = RSA.import_key(private_key)
19  private_key.close()
```

【程式說明】

- 2：從 PyCryptodome 模組中導入 RSA 演算法模組。

- 4：生成金鑰長度為 2048 之私鑰。

- 6：將私鑰導出成可以儲存的格式，並儲存在檔案 private.pem 中。

* 11：使用私鑰生成公鑰，並將公鑰導出成可以儲存的格式，並儲存在檔案 public.pem 中。

* 17：開啟存放私鑰的檔案 private.pem。

* 18：使用檔案變數 private_key 將私鑰導入至程式中。

* 19：關閉私鑰檔案。

本範例建立的金鑰為 2048 位元的金鑰，比 1024 位元有更高的安全性。

以下加密與解密範例中，所使用之金鑰皆為本範例所儲存之金鑰檔案。

''' 從檔案中讀取 RSA 金鑰 ''' 部分中的「印出 RSA 公鑰」程式碼，印出公鑰之方法為讀取私鑰後再以 .publickey() 函式建立公鑰，此部分也可直接讀取公鑰的檔案內容再印出。

儲存私鑰的檔案 private.pem 的內容為：

儲存公鑰的檔案 public.pem 的內容為：

2.5.1.1 RSA 加解密實作

1. 使用 PyCryptodome 以 RSA 加密原文資料

在加密前首先要介紹 PKCS#1 OAEP，此模組使用 RSA 的金鑰進行最佳非對稱加密填充（OAEP），來為加密後的密文提供更高的不確定性且達到更高的安全性。

> 由於擁有公鑰之人都能加密訊息，*PKCS#1 OAEP* 並不保證消息的來源真實性，建議搭配下個章節所提到之簽章一起使用。

使用 PKCS#1 OAEP 實例化 RSA 加密套件之函式為：

Hint 2.36

此函式為藉由公鑰產生加密套件，因此並無法直接使用來做 RSA 加密的動作。

使用 RSA 加密資料的函式如下：

Hint 2.37

密文 = 加密套件 . *encrypt* (明文資料)

明文資料的格式不接受字串 str 形式，請使用**字節 bytes** 或在加密前進行編碼。例如以下之加密範例在加密前使用 utf-8 編碼明文資料。

使用 RSA 公鑰加密資料的程式碼如下：

```
1   ''' 使用 PyCryptodome 模組進行 RSA 加密 '''
2   from Crypto.PublicKey import RSA
3   from Crypto.Cipher import PKCS1_OAEP
4
5   data = "Python".encode("utf-8")
6   file_out = open("encrypted_data.bin", "wb")
7
8   public_key = RSA.import_key(open("public.pem").read())
9
10  encrypt_cipher = PKCS1_OAEP.new(public_key)
11  encrypt_data = encrypt_cipher.encrypt(data)
12
13  file_out.write(encrypt_data)
14  print(encrypt_data)
15
16  file_out.close()
```

【程式說明】

- 2：從 PyCryptodome 模組中導入 RSA 演算法模組。

- 3：從 PyCryptodome 模組中導入 PKCS1_OAEP 加密套件模組。

- 5：要加密的內容為 "Python"，在加密前使用 utf-8 編碼明文資料。

- 6：建立一個存放被加密的資料的檔案 encrypted_data.bin。

- ✦ 8：開啟存放公鑰的檔案 public.pem 並導入至程式中。
- ✦ 10：使用 RSA 公鑰實例化加密套件 PKCS1_OAEP。
- ✦ 11：使用加密套件來加密資料。
- ✦ 13：寫入並印出加密後的資料。
- ✦ 16：關閉檔案。

第八行的部分為開啟並讀取金鑰檔案，再將讀取的金鑰內容導入程式的程式碼簡寫，因為在讀取金鑰的部分已介紹過，此處不再重複講解。

範例中被加密之原文資料為程式內所設定已固定的內容，也可改寫為開啟包含著資料的 .txt 檔案並使用讀取內容的方式加密。

【執行結果】

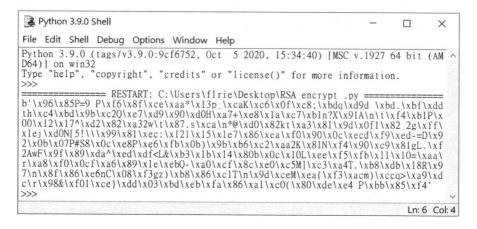

檔案 encrypted_data.bin 的內容如下：

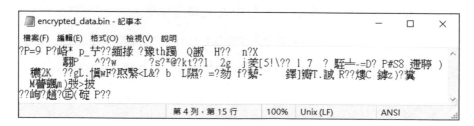

2. 使用 PyCryptodome 以 RSA 解密原文資料

PKCS#1 OAEP 實例化 RSA 解密套件之函式為：

Hint 2.38

解密套件 $= PKCS1\_OAEP . new ($ 私鑰 $)$

解密所使用的解密套件與上面所述之加密套件建立時使用的函數為相同之函數，同為 PKCS#1 OAEP 模組所實例化之套件。

差別在於加密在括號中所使用的參數為公鑰，解密所使用的參數為私鑰。

使用 RSA 解密資料的函式如下：

Hint 2.39

明文 $=$ 解密套件 $. decrypt ($ 密文資料 $)$

解密的函式與加密函式使用的方法十分類似，差別為將函式中的英文從加密改成解密而已。

讀取加密檔案中的密文，並使用解密套件來解密密文資料即可得到明文。

使用 RSA 私鑰解密資料的程式碼如下：

```
1    ''' 使用 PyCryptodome 模組進行 RSA 解密 '''
2    from Crypto.PublicKey import RSA
3    from Crypto.Cipher import PKCS1_OAEP
4
5    file_in = open("encrypted_data.bin", "rb")
6    file_out = open("decrypted_data.txt", "wb")
7
8    private_key = RSA.import_key(open("private.pem").read())
9    encrypt_data = file_in.read()
10
```

```
11   decrypt_cipher = PKCS1_OAEP.new(private_key)
12   decrypt_data = decrypt_cipher.decrypt(encrypt_data)
13
14   file_out.write(decrypt_data)
15   print(decrypt_data)
16
17   file_out.close()
```

【程式說明】

- 2：從 PyCryptodome 模組中導入 RSA 演算法模組。

- 3：從 PyCryptodome 模組中導入 PKCS1_OAEP 加密套件模組。

- 5：讀取被加密後的資料的檔案 encrypted_data.bin。

- 6：建立一個存放解密後的資料的檔案 decrypted_data.txt。

- 8：開啟存放私鑰的檔案 private.pem 並導入至程式中。

- 9：從檔案變數 file_in 中讀取被加密的資料。

- 11：使用 RSA 私鑰實例化解密套件 PKCS1_OAEP。

- 12：使用解密套件來解密資料。

- 14：寫入並印出解密後的資料。

- 17：關閉檔案。

【執行結果】

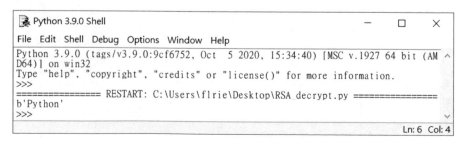

檔案 encrypted_data.bin 的內容如下：

2.5.1.2 RSA 混合加密實作

圖 2.3　混合加密流程圖

前面提到的對稱式加密，擁有加密速度快的特性，但同時具備著金鑰容易外洩的風險；而非對稱式加密有著金鑰安全的優點，但缺點為加密速度較慢。

混合加密系統（Hybrid Cryptosystem）為混合使用對稱式加密以及非對稱式金鑰加密的系統。此系統利用結合兩方演算法的優點來彌補兩種加密算法的缺點，既解決了密鑰的安全配送問題，同時也提高了加密與解密的效率，

混合加密系統的特性為：

1. 使用非對稱金鑰系統將金鑰封裝。由於只有私鑰可以解開，因此不用擔心金鑰洩漏的問題。

2. 使用對稱式金鑰系統將訊息加密。即使資料龐大，加密速度也很快。

1. 產生 RSA 公鑰以及私鑰對

此產生 RSA 金鑰的程式為接收方建立且執行，在產生金鑰後將存放公鑰的檔案 receiver.pem 交給傳送方使用。

程式碼如下：

```
1   from Crypto.PublicKey import RSA
2
3   key = RSA.generate(2048)
4   private_key = key.export_key()
5   file_out = open("private.pem", "wb")
6   file_out.write(private_key)
7   file_out.close()
8
9   public_key = key.publickey().export_key()
10  file_out = open("receiver.pem", "wb")
11  file_out.write(public_key)
12  file_out.close()
```

【程式說明】

- 1：從 PyCryptodome 模組中導入 RSA 演算法模組。

- 3：生成金鑰長度為 2048 之私鑰。

- 4：將私鑰導出成可以儲存的格式。

- 5：將私鑰儲存在檔案 private.pem 中。

- 9：使用私鑰生成公鑰，並將公鑰導出成可以儲存的格式。

- 10：將公鑰儲存在檔案 receiver.pem 中。

檔案 private.pem 的內容如下：

檔案 receiver.pem 的內容如下：

2. 使用 RSA 與 AES 混合加密法加密

　　混合加密的原理為透過 RSA 公鑰，對隨機生成的 AES 密鑰進行加密，再將加密後的 AES 金鑰和使用 AES 金鑰加密的密文一同發送給對方。

```
1   from Crypto.PublicKey import RSA, PKCS1_OAEP
2   from Crypto.Random import get_random_bytes
3   from Crypto.Cipher import AES
4
5   data = "Python".encode("utf-8")
6   file_out = open("encrypted_data.bin", "wb")
7
8   recipient_key = RSA.import_key(open("receiver.pem").read())
9   session_key = get_random_bytes(16)
10
11  cipher_rsa = PKCS1_OAEP.new(recipient_key)
12  enc_session_key = cipher_rsa.encrypt(session_key)
13
14  cipher_aes = AES.new(session_key, AES.MODE_EAX)
15  ciphertext, tag = cipher_aes.encrypt_and_digest(data)
16  [ file_out.write(x) for x in (enc_session_key, cipher_aes.nonce,
        tag,ciphertext) ]
17  file_out.close()
```

【程式說明】

◆ 1：導入 RSA 演算法模組以及 PKCS1_OAEP 加密套件模組。

◆ 2：導入 get_random_bytes 模組以產生隨機 AES 金鑰。

◆ 3：從 PyCryptodome 模組中導入 AES 演算法模組。

◆ 5：要加密的內容為 "Python"，在加密前使用 utf-8 編碼明文資料。

◆ 6：建立一個存放被加密的資料的檔案 encrypted_data.bin。

◆ 8：從檔案 receiver.pem 中存取 RSA 公鑰並導入。

◆ 9：使用隨機模組產生一個長度為 128 位元的 AES 金鑰。

◆ 11：使用 RSA 公鑰實例化加密套件 PKCS1_OAEP。

- 12：使用 RSA 加密產生的 AES 隨機金鑰。
- 14：以 EAX 模式創立 AES 演算法物件。
- 15：將變數 data 執行加密處理。
- 17：寫入被加密的 AES 金鑰和 AES 加密的 nonce、tag 和密文。
- 18：關閉檔案。

【執行結果】

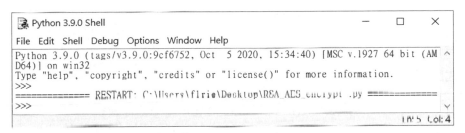

檔案 "encrypted_data.bin" 的內容如下：

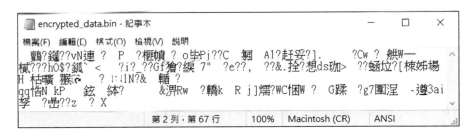

3. 使用 RSA 與 AES 混合加密法解密：

解密的原理是當對方收到後，使用 RSA 私鑰對加密的 AES 密鑰進行解密，再用解密後的 AES 密鑰來解密密文。

```
1    from Crypto.PublicKey import RSA, PKCS1_OAEP
2    from Crypto.Cipher import AES
3
4    file_in = open("encrypted_data.bin", "rb")
5    private_key = RSA.import_key(open("private.pem").read())
```

```
6
7   enc_session_key, nonce, tag, ciphertext =
8       [ file_in.read(x) for x in (private_key.size_in_bytes(), 16,
            16, -1) ]
9
10  cipher_rsa = PKCS1_OAEP.new(private_key)
11  session_key = cipher_rsa.decrypt(enc_session_key)
12
13  cipher_aes = AES.new(session_key, AES.MODE_EAX, nonce)
14  data = cipher_aes.decrypt_and_verify(ciphertext, tag)
15
16  print(data.decode("utf-8"))
17  file_in.close()
```

【程式說明】

+ 1：導入 RSA 演算法模組以及 PKCS1_OAEP 加密套件模組。

+ 2：從 PyCryptodome 模組中導入 AES 演算法模組。

+ 4：開啟存放密文的檔案 encrypted_data.bin。

+ 5：讀取存放 RSA 私鑰的檔案 private.pem。

+ 7：從檔案 encrypted_data.bin 中讀取加密後的 AES 金鑰以及 nonce、tag 和密文。

+ 10：使用 RSA 私鑰實例化加密套件 PKCS1_OAEP。

+ 11：使用 RSA 解密 AES 金鑰。

+ 13：使用 AES 金鑰及 nonce，以 EAX 模式創立 AES 演算法物件。

+ 14：將變數 data 執行解密處理並進行驗證。

+ 16：印出解密後的明文並關閉檔案。

【執行結果】

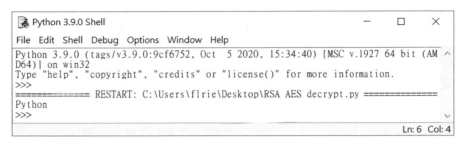

在上述解密程式中第 14 行的程式碼，其中的函式 `decrypt_and_verify` 為 AES 加密中含有 nonce、tag 的**現代操作模式**才能使用，此處為 EAX 模式。

此函式會同時進行解密函式 `decrypt()` 以及驗證函式 `verify()` 兩種操作，其中的驗證函式為檢查提供的身份驗證標籤 `tag` 是否有效且未被修改過，即消息是否已使用正確的密鑰解密。

2.5.2　ECC 演算法：橢圓曲線密碼學

RSA 演算法為基於因數分解的數學難題上的算法，而 ECC 演算法則是一種依賴於橢圓曲線離散對數問題之困難性的非對稱密鑰加密演算法，其數學基礎是利用橢圓曲線上的點構成有限域上計算橢圓離散對數的問題。

相較於 RSA 演算法，ECC 在相同密鑰長度下，安全性能更高。同時 ECC 的運算量也比其他演算法來的少，因此 ECC 金鑰長度小以及處理速度快的優勢非常適合利用於記憶體有限的環境中。

因為 PyCryptodome 模組在 ECC 演算法目前只有生成公鑰以及私鑰的函式，尚未完成 ECC 的加密與解密之部分，所以接下來的部分將改由 sslcrypto 模組實現橢圓曲線的混合加密法。

2.5.2.1 安裝 sslcrypto 橢圓加密模組

sslcrypto 是一個簡單且快速的套件，可以實現對稱式加密 AES 及非對稱式加密 ECC 的混合加密法 ECIES。

安裝時請開啟命令提示字元 cmd 並輸入下列指令：

```
1   pip install sslcrypto
```

若出現以下畫面則代表安裝成功。

1. 使用 PyCryptodome 產生 ECC 公鑰與私鑰

在 PyCryptodome 中建立 ECC 非對稱加密演算法的金鑰時，也必須先建立私鑰再產生公鑰。

產生 ECC 私鑰的函式如下：

Hint 2.40

$$私鑰物件 = ECC \, . \, generate \, (\, curve = \text{'曲線'} \,)$$

» **曲線**：為生成金鑰所基於之曲線，也就是 ECC 橢圓函數所基於的曲線，在此函數中可使用的曲線有幾種，此處以 P-384 為範例。

各曲線的差別為所屬曲線函數的相異，以及在橢圓曲線域中所運算之素數點 P 所帶有之 2 的最大次方數，如 P-192 為 $2^{192} - 2^{64} - 1$。

生成私鑰的程式碼如下：

```
1    from Crypto.PublicKey import ECC
2
3    private_key = ECC.generate(curve='P-384')
4    print(private_key)
```

【程式說明】

- ◆ 1：從 PyCryptodome 模組中導入 ECC 演算法模組。

- ◆ 3：產生曲線為 'P-384' 的 ECC 私鑰。

- ◆ 4：印出私鑰。

【執行結果】

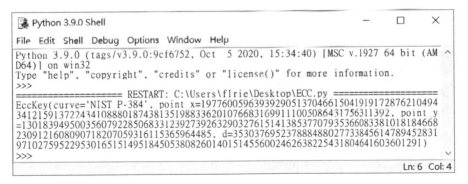

產生 ECC 公鑰的函式如下：

Hint 2.41

公鑰物件 = 私鑰物件 . *public_key ( )*

　　請注意，兩種非對稱演算法生成公鑰函式之程式碼存在差異，RSA 產生公鑰之函式為 publickey()，而 ECC 為 public_key()，比起 RSA 在兩個單詞之間多了一個底線符號。

　　生成公鑰的程式碼如下：

```
1   from Crypto.PublicKey import ECC
2
3   private_key = ECC.generate(curve='P-384')
4   public_key = private_key.public_key()
5   print(public_key)
```

【程式說明】

- 1：從 PyCryptodome 模組中導入 ECC 演算法模組。
- 3：產生曲線為 'P-384' 的 ECC 私鑰。
- 4：使用私鑰生成公鑰。
- 5：印出公鑰。

【執行結果】

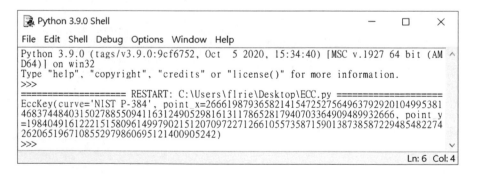

2. 使用 PyCryptodome 儲存與開啟 ECC 金鑰

與 RSA 相同,將金鑰導出之函式為:

Hint 2.42

導出之金鑰 = 金鑰物件 . *export_key* (*format* = ' 模式 ')

其中模式為編碼金鑰之方法,有 'DER'、'PEM' 及 'OpenSSH' 等等儲存檔案的格式可以選擇。

產生私鑰並儲存的程式碼為:

```
1   from Crypto.PublicKey import ECC
2
3   key = ECC.generate(curve='P-384')
4   private_key = key.export_key(format='PEM')
5
6   file_out = open("private.pem", "wt")
7   file_out.write(private_key)
8   file_out.close()
```

【程式說明】

+ 1:從 PyCryptodome 模組中導入 ECC 演算法模組。

+ 3:產生曲線為 'P-384' 的 ECC 私鑰。

+ 4:將私鑰導出成可以儲存為 .PEM 檔案的格式。

+ 6:建立一個名為 private.pem 的檔案以存放私鑰。

+ 7:將導出後的私鑰寫入檔案裡。

+ 8:關閉檔案。

第六行程式碼中的 "wt" 中的 t 為使用預設文本 txt 模式儲存檔案,在此模式中的 \n 符號在寫入時會被翻譯為換行。

同理，產生公鑰並儲存的程式碼如下：

```
1    from Crypto.PublicKey import ECC
2
3    key = ECC.generate(curve='P-384')
4    public_key = key.public_key().export_key(format='PEM')
5
6    file_out = open("public.pem", "wb")
7    file_out.write(public_key)
8    file_out.close()
```

【程式說明】

+ 1：從 PyCryptodome 模組中導入 ECC 演算法模組。

+ 3：產生曲線為 'P-384' 的 ECC 私鑰。

+ 4：使用私鑰生成公鑰，並將公鑰導出成可以儲存為 .PEM 檔案的格式。

+ 6：建立一個名為 public.pem 的檔案以存放公鑰。

+ 7：將導出後的公鑰寫入檔案裡。

+ 8：關閉檔案。

將金鑰導入之函式為：

Hint 2.43

金鑰 = $ECC . import\_key$ (檔案)

導入金鑰之函式與 RSA 之導入函式的名稱以及使用方法皆相同，此處將不再講解。

結合以上之程式碼，建立 ECC 金鑰的程式如下：

```
1    ''' 使用 PyCryptodome 模組建立 ECC 金鑰 '''
2    from Crypto.PublicKey import ECC
```

```
3
4    key = ECC.generate(curve='P-384')
5
6    private_key = key.export_key(format='PEM')
7    file_out = open('private.pem','wt')
8    file_out.write(private_key)
9    file_out.close()
10
11   public_key = key.public_key().export_key(format='PEM')
12   file_out = open('public.pem','wt')
13   file_out.write(public_key)
14   file_out.close()
15
16   ''' 從檔案中讀取 ECC 金鑰 '''
17   private_key = open("private.pem", "rt").read()
18   key = ECC.import_key(private_key)
19   private_key.close()
20
21   print(key.public_key().export_key(format='PEM'))
22   print(key.export_key(format='PEM'))
```

【程式說明】

- 2：從 PyCryptodome 模組中導入 ECC 演算法模組。

- 4：產生曲線為 'P-384' 的 ECC 私鑰。

- 6：將私鑰導出成可以儲存的格式，並儲存在檔案 private.pem 中。

- 11：使用私鑰生成公鑰，並將公鑰導出成可以儲存的格式，並儲存在檔案 public.pem 中。

- 17：開啟並讀取存放私鑰的檔案 private.pem。

- 18：使用檔案變數 private_key 將私鑰導入至程式中。

- 19：關閉私鑰檔案。

- 21：印出導入後的私鑰並解碼。

- 22：使用導入後的私鑰建立公鑰並解碼印出。

執行結果如下：

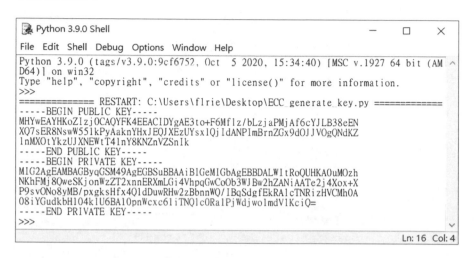

儲存私鑰的檔案 private.pem 的內容為：

儲存公鑰的檔案 public.pem 的內容為：

3. 使用 sslcrypto 產生 ECC 公鑰與私鑰

因為 ECC 是建立在橢圓曲線函數上的算法,因此使用 ECC 演算法時需要先建立橢圓曲線物件。

產生 ECC 曲線物件的函式如下:

Hint 2.44

曲線物件 = *sslcrypto.ecc.get_curve* (' 曲線函數 ')

其中曲線函數為產生物件所選擇的曲線,目前有 secp112r1、secp128r1、secp192k1、secp256k1 等等曲線可以選擇,其中的數字(如 112)為金鑰的長度大小。

產生 ECC 私鑰的函式如下:

Hint 2.45

私鑰物件 = 曲線物件 . *new_private_key* (is_compressed= True)

私鑰使用曲線物件來產生,且在函式的括號中可選擇是否要壓縮金鑰。

產生 ECC 私鑰的函式如下:

Hint 2.46

公鑰物件 = 曲線物件 . *private_to_public* (私鑰物件)

而公鑰則是使用私鑰物件來產生,因此需要先產生私鑰才能使用此函數。如果想要自訂公鑰的格式的話,也可以使用以下函式來導出座標:

Tips 2.8

座標 = 曲線物件 . decode_public_key (公鑰物件)

範例如下：

```
1  x, y = curve.decode_public_key(public_key)
2  electrum_public_key = x + y
```

結合以上之函式，建立 ECC 金鑰的程式如下：

```
1  ''' 使用 sslcrypto 模組建立 ECC 金鑰 '''
2  import sslcrypto
3
4  curve = sslcrypto.ecc.get_curve('secp256k1')
5
6  private_key = curve.new_private_key(is_compressed=True)
7  public_key = curve.private_to_public(private_key)
8
9  print(private_key)
10 print(public_key)
```

【程式說明】

- ◆ 2：導入 sslcrypto 模組至程式中。

- ◆ 4：產生 secp256r1 橢圓曲線物件，並使用曲線產生 ECC 金鑰。

- ◆ 6：使用曲線物件產生 ECC 私鑰。

- ◆ 7：使用私鑰產生公鑰。

- ◆ 9：印出私鑰以及公鑰。

執行結果如下：

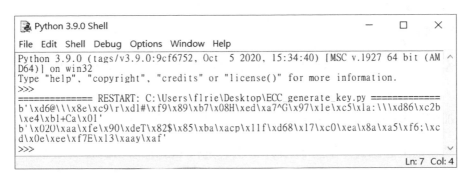

2.5.2.2　ECC 混合加密實作

1. 使用 sslcrypto 以 ECC 加解密原文資料

如同在上一章節使用 RSA 加密時，需要先建立加密套件來使用。在橢圓曲線演算法中，加密的時候需要使用到建立金鑰時所呼叫之相同曲線函數。

產生 ECC 曲線物件的函式如下：

Hint 2.47

曲線物件 = *sslcrypto.ecc.get_curve* (' 曲線函數 ')

使用 ECC 加密資料的函式如下：

Hint 2.48

密文 = 曲線物件 . *encrypt* (明文資料 , 公鑰 , *algo* = ' 加密格式 ')

此套件所提供的橢圓曲線加密法為使用 ECC 加上對稱式加密 AES 所集合成的混合加密，因此加密格式需填上 AES 的格式，有金鑰長度 128、192、256以及加密模式 CBC、CTR、CFB 等可以選擇。

使用 ECC 解密資料的函式如下：

Hint 2.49

明文 = 曲線物件 . *decrypt* (密文資料 , 私鑰 , *algo* = ' 加密格式 ')

加密以及解密時使用的曲線物件及加密格式需相同。

結合以上之函式，使用 sslcrypto 套件進行 ECC 加解密的程式如下：

```
1    ''' 使用 sslcrypto 模組進行 ECC 加解密 '''
2    import sslcrypto
3
4    curve = sslcrypto.ecc.get_curve('secp256k1')
5
6    private_key = curve.new_private_key(is_compressed=True)
7    public_key = curve.private_to_public(private_key)
8
9    data = "Python"
10
11   encrypt_data = curve.encrypt(data, public_key, algo="aes-256-ofb")
12   print(encrypt_data)
13
14   decrypt_data = curve.decrypt(encrypt_data, private_key,
                                   algo="aes-256-ofb")
16   print(decrypt_data)
```

【程式說明】

* 2：導入 sslcrypto 模組至程式中。

* 4：產生 secp256r1 橢圓曲線物件，並使用曲線產生 ECC 金鑰。

* 6：使用曲線物件產生 ECC 私鑰。

* 7：使用私鑰產生公鑰。

* 9：要加密的內容為 "Python"。

* 11：使用曲線函數以及公鑰來加密資料並印出。

* 14：使用曲線函數以及私鑰來解密資料並印出。

執行結果如下：

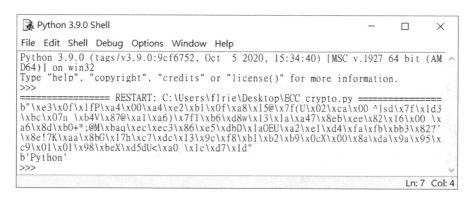

2.6 數位簽章標準（Digital Signature Standard）

對稱式加密的加密與解密過程為安全的，但因為加密與解密使用的金鑰為同一把鑰匙，因此容易被外人取得後進行解密來偷窺訊息。

而非對稱式加密雖然解決了金鑰在傳送過程中洩漏的問題，但卻有一個隱憂：若有心人士使用公鑰加密電腦病毒，並藉此攻擊接收者，則接收者就無法確認哪個為偽造的惡意訊息，還必須承擔電腦可能會中毒的危險。

因此**數位簽章**解決了這個困境，使用的方法為傳送方先使用自己的私鑰進行簽章，當接收方收到時，再使用寄件者的公鑰來對簽章作驗證，以此來確認訊息是由正確的傳送者傳來的。

> 數位簽章是一種電子加密驗證圖章，可用於電子郵件、巨集或電子文件等數位資訊。簽章可以確認資訊來自傳送方，且未遭到更改。

同樣為使用非對稱式金鑰對，在前面的篇章中，加解密演算法為使用公鑰加密訊息後，再使用私鑰解密訊息；而在此數位簽章演算法則是先使用私鑰對雜湊函數進行簽章後，再使用公鑰進行驗證。

換言之數位簽章就是利用結合非對稱式加密和雜湊函數的方法，來達到驗證身份、完整性和不可否認性。以下將介紹各種非對稱函數使用數位簽章的演算法。

2.6.1　DSA 演算法：數字簽名演算法

DSA 是一種廣泛使用的公鑰簽名算法，此算法為一結合 Schnorr 簽章算法以及 ElGamal 加密算法的變種，它的安全性基於離散對數問題。此算法只能用於簽章，而無法用於加密與解密中。

1. 使用 PyCryptodome 產生 DSA 公鑰與私鑰

DSA 與 RSA 及 ECC 相同，為使用公鑰及私鑰之非對稱式金鑰對。

在計算公鑰與私鑰時，金鑰的長度 L 與模數 N 規定為以下幾種組合：$(1024, 160)$、$(2048, 224)$、$(2048, 256)$ 或 $(3072, 256)$。

產生 DSA 私鑰的函式如下：

Hint 2.50

私鑰物件 $= DSA \,.\, generate$ (長度)

長度為金鑰的長度，單位為位元。原本為介於 512 以及 1024 之間的 64 的倍數，但此處為求安全性使用較高的 2048 位元（最高為 3042）。

產生 DSA 公鑰的函式如下：

Hint 2.51

公鑰物件 $=$ 私鑰物件 $.\, publickey$ ( )

使用金鑰的方式及函數皆與 RSA 相同，需先產生私鑰才能生成公鑰。

將金鑰導出之函式為：

Hint 2.52

導出之金鑰 = 金鑰物件 . *export_key ( )*

將金鑰導入之函式為：

Hint 2.53

金鑰 = *DSA . import_key (* 金鑰檔案 *)*

以下為建立 DSA 金鑰的程式：

```
1   ''' 使用 PyCryptodome 模組建立 DSA 金鑰 '''
2   from Crypto.PublicKey import DSA
3
4   key = DSA.generate(2048)
5
6   public_key = key.publickey().export_key()
7   file_out = open('public.pem','wb')
8   file_out.write(public_key)
9   file_out.close()
10
11  private_key = key.export_key()
12  file_out = open('private.pem','wb')
13  file_out.write(private_key)
14  file_out.close()
15
16  ''' 從檔案中讀取 DSA 金鑰 '''
17  DSA_key = open("private.pem", "rb").read()
18  key = DSA.import_key(DSA_key)
19  DSA_key.close()
20
21  print(key.publickey().export_key())
22  print(key.export_key().decode('utf-8'))
```

【程式說明】

- 2：從 **PyCryptodome** 模組中導入 DSA 演算法模組。

- 4：生成金鑰長度為 2048 之私鑰。

- 6：將私鑰導出成可以儲存的格式，並儲存在檔案 private.pem 中。

- 11：使用私鑰生成公鑰，並將公鑰導出成可以儲存的格式，並儲存在檔案 public.pem 中。

- 17：開啟存放私鑰的檔案 private.pem。

- 18：使用檔案變數 DSA_key 將私鑰導入至程式中。

- 19：關閉私鑰檔案。

- 21：印出導入後的私鑰並解碼。

- 22：使用導入後的私鑰建立公鑰並解碼印出。

儲存私鑰的檔案 private.pem 的內容為：

儲存公鑰的檔案 public.pem 的內容為：

2. 使用 PyCryptodome 以 DSA 進行簽章

在前面的章節有提到單向雜湊函數 hash 就如同是指紋一般，難以被竄改。所以在此處非對稱式金鑰簽章的環節，將利用雜湊函數來對簽章的內容做資料的前置處理。

因此在進行簽章的時候需導入雜湊函數的模組，此處主要使用 SHA-256。在簽章時也需導入專門使用來建立數位簽字對象的 DSS 套件，此套件位於 Crypto.Signature 底下。

DSA 為建立在離散對數基礎上之非對稱式演算法，而 DSS 為數位簽章之標準流程。

使用 DSS 創建數字簽名套件之函式為：

Hint 2.54

簽章套件 = DSS . new (私鑰 , '簽章模式')

此函式為使用私鑰建立簽章套件，其中的簽章模式含有兩種，第一種模式 'fips-186-3' 為根據聯邦資訊處理標準制定生成隨機的簽名，而另一種模式 'deterministic-rfc6979' 則非隨機生成簽名。

使用 DSS 對資料進行簽章的函式如下：

Hint 2.55

簽名 = 簽章套件 . $sign$ (雜湊資料)

首先會對資料進行單向雜湊函式後才對此資料簽章，因此此處的資料為雜湊後的資料。

使用 DSA 私鑰進行簽章的程式碼如下：

```
1   ''' 使用 PyCryptodome 模組進行 DSA 簽章 '''
2   from Crypto.PublicKey import DSA
3   from Crypto.Signature import DSS
4   from Crypto.Hash import SHA256
5
6   data = "Python".encode("utf-8")
7   file_out = open("signature_data.bin", "wb")
8   private_key = DSA.import_key(open("private.pem", 'r').read())
9
10  hash_obj = SHA256.new(data)
11  signer = DSS.new(private_key, 'fips-186-3')
12  signature = signer.sign(hash_obj)
13
14  file_out.write(signature)
15  print(signature)
16  file_out.close()
```

【程式說明】

- 2：從 PyCryptodome 模組中導入 DSA 非對稱式演算法模組。

- 3：從 PyCryptodome 模組中導入 DSS 簽章套件模組。

- 4：導入 SHA256 單向雜湊函式模組。

- 6：要雜湊之內容為 "Python"，使用 utf-8 編碼明文資料。

- 7：建立一個存放簽章的檔案 signature_data.bin。

- 8：開啟存放 DSA 私鑰的檔案 private.pem 並導入至程式中。

- 10：對明文資料進行 SHA256 單向雜湊。

- 11：使用私鑰創建數字簽名對象。

- 12：調用簽名對象的方法對雜湊後的資料完成簽名。

- 14：寫入並印出簽名後的資料。

- 16：關閉檔案。

【執行結果】

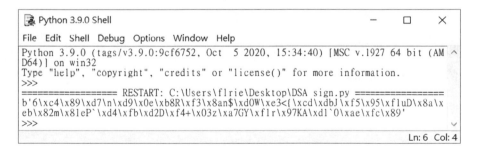

檔案 signature_data.bin 的內容如下：

3. 使用 PyCryptodome 以 DSA 進行驗證

在前面驗證的步驟中可以看到，驗證時也需要雜湊後的明文資料才能進行。因為需要驗證明文雜湊後的結果是否能與簽章對上，因此這裡也可以直接使用雜湊後的資料，若是如此就不需導入雜湊函數的模組 SHA-256。

使用 DSS 創建驗證簽名套件之函式為：

Hint 2.56

驗證套件 $= DSS \, . \, new \, ($ 公鑰 $, \,$ '簽章模式' $)$

此函式為使用公鑰建立驗證套件，簽章模式必須與簽名時所使用的模式相同。

使用 DSS 對資料進行簽章的函式如下：

Hint 2.57

驗證套件 $. \, verify \, ($ 雜湊資料 $, \,$ 簽名檔案 $)$

此函數為驗證所收到的簽名檔案是否真實，若結果不符合（簽章為假）則會回傳 'ValueError' 訊息。

使用 DSA 公鑰驗證簽章的程式碼如下：

```
1    ''' 使用 PyCryptodome 模組進行 DSA 驗證 '''
2    from Crypto.PublicKey import DSA
3    from Crypto.Signature import DSS
4    from Crypto.Hash import SHA256
5
6    data = "Python".encode("utf-8")
7    file_in = open("signature_data.bin", "rb").read()
8    public_key = DSA.import_key(open("public.pem",'r').read())
9
```

```
10  hash_obj = SHA256.new(data)
11  verifier = DSS.new(public_key, 'fips-186-3')
12  try:
13      verifier.verify(hash_obj, file_in)
14      print("The message is authentic.")
15  except ValueError:
16      print("The message is not authentic.")
```

【程式說明】

◆ 2：從 PyCryptodome 模組中導入 DSA 非對稱式演算法模組。

◆ 3：從 PyCryptodome 模組中導入 DSS 簽章套件模組。

◆ 4：導入 SHA256 單向雜湊函式模組。

◆ 6：要雜湊之內容為 "Python"，使用 utf-8 編碼明文資料。

◆ 7：開啟存放簽章的檔案 signature_data.bin。

◆ 8：開啟存放 DSA 公鑰的檔案 public.pem 並導入至程式中。

◆ 10：對明文資料進行 SHA256 雜湊。

◆ 11：使用公鑰創建驗證簽名對象。

◆ 14：若驗證的結果為真實的簽名，則印出簽名為真的訊息。

◆ 16：若函式回傳 'ValueError'，則印出簽名為假之訊息。

【執行結果】

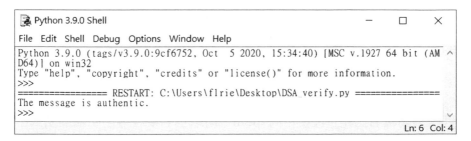

2.6.2　RSASSA 演算法：概率簽名演算法

PSS（Probabilistic Signature Scheme）是簽名流程的其中一種填充模式，目前主流的 RSA 簽名包括 RSA-PSS 和 RSA-PKCS#1。

其中 RSA-PSS 是一種帶有附錄的概率簽名方案（PSS）。相較於其他簽名方案，此方案需要資料本身來驗證簽名，因此無法單從簽名中恢復成原來的明文資料。

因為 PSS 有安全證明，在理論上比 RSA-PKCS#1 方案更少漏洞，所以目前主流為默認使用更安全的 PSS 作為 RSA 的簽名模式。

1. 使用 PyCryptodome 以 RSA 進行簽章

就如同 DSA 演算法使用 DSS 模組作為簽章時的方案，此處的 RSA 使用 pss 作為簽章的方案，因此這裡需要導入 pss 套件。

使用 pss 創建數字簽名套件之函式為：

Hint 2.58

簽章套件 $= pss \,.\, new \,(\,私鑰\,)$

此函式為使用私鑰建立簽章套件，所以不需要輸入模式。

關於產生公鑰與私鑰的程式可以參考前面加密章節，此處不再贅述。但請注意此處使用的金鑰為副檔名為 .der 的檔案，因此在建立金鑰檔時需要將開啟函式的副檔名改為以下程式碼：

```
1    file = open("key.der", "wb")
```

且因為副檔名並非預設使用的 .pem，所以也需要在導出私鑰的函式中指定模式：

```
1    key = key.publickey().export_key(format='DER')
```

DER（*Distinguished Encoding Rules*）是 *ASN.1* 標準的二進位編碼方式，以位元序列表示，常用於憑證的編碼。

使用 pss 對資料進行簽章的函式如下：

Hint 2.59

簽名 ＝ 簽章套件 . *sign (* 雜湊資料 *)*

此處的輸入參數為雜湊後的資料，函式使用方法與 DSS 相同。

使用 RSA 私鑰進行簽章的程式碼如下：

```
1   ''' 使用 PyCryptodome 模組進行 RSA 簽章 '''
2   from Crypto.PublicKey import RSA
3   from Crypto.Signature import pss
4   from Crypto.Hash import SHA256
5
6   data = "Python".encode("utf-8")
7   file_out = open("signature_data.bin", "wb")
8   private_key = RSA.import_key(open("private.der",'rb').read())
9
10  hash_obj = SHA256.new(data)
11  signature = pss.new(private_key).sign(hash_obj)
12
13  file_out.write(signature)
14  print(signature)
15  file_out.close()
```

【程式說明】

* 2：從 PyCryptodome 模組中導入 DSA 非對稱式演算法模組。

* 3：從 PyCryptodome 模組中導入 pss 簽章套件模組。

* 4：導入 SHA256 單向雜湊函式模組。

* 6：要雜湊之內容為 "Python"，使用 utf-8 編碼明文資料。

- 7：建立一個存放簽章的檔案 signature_data.bin。

- 8：開啟存放 RSA 私鑰的檔案 private.der 並導入至程式中。

- 10：對明文資料進行 SHA256 單向雜湊。

- 11：使用私鑰創建數字簽名對象，並調用簽名對象的方法對雜湊後的資料完成簽名。

- 13：寫入並印出簽名後的資料。

- 15：關閉檔案。

【執行結果】

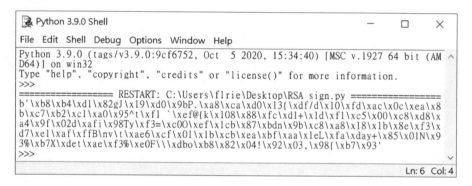

檔案 signature_data.bin 的內容如下：

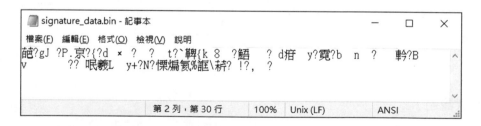

2. 使用 PyCryptodome 以 RSA 進行驗證

以 RSA 驗證時與簽名時相同，皆使用 pss 作為方案，且需要使用到雜湊後的明文作為輸入參數。

使用 pss 創建驗證簽名套件之函式為：

Hint 2.60

驗證套件 = *pss . new* (公鑰)

使用 pss 對資料進行簽章的函式如下：

Hint 2.61

驗證套件 . *verify* (雜湊資料 , 簽名檔案)

此函數為驗證所收到的簽名檔案是否真實，若結果不符合（簽章為假）則會回傳 'ValueError' 訊息。

使用 RSA 公鑰驗證簽章的程式碼如下：

```
1   ''' 使用 PyCryptodome 模組進行 RSA 驗證 '''
2   from Crypto.PublicKey import RSA
3   from Crypto.Signature import pss
4   from Crypto.Hash import SHA256
5
6   data = "Python".encode("utf-8")
7   file_in = open("signature_data.bin", "rb").read()
8   public_key = RSA.import_key(open("public.der",'rb').read())
9
10  hash_obj = SHA256.new(data)
11  verifier = pss.new(public_key)
12  try:
13      verifier.verify(hash_obj, file_in)
14      print("The message is authentic.")
15  except (ValueError, TypeError):
16      print("The message is not authentic.")
```

【程式說明】

- ◆ 6：要雜湊之內容為 "Python"，使用 utf-8 編碼明文資料。
- ◆ 7：開啟存放簽章的檔案 signature_data.bin。
- ◆ 8：開啟存放 DSA 公鑰的檔案 public.pem 並導入至程式中。
- ◆ 10：對明文資料進行 SHA256 雜湊。
- ◆ 11：使用公鑰創建驗證簽名對象。
- ◆ 14：若驗證的結果為真實的簽名，則印出簽名為真實的訊息。
- ◆ 16：若函式回傳 'ValueError' 訊息，則印出簽名為假之訊息。

【執行結果】

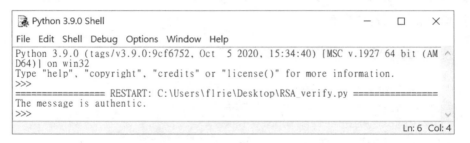

2.6.3　ECDSA 演算法：數字簽名演算法

ECDSA 是使用橢圓曲線密碼學 ECC 達到類似於數字簽名 DSA 的簽名算法。

相較於離散對數以及整數分解的方法，橢圓曲線函數的金鑰強度要大的多。因此符合 ANSI、IEEE 及 NIST 等標準。

1. 使用 PyCryptodome 以 ECC 進行簽章

在 ECC 簽章的章節裡使用的金鑰為 .der 檔案，建立 ECC 金鑰的方法可以參照加密演算法的章節；導入 .der 金鑰的方法可以參照 RSA 簽的環節。

與 DSA 相同，在進行簽章的時候需要導入雜湊函數的模組，在這裡同樣使用 SHA-256。

因為 ECDSA 所使用的函式與 DSA 相同，所以在簽章時也需導入使用來建立數位簽字對象的 DSS 套件。

使用 ECC 私鑰進行簽章的程式碼如下：

```
1   ''' 使用 PyCryptodome 模組進行 ECC 簽章 '''
2   from Crypto.PublicKey import ECC
3   from Crypto.Signature import DSS
4   from Crypto.Hash import SHA256
5
6   data = "Python".encode("utf-8")
7   file_out = open("signature_data.bin", "wb")
8   private_key = ECC.import_key(open("private.der",'rb').read())
9
10  hash_obj = SHA256.new(data)
11  signer = DSS.new(private_key, 'fips-186-3')
12  signature = signer.sign(hash_obj)
13
14  file_out.write(signature)
15  print(signature)
16  file_out.close()
```

【程式說明】

◆ 2：從 PyCryptodome 模組中導入 ECC 非對稱式演算法模組。

◆ 3：從 PyCryptodome 模組中導入 DSS 簽章套件模組。

◆ 4：導入 SHA256 單向雜湊函式模組。

◆ 6：要雜湊之內容為 "Python"，使用 utf-8 編碼明文資料。

◆ 7：建立一個存放簽章的檔案 signature_data.bin。

◆ 8：開啟存放 ECC 私鑰的檔案 private.der 並導入至程式中。

◆ 10：對明文資料進行 SHA256 單向雜湊。

- ◆ 11：使用私鑰創建數字簽名對象。
- ◆ 12：調用簽名對象的方法對雜湊後的資料完成簽名。
- ◆ 14：寫入並印出簽名後的資料。
- ◆ 16：關閉檔案。

【執行結果】

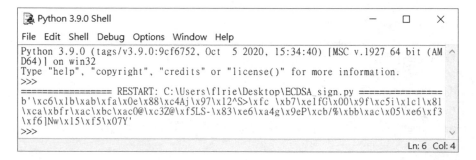

檔案 signature_data.bin 的內容如下：

2. 使用 PyCryptodome 以 ECC 進行驗證

使用 ECC 公鑰驗證簽章的程式碼如下：

```
1    ''' 使用 PyCryptodome 模組進行 ECC 驗證 '''
2    from Crypto.PublicKey import ECC
3    from Crypto.Signature import DSS
4    from Crypto.Hash import SHA256
5
6    data = "Python".encode("utf-8")
7    file_in = open("signature_data.bin", "rb").read()
```

```
8    public_key = ECC.import_key(open("public.der",'rb').read())
9
10   hash_obj = SHA256.new(data)
11   verifier = DSS.new(public_key, 'fips-186-3')
12
13   try:
14       verifier.verify(hash_obj, file_in)
15       print("The message is authentic.")
16   except ValueError:
17       print("The message is not authentic.")
```

【程式說明】

◆ 6：要雜湊之內容為 "Python"，使用 utf-8 編碼明文資料。

◆ 7：開啟存放簽章的檔案 signature_data.bin。

◆ 8：開啟存放 ECC 公鑰的檔案 public.der 並導入至程式中。

◆ 10：對明文資料進行 SHA256 雜湊。

◆ 11：使用公鑰創建驗證簽名對象。

◆ 15：若驗證的結果為真實的簽名，則印出簽名為真實的訊息。

◆ 17：若函式回傳 'ValueError' 訊息，則印出簽名為假之訊息。

【執行結果】

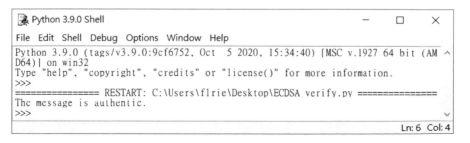

Note

03
用 Tkinter 搭配 Crypto 做出實用加解密 app

3.1 介紹 Tkinter

3.1.1 Tkinter 簡介

無論是否為程式開發人員，一定都對桌面應用程式感到十分的親切。通常最簡略的程式是在與編譯器的互動中達成工作的，但應用程式能讓沒有接觸過程式設計的使用者也能輕易的對程式下指令。

只要透過應用程式圖形化使用者介面（GUI）就可以讓一般使用者透過比較直覺的方式來和程式互動，更能讓使用者以更為簡便的方法執行想要的操作，因此 GUI 就像是使用者以及程式開發者之間溝通的橋樑。

許多程式語言皆有提供 GUI 的函式庫，讓開發者可以透過常見的元件來設計整個應用程式。

Tk 就是其中一個開放原始碼的工具，它提供了許多常用的圖形介面元件，因此可利用它進行圖形化使用者介面開發，具有跨平台、輕量化等特色。

而 Tkinter 是 Python 中最基本的 Tk 圖形化工具標準模組，在多數的作業系統皆可以使用。

只需在 Python 中導入 Tkinter 函式庫，就能夠為應用程式設計界面。

3.1.2 Tkinter 安裝

Tkinter 包含在 Python 標準函式庫中，所以只要 import 進程式裡，即可直接使用，不需要另外安裝。

如果要確認 Tkinter 的版本，以及檢查 Tkinter 是否能在當前 Python 的環境中正常運作，可在系統命令列 cmd 中輸入以下指令：

```
1    python -m tkinter
```

若 Tkinter 沒有問題，會出現一個簡單的示範視窗，並且顯示 Tkinter 的版本。

3.1.3 Tkinter 實作會用到的函式

一、會使用到的元件

1. Text 文字框

(用法 **❶**) 產生空白文字框，也能設定文字框的大小和背景顏色等等，函式如下：

Hint. 1-1 產生空白文字框

變數 = tk.Text(指定要放置的視窗)

【範例程式碼】

```
1    import tkinter as tk
2
3    UI=tk.Tk()
4    UI.geometry("400x200")
5    text = tk.Text(UI,height=2,width=50)
6    text.pack()
7
8    UI.mainloop()
```

【程式說明】

- ◆ 1：函式庫引進
- ◆ 3-4：宣告視窗，並且設定視窗大小
- ◆ 5：設定文字框名稱及大小

- ✦ 6：放置文字框在視窗中
- ✦ 8：讓視窗持續運作

【執行結果】

用法 ❷ 插入文字，函式如下：

Hint. 1-2 插入文字

將要顯示的文字加到 *Text* 最後面

變數 *.insert("insert"," 要顯示的內容 ")*

變數 *.insert("end"," 要顯示的內容 ")*

將要顯示的文字插入到第一行的第 *N* 個位子

變數 *.insert("1.N"," 要顯示的內容 ")*

Tips 1.1 除法定義

在 *python* 中，位子是從 *0* 開始數的，如下圖所示。

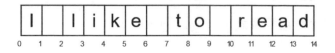

【範例程式碼】

```
1    import tkinter as tk
2
3    UI=tk.Tk()
4    UI.geometry("400x200")
5
6    #text
7    label=tk.Label(UI,text=" 原始文字框 ")
8    label.pack()
9    text=tk.Text(UI,height=2,width=50)
10   text.insert("insert", "I like to read")
11   text.pack()
12
13   #text1
14   label1=tk.Label(UI,text=" 文字框：插入用法 1")
15   label1.pack()
16   text1=tk.Text(UI,height=2,width=50)
17   text1.insert("insert", "I like to read")
18   text1.insert("insert", " English magazine")
19   text1.insert("end", ".")
20   text1.pack()
21
22   #text2
23   label2=tk.Label(UI,text=" 文字框：插入用法 2")
24   label2.pack()
25   text2=tk.Text(UI,height=2,width=50)
26   text2.insert("insert", "I like to read")
27   text2.insert(1.2, "don't ")
28   text2.pack()
29
30   UI.mainloop()
```

【程式說明】

- 1：函式庫引進

- 3-4：宣告視窗，並且設定視窗大小

- 7-8：設定標籤，並且將標籤放置在視窗中

- 9：設定文字框名稱及大小
- 10：將 "I like to read" 插在文字框最後面
- 11：將文字框放置在視窗中
- 14-15：設定標籤，並且將標籤放置在視窗中
- 16：設定文字框名稱及大小
- 17：將 "I like to read" 插在文字框最後面
- 18：將 "English magazine" 插在文字框最後面
- 19：將 "." 插在文字框最後面
- 20：將文字框放置在視窗中
- 23-24：設定標籤，並且將標籤放置在視窗中
- 25：設定文字框名稱及大小
- 26：將 "I like to read" 插在文字框最後面
- 27：將 "don't" 插在文字框的指定位子（第一行的第二個位子）
- 28：將文字框放置在視窗中
- 30：讓視窗持續運作

【執行結果】

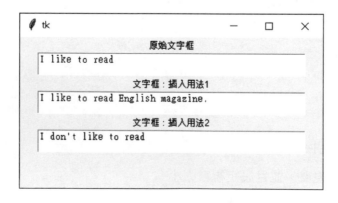

用法 **❸** 刪除文字，能夠刪除整行文字或指定的字，函式如下：

Hint. 1-3 刪除文字

全部清除

變數 *.delete(1.0, "end")*

刪除第一行的第 *N* 個位子的字元

變數 *.delete(1.N)*

【範例程式碼】

```
1   import tkinter as tk
2
3   UI=tk.Tk()
4   UI.geometry("400x200")
5
6   #text
7   label=tk.Label(UI,text="原始文字框")
8   label.pack()
9   text=tk.Text(UI,height=2,width=50)
10  text.insert("insert", "I like to read")
11  text.pack()
12
13  #text1
14  label1=tk.Label(UI,text="文字框：刪除用法1")
15  label1.pack()
16  text1=tk.Text(UI,height=2,width=50)
17  text1.insert("insert", "I like to read")
18  text1.delete(1.0, "end")
19  text1.pack()
20
21  #text2
22  label2=tk.Label(UI,text="文字框：刪除用法2")
23  label2.pack()
24  text2=tk.Text(UI,height=2,width=50)
25  text2.insert("insert", "I like to read")
```

```
26  text2.delete(1.12)
27  text2.pack()
28
29  UI.mainloop()
```

【程式說明】

- ♦ 1：函式庫引進

- ♦ 3-4：宣告視窗，並且設定視窗大小

- ♦ 7-8：設定標籤，並且將標籤放置在視窗中

- ♦ 9：設定文字框名稱及大小

- ♦ 10：將 "I like to read" 插在文字框最後面

- ♦ 11：將文字框放置在視窗中

- ♦ 14-15：設定標籤，並且將標籤放置在視窗

- ♦ 16：設定文字框名稱及大小

- ♦ 17：將 "I like to read" 插在文字框最後面

- ♦ 18：將文字框清空

- ♦ 19：將文字框放置在視窗中

- ♦ 22-23：設定標籤，並且將標籤放置在視窗中

- ♦ 24：設定文字框名稱及大小

- ♦ 25：將 "I like to read" 插在文字框最後面

- ♦ 26：刪除指定位子的一個字元（第一行的第 12 個位子）

- ♦ 27：將文字框放置在視窗中

- ♦ 29：讓視窗持續運作

【執行結果】

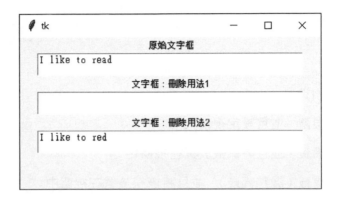

2. Label 標籤

用法❶ 顯示標籤文字，也能設定標籤文字的大小和背景顏色等等，函式如下：

Hint. 2-1 顯示標籤文字

變數 = *tk.Label(* 要放在哪個視窗 *,text="* 文字 *")c*

【範例程式碼】

```
1    import tkinter as tk
2
3    UI=tk.Tk()
4    UI.geometry("400x200")
5
6    text = tk.Label(UI,text=" 文字 ")
7    text.pack()
8    text2 = tk.Label(UI,text=" 文字 2",bg='yellow')
9    text2.pack()
10   text3 = tk.Label(UI,text=" 文字 3",fg='red')
11   text3.pack()
12   text4 = tk.Label(UI,text=" 文字 4",bg='black',fg='#FFFFFF',font=
     (' 標楷體 ',20))
```

```
13  text4.pack()
14
15  UI.mainloop()
```

【程式說明】

◆ 1：函式庫引進

◆ 3-4：宣告視窗，並且設定視窗大小

◆ 6-7：設定標籤，並且將標籤放置在視窗中

◆ 8-9：設定標籤（調整背景），並且將標籤放置在視窗中

◆ 10-11：設定標籤（調整了顏色），並且將標籤放置在視窗中

◆ 12-13：設定標籤（調整了背景、顏色、字體、大小），並且將標籤放置在視窗中

◆ 15：讓視窗持續運作

【執行結果】

（用法 **❷**）使用標籤顯示圖片，也能設定背景顏色等等，函式如下：

Hint. 2-2 使用標籤顯示圖片

變數 *1* = *Image.open*（" 圖片路徑 "）

變數 *2* = *ImageTk.PhotoImage*（變數 *1*）

變數 *3* = *tk.Label*（要放在哪個視窗 *,image=* 變數 *2*）

Tips

1. 需安裝 *Pillow* 套件，安裝方法為「*pip install Pillow==8.3.2*」
2. 使用標籤顯示圖片時，記得資料庫要導入 *Image* 和 *ImageTk*，不然不能使用，寫法如下：「*from PIL import Image,ImageTk*」。

【範例程式碼】

```
1   import tkinter as tk
2   from PIL import Image,ImageTk
3
4   UI=tk.Tk()
5   UI.geometry("400x200")
6
7   img=Image.open("img/user.png")
8   img=img.resize((200, 200), Image.ANTIALIAS)
9   img=ImageTk.PhotoImage(img)
10  imgLabel=tk.Label(UI,image=img).pack()
11
12  UI.mainloop()
```

【程式說明】

- 1-2：函式庫引進
- 4-5：宣告視窗，並且設定視窗大小

- ◆ 7：開啟圖片
- ◆ 8：調整圖片大小
- ◆ 9：將原始圖片轉換為 tkinter 圖片物件，才不會報錯
- ◆ 10：將圖片使用標籤的方式顯示出來，並且放置在視窗中
- ◆ 12：讓視窗持續運作

【執行結果】

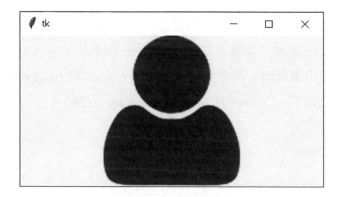

3. button 按鈕

產生按鈕，能夠設定按鈕的大小和背景顏色等等，也能設定按下按鈕後須執行的函式，函式如下：

> **Hint. 3 產生按鈕** --
>
> 變數 = *tk.Button*（要放在哪個視窗 *,text="* 文字 *",command=* 函式）

【範例程式碼】

```
1    import tkinter as tk
2    i=0
3
4    def press():
```

```
5      global i
6      text.delete(1.0,"end")
7      i=i+1
8      str1 = " 按了 "+str(i)+" 次 "
9      text.insert("insert", str1)
10
11  UI=tk.Tk()
12  UI.geometry("400x200")
13  text = tk.Text(UI,height=2,width=15)
14  text.pack(pady=35)
15  btn = tk.Button(UI,text=" 按我 ",height=2,width=10,command=press)
16  btn.pack()
17
18  UI.mainloop()
```

【程式說明】

- 1：函式庫引進

- 2：將 i 的值設定為 0

- 4：定義一個 press() 的函數，能夠計算按鈕按了幾次

- 5：將 i 設定為全域變數，不設定的話會讀不到 i，且產生報錯

- 7：將文字框清空

- 8-9：將文字框插入「按了 i 次」

- 11-12：宣告視窗，並且設定視窗大小

- 13：產生文字框，設定高度與寬度

- 14：將文字框放置在視窗中，且設定距離上下 35 單位

- 15：產生按鈕，設定文字內容、高度與寬度，並且設定按鈕按下時執行 press() 函數

- 16：將按鈕放置在視窗中

- 18：讓視窗持續運作

【執行結果】

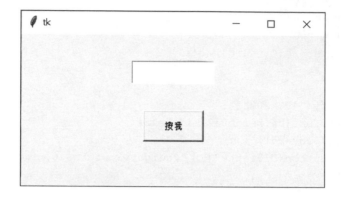

4. combobox 下拉式選單

產生下拉式選單，透過指定串列 / 列表的值，來生成對應的下拉式選單，函式如下：

Hint. 4 產生下拉式選單

變數 = *ttk.Combobox*（要放在哪個視窗 ,*value*= 串列）

Tips

使用下拉式選單時，記得資料庫要導入 *ttk*，不然不能使用，寫法如下：

「*from tkinter import ttk*」。

【範例程式碼】

```
1    import tkinter as tk
2    from tkinter import ttk
3
4    UI=tk.Tk()
5    UI.geometry("400x200")
6    list1 = ['1','2','3','4','A','B','C','D']
7    combobox1 = ttk.Combobox(UI,value=list1)
```

```
8    combobox1.pack(pady=15)
9
10   UI.mainloop()
```

【程式說明】

- ◆ 1-2：函式庫引進
- ◆ 4-5：宣告視窗，並且設定視窗大小
- ◆ 6：產生一個串列
- ◆ 7：產生下拉式選單，指定選項內容為 list1
- ◆ 8：將下拉式選單放置在視窗中
- ◆ 10：讓視窗持續運作

【執行結果】

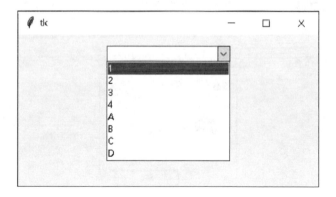

5. messagebox 消息提示

產生消息提示，能夠指定標題和文字內容，函式如下：

Hint. 5 產生消息提示

messagebox.showinfo（*title="* 文字 *",message="* 文字 *"*）

> **Tips**
>
> *1.* 使用消息提示時，記得資料庫要導入 *messagebox*，不然不能使用，寫法如下：「*from tkinter import messagebox*」。
>
> *2.* 除了 *showinfo* 外，還有 *showwarning*、*showerror*、*askquestion*…等等的其他種類。

【範例程式碼】

```
1    from tkinter import messagebox
2    messagebox.showinfo(title=" 提醒 ",message=" 發生錯誤！！！")
```

【程式說明】

◆ 1：函式庫引進

◆ 2：產生消息提示，設定標題與文字內容

【執行結果】

二、元件放置方式

1. pack

　　pack 是最簡單的放置元件方法，能夠讓元件自動貼齊頁面的上下左右，函式如下：

Hint. 1 pack

貼齊視窗，並且靠上，不寫時預設值為靠上

變數 .pack（side='top'）

變數 .pack（side=tk.TOP）

貼齊視窗，並且靠下

變數 .pack（side='bottom'）

變數 .pack（side=tk.BOTTOM）

貼齊視窗，並且靠左

變數 .pack（side='left'）

變數 .pack（side=tk.LEFT）

貼齊視窗，並且靠右

變數 .pack（side='right'）

變數 .pack（side=tk.RIGHT）

【範例程式碼】

```
1   import tkinter as tk
2
3   UI=tk.Tk()
4   UI.geometry("400x200")
5
6   tk.Label(UI, text='-- 上 --').pack()
7   tk.Label(UI, text='-- 下 --').pack(side='bottom')
8   tk.Label(UI, text='-- 右 --').pack(side=tk.RIGHT)
9
10  UI.mainloop()
```

【程式說明】

◆ 1：函式庫引進

- 3-4：宣告視窗，並且設定視窗大小
- 6：不寫時為預設，將文字「-- 上 --」貼齊在頁面上方
- 7：使用第一種方法，將文字「-- 下 --」貼齊在頁面下方
- 8：使用第二種方法，將文字「-- 右 --」貼齊在頁面右方
- 10：讓視窗持續運作

【執行結果】

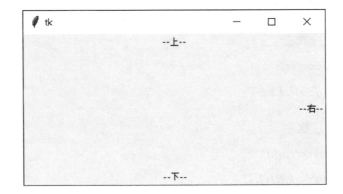

2. place

place 能夠指定元件放置的座標，函式如下：

Hint. 2 place

變數 .place(x=x 座標 , y=y 座標 , anchor=' 方位 ')

Tips

方位除了有東 (e)、西 (w)、南 (s)、北 (n) 外，還有西北 (nw)、西南 (sw)、東北 (ne)、東南 (se)，不寫時預設值則為西北 (nw)。

【範例程式碼】

```
1    import tkinter as tk
2    UI=tk.Tk()
3    UI.geometry("400x200")
4
5    tk.Label(UI, text='(0,0)').place(x=0, y=0, anchor='nw')
6    tk.Label(UI, text='(0,180)').place(x=0, y=180, anchor='nw')
7    tk.Label(UI, text='(180,180)').place(x=180, y=180, anchor='nw')
8    tk.Label(UI, text='(180,0)').place(x=180, y=0, anchor='nw')
9    tk.Label(UI, text='x').place(x=90, y=90)
10
11   UI.mainloop()
```

【程式說明】

- 1：函式庫引進

- 2-3：宣告視窗，並且設定視窗大小

- 5：以西北為起點，設定在 x=0、y=0 的地方，顯示文字「(0,0)」

- 6：以西北為起點，設定在 x=0、y=180 的地方，顯示文字「(0,180)」

- 7：以西北為起點，設定在 x=180、y=180 的地方，顯示文字「(180, 180)」

- 8：以西北為起點，設定在 x=180、y=0 的地方，顯示文字「(180,0)」

- 9：以西北為起點，設定在 x=90、y=90 的地方，顯示文字「x」

- 11：讓視窗持續運作

【執行結果】

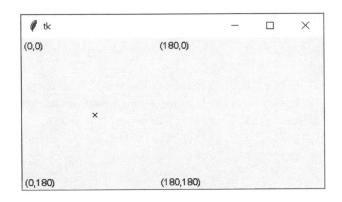

3. grid

grid 能夠控制每個元件在空間如何分布，另外在搭配 Frame（框架）時能夠分配頁面的局部空間，使整體排版更為好看，函式如下：

Hint. 3　grid

變數 .grid（row= 第幾列 , column= 第幾行），不寫時預設值為 row 和 column 皆等於 0。

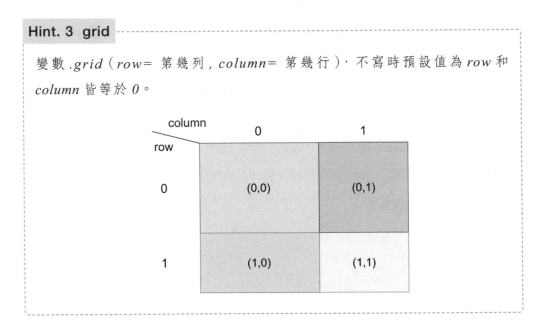

Tips

pack 跟 *grid* 不能同時使用。

【範例程式碼】

```
1    import tkinter as tk
2    UI=tk.Tk()
3    UI.geometry("400x300")
4
5    div1 = tk.Frame(UI, width=200 , height=150 , bg='blue')
6    div2 = tk.Frame(UI, width=150 , height=150 , bg='red')
7    div3 = tk.Frame(UI, width=200 , height=100 , bg='green')
8    div4 = tk.Frame(UI, width=150 , height=100 , bg='yellow')
9
10   div1.grid(row=0, column=0)
11   div2.grid(row=0, column=1)
12   div3.grid(row=1, column=0)
13   div4.grid(row=1, column=1)
14
15   UI.mainloop()
```

【程式說明】

- 1：函式庫引進

- 2-3：宣告視窗，並且設定視窗大小

- 5：建立一個長 x 寬 =200x150、背景為藍色的框架

- 6：建立一個長 x 寬 =150x150、背景為紅色的框架

- 7：建立一個長 x 寬 =200x100、背景為綠色的框架

- 8：建立一個長 x 寬 =150x100、背景為黃色的框架

- 10：將 div1 框架放置在列 =0、行 =0 的位子上

- 11：將 div2 框架放置在列 =0、行 =1 的位子上

- 12：將 div3 框架放置在列 =1、行 =0 的位子上

- 13：將 div4 框架放置在列 =1、行 =1 的位子上

- 15：讓視窗持續運作

【執行結果】

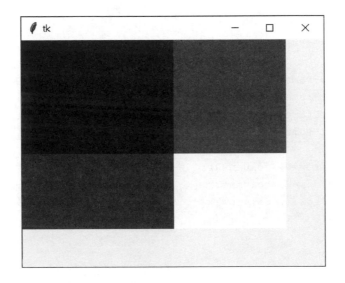

此外在框架內，還能再放入其他框架，一層一層的疊上，並以此控制整個空間布局。

Tips

框架的實際大小，由最內層的框架所決定。

【範例程式碼】

```
1    import tkinter as tk
2    UI=tk.Tk()
3    UI.geometry("400x300")
4
5    div1 = tk.Frame(UI, width=300 , height=200 , bg='red')
```

```
6   div1.grid(row=0, column=0, padx=50, pady=50)
7
8   div2 = tk.Frame(div1, width=100 , height=200 , bg='yellow')
9   div3 = tk.Frame(div1, width=100 , height=200 , bg='green')
10  div4 = tk.Frame(div1, width=100 , height=200 , bg='blue')
11  div2.grid(row=0, column=0)
12  div3.grid(row=0, column=1)
13  div4.grid(row=0, column=2)
14
15  div5 = tk.Frame(div3, width=50 , height=100 , bg='gray')
16  div5.grid(row=0, column=0)
17
18  UI mainloop()
```

【程式說明】

- 1：函式庫引進

- 2-3：宣告視窗，並月設定視窗大小

- 5：建立一個長 x 寬 =300x200、背景為藍色的框架，距離右邊為 50、距離上面為 50

- 6：將 div1 空間放置在列 =0、行 =0 的位子上

- 8：建立一個長 x 寬 =100x200、背景為黃色的框架

- 9：建立一個長 x 寬 =100x200、背景為綠色的框架

- 10：建立一個長 x 寬 =100x200、背景為藍色的框架

- 11：將 div2 框架放置在列 =0、行 =0 的位子上

- 12：將 div3 框架放置在列 =0、行 =1 的位子上

- 13：將 div4 框架放置在列 =0、行 =2 的位子上

- 15：建立一個長 x 寬 =50x100、背景為灰色的框架

- 16：將 div5 框架放置在列 =0、行 =0 的位子上

- 18：讓視窗持續運作

【執行結果】

3.2 使用 Tkinter 實作專題 – 特權帳戶密碼管理

3.2.1 製作前的使用流程介紹

系統使用者

分為「一般使用者（User）」跟「主管（SU）」。

概念介紹

在這套系統中，主管要在其他員工同意之後，才能解開此密碼，因此我們拿了員工的 AES 金鑰先進行加密，再用使用主管 RSA 公鑰加密一次，所以主管不能直接拿自己的 RSA 私鑰就解開密碼，還必須需要找員工幫忙解密，因此就達到限制主管權利的目的。

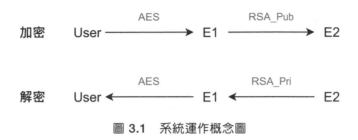

圖 3.1　系統運作概念圖

3.2.2　使用者間的相互關係

　　運作機制如下圖所示，除了 User1 和 User2，其他使用者皆是請前面兩個使用者幫忙加密。在教學中我們是以 User1 - User4 作為範例，後續也能依照圖片方式，依序往後增加使用者。

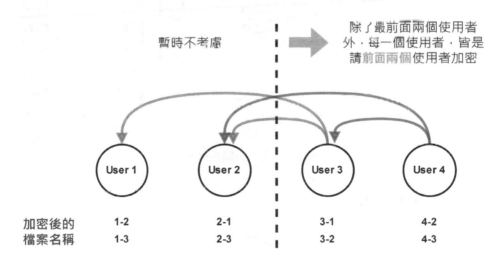

★ **檔案名稱**：被加密的人 - 幫忙加密的人

圖 3.2　使用者間的相互關係圖

3.2.3　事前準備工作

我們先預設有「一位主管（SuperUser）+ 四位使用者（User1 - User4）」，主管名稱與使用者名稱讀者皆能依照喜好自訂，並以此產生了相關資料結構，如下圖所示，我們會依序介紹該資料夾和檔案的意義。

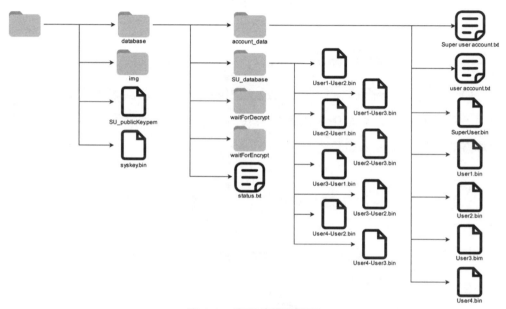

圖 3.3　資料相關結構圖

一、account_data

1. User1.bin - User4.bin、SuperUser.bin

首先我們要先做 account_data 資料夾內的加密檔案，這些檔案用來判斷使用者與主管登入的金鑰是否正確。為了將每個使用者與主管的密碼進行加密，所以我們得先生成 AES 金鑰，以 User1 作為範例，生成金鑰的程式碼如下。

【範例程式碼】

```
1    from Crypto.Cipher import AES
2    from Crypto.Random import import get_random_bytes
3
```

```
4    # 生成新 User、SuperUser 金鑰
5    new_key=get_random_bytes(16)
6    f=open("User1.pem","wb")
7    f.write(new_key)
8    f.close()
```

【程式說明】

- ◆ 1-2：函式庫引進

- ◆ 5：產生一組隨機金鑰，這裡以 16 byte 作為範例

- ◆ 6-7：將金鑰儲存

- ◆ 8：關閉檔案

將 User1 的密碼使用金鑰加密的程式碼如下，讀者請依照該方法依序做出 User1-User4 和 SuperUser 的加密檔案。

【範例程式碼】

```
1    from Crypto.Cipher import AES
2    from Crypto.Random import get_random_bytes
3
4    # 要設定的密碼
5    data = b'111111'
6
7    # 以 AES 進行加密
8    f=open("User1.pem","rb")
9    AESkey=f.read()
10   f.close()
11
12   cipher=AES.new(AESkey,AES.MODE_EAX)
13   ciphertext,tag=cipher.encrypt_and_digest(data)
14   data1=cipher.nonce+tag+ciphertext
15
16   # 輸出
17   f=open("User1.bin","wb")
18   f.write(data1)
19   f.close()
```

【程式說明】

- 1-2：函式庫引進

- 5：設定使用者密碼

- 8：開啟使用者的 AES 金鑰

- 9：將讀到的資料存進變數中

- 10：關閉檔案

- 12-14：將密碼使用 AES 金鑰進行加密，詳情可看第二章教學

- 17-19：將加密後的密碼輸出，並關閉檔案

2. Super user account.txt

接著我們要做 SU 帳號密碼的紀錄檔案，需要創建文件檔，需在內容打上主管名稱、密碼，並且以空格隔開，如下圖所示。

圖 3.4　Super user account 文字檔

3. user account.txt

再來我們要做一般使用者帳號的紀錄檔案，需要創建文件檔，需在內容打上使用者名稱，並且以 Enter 換行隔開，如下圖所示。

圖 3.5　user account 文字檔

二、**SU_publicKey.pem**

主管公鑰主要是用來幫使用者密碼的密文進行二次加密的，以下是生成主管公鑰私鑰的程式碼。

【範例程式碼】

```
1    from Crypto.PublicKey import RSA
2
3    # 產生 2048 位元 RSA 金鑰
4    key = RSA.generate(2048)
5
6    #RSA 私鑰
7    privateKey = key.export_key()
8    f=open("SU_privateKey.pem","wb")
9    f.write(privateKey)
10   f.close()
11
12   #RSA 公鑰
13   publicKey = key.publickey().export_key()
14   f2=open("SU_publicKey.pem","wb")
15   f2.write(privateKey)
16   f2.close()
```

【程式說明】

- ♦ 1：函式庫引進
- ♦ 4：產生 2048 位元 RSA 金鑰
- ♦ 7：將 RSA 金鑰分出私鑰，並存入 privateKey 變數中
- ♦ 8-9：將私鑰儲存
- ♦ 10：關閉檔案
- ♦ 13：將 RSA 金鑰分出公鑰，並存入 publicKey 變數中
- ♦ 14-15：將公鑰儲存
- ♦ 16：關閉檔案

三、SU_database

在先前的運作機制中，有畫出誰幫誰加密檔案的概念圖，其中需要注意的特例是「User1 請 User2 和 User3 加密、User2 請 User1 和 User3 加密」，其他皆為幫前面兩個使用者加密，檔案命名為「被加密的人 - 幫忙加密的人」，讀者請依照此方法，依序做出圖 3.3SU_database 資料夾中的八個檔案。

【範例程式碼】

```
1   from Crypto.PublicKey import RSA
2   from Crypto.Cipher import PKCS1_OAEP,AES
3
4   # 要設定的密碼
5   data = b'111111'
6
7   # 以 AES 進行加密
8   f=open("User2.pem","rb")
9   AESkey=f.read()
10  f.close()
11
12  cipher=AES.new(AESkey,AES.MODE_EAX)
13  ciphertext,tag= cipher.encrypt_and_digest(data)
14  data1=cipher.nonce+b" "+tag+b" "+ciphertext
15
16  #RSA 後
17  f1=open("SU_publicKey.pem","rb")
18  PublicKey=f1.read()
19  f1.close()
20
21  RSAkey_pub=RSA.import_key(PublicKey)
22  encrypt_cipher = PKCS1_OAEP.new(RSAkey_pub)
23  encrypt_data=encrypt_cipher.encrypt(data1)
24  data2=encrypt_data
25
26  # 輸出
27  f=open("User1-User2.bin","wb")
28  f.write(data2)
29  f.close()
```

【程式說明】

- ◆ 1-2：函式庫引進

- ◆ 5：設定使用者密碼

- ◆ 8：開啟使用者的 AES 金鑰

- ◆ 9：將讀到的資料存進變數中

- ◆ 10：關閉檔案

- ◆ 12-14：將密碼使用 AES 金鑰進行加密，詳情可看第二章教學

- ◆ 17：開啟使用者的 RSA 公鑰

- ◆ 18：將讀到的資料存進變數中

- ◆ 19：關閉檔案

- ◆ 21-24：將第一階段加密後的密碼使用 RSA 公鑰進行加密，詳情可看第二章教學

- ◆ 27-29：將加密後的密碼輸出，並關閉檔案

四、waitForDecrypt、waitForEncrypt

我們需要建立這兩個資料夾「waitForDecrypt、waitForEncrypt」，其中 waitForDecrypt 資料夾放置主管等待解密的檔案、waitForEncrypt 資料夾放置使用者等待加密的檔案。

五、status.txt

我們要製作這張狀態表，它記錄著整套系統的所有狀態，另外程式碼也是利用狀態表來執行不同的功能，所以相當重要。以下圖片顯示著狀態表和每個數字代表的意義，注意每列數字中間則是使用 tab 來分開。

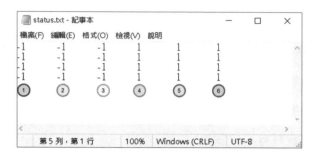

圖 3.6　狀態表與代表的意義

六、img

　　這裡面放著程式中用到的圖片，有使用者圖片和密碼圖片，讀者能夠自行從網站上下載喜歡的圖片，或使用本書檔案內的圖片。

七、syskey.bin

　　系統金鑰，目的是為了避免出現註冊後儲存明文密碼，所以需要被系統金鑰加密過，以下是生成系統金鑰的程式碼。

【範例程式碼】

```
1    from Crypto.Cipher import AES
2    from Crypto.Random import get_random_bytes
3
4    # 生成新的系統金鑰
5    new_key=get_random_bytes(16)
6    f=open("syskey.bin","wb")
7    f.write(new_key)
8    f.close()
```

【程式說明】

- 1-2：函式庫引進
- 5：生成一組隨機金鑰，這裡以 16 byte 作為範例
- 6-7：將金鑰儲存
- 8：關閉檔案

3.2.4　實作介面

　　介面設計主要分成四大區塊「登入介面、註冊介面、主管介面、使用者介面」，為了要方便模組化，我們依照這四大介面制定了「UI_for_sign_in()、registered()、UI_for_SU()、UI_for_User()」四個函式，再依照內部功能需求，定義了各種函式。

一、主程式

　　在主程式中，首先我們將需要的函式庫引進，並將先前準備好的資料導入，最後再呼叫登入介面函式 UI_for_sign_In()。在這裡用到了許多變數，我們使用下列表格來呈現。

變數名稱	意義
SUname	主管名稱
SUpassword	主管密碼
name	包含著所有使用者名稱
syskey	系統金鑰
cipher_flag	用來判斷是否第一次登入
user_helpSUdecrypt	SU是否要該User幫忙解密
user_helpUserEncrypt	User是否要幫其他User加密
user_haveSaved	User是否有供SU解密的檔案
user_saveList	User的已加密檔案列表

圖 3.7　變數對應的意義

【範例程式碼】

```python
1    import tkinter.messagebox
2    import tkinter as tk
3    import os
4    from tkinter import ttk,filedialog,messagebox
5    from Crypto.PublicKey import RSA
6    from Crypto.Cipher import PKCS1_OAEP,AES
7    from Crypto.Random import get_random_bytes
8    from PIL import Image,ImageTk
9
10   #--------- 主程式 ---------
11   # 變數區
12   global SUname,SUpassword,name,syskey,cipher_flag
13   global user_helpSUdecrypt,user_helpUserEncrypt,user_haveSaved,
         user_saveList
14   name=[]
15   user_helpSUdecrypt,user_helpUserEncrypt,user_haveSaved,user_saveList
         =[],[],[],[]
16   cipher_flag=0
17
18   #System key 載入
19   f=open("syskey.bin",'rb')
20   syskey=f.read()
21   f.close()
22
23   #SU account 載入
24   f=open("database/account_data/Super user account.txt","r")
25   line=f.read()
26   f.close()
27   SUname=line.split(" ")[0]
28   SUpassword=line.split(" ")[1]
29
30   # 普通 User account 載入
31   f=open("database/account_data/user account.txt","r")
32   for line in f:
33   name.append(line.split()[0])
34   f.close()
35
```

```
36  # 讀取系統狀態表
37  f=open("database/status.txt","r")
38  for line in f:
39      data=line.strip().split("\t")
40      user_helpSUdecrypt.append(int(data[0]))
41      user_helpUserEncrypt.append([int(data[1]),int(data[2])])
42      user_haveSaved.append(int(data[3]))
43      user_saveList.append([int(data[4]),int(data[5])])
44  f.close()
45
46  # 開啟登入介面
47  UI_for_sign_in()
```

【程式說明】

- 1-8：函式庫引進

- 12-13：將這些變數設為全域變數，其他函數中會用到

- 14-15：設定這些變數的資料型態為 list

- 16：將 cipher_flag=0，能夠用來判斷是否有開啟第二個視窗

- 19-21：讀取系統金鑰

- 24-28：讀取主管名稱與密碼

- 31-34：讀取系統內擁有的使用者名稱

- 37-44：讀取系統狀態表，並依序存入對應的 list 之中

- 47：在主函式中呼叫登入介面

二、UI_for_sign_in

1. 建立開啟空白的視窗

　　首先我們先建立 UI_for_sign_in() 的函式，並在函式中使用 tkinter 建立出空白的視窗，命名為 cipherUI，並依序設定視窗大小、視窗標題、視窗顏色。

【範例程式碼】

```
1    def UI_for_sign_in():
2        global cipherUI,textbox1,btn_1
3        if cipher_flag == 0:
4            cipherUI=tk.Tk()
5        else:
6            cipherUI=tk.Toplevel()
7        cipherUI.geometry("1000x600")
8        cipherUI.title(' 帳號密碼管理系統 ')
9        cipherUI.configure(bg='#d9dded')
10       cipherUI.mainloop()
```

【程式說明】

- 1：定義 UI_for_sign_in()

- 2：將這些變數設為全域變數，其他函數中會用到

- 3：如果 cipher_flag=0，這裡是用來判斷是否有同時開啟新的視窗，0 代表沒有、1 代表有

- 4：宣告視窗名稱為「cipherUI」

- 6：宣告視窗名稱為「cipherUI」，這裡寫法不同是因為要開啟多個視窗，所以需使用 tk.Toplevel()

- 7：設定視窗大小

- 8：設定標題列名稱

- 9：設定背景顏色

- 10：讓視窗持續運作

【執行結果】

2. 在視窗中心新增一個區塊

接著我們要在視窗中心使用新增一個區塊，下列程式碼需添加至 UI_for_sign_in() 函式中，且放在 cipherUI.mainloop() 這行前面。

【範例程式碼】

```
1    # 產生 container 並且置中
2    div_container = tk.Frame(cipherUI, width=500, height=348, bg='white',
         highlightbackground="black", highlightthickness=1)
3    div_container.grid(row=0, column=0, padx=250, pady=126)
```

【程式說明】

- ➤ 2：產生一個區塊 div_container 設定長寬及顏色，並使用「highlightbackground="black", highlightthickness=1」將邊框設為黑色且寬度為 1。

- ➤ 3：透過將剩餘空間除以 2，算出需距離左邊為 250、距離上面為 126，才能夠將區塊放置在視窗正中央。

【執行結果】

3. 將中間的區塊分成 3 大塊（上、中、下）

接著我們要將中間區塊中分成三個區塊，下列程式碼需添加至 UI_for_sign_in() 函式中，且放在 cipherUI.mainloop() 這行前面。

【範例程式碼】

```
1    # 中間的區塊分成 3 大塊（上、中、下）
2    div_top = tk.Frame(div_container, width=500, height=100, bg='#262626')
3    div_medium = tk.Frame(div_container, width=500, height=238, bg='Ivory')
4    div_bottom = tk.Frame(div_container, width=500, height=10, bg='#262626')
5    div_top.grid(row=0, column=0)
6    div_medium.grid(row=1, column=0)
7    div_bottom.grid(row=2, column=0)
```

【程式說明】

* 2：產生一個區塊 div_top 設定長寬及顏色

* 3：產生一個區塊 div_medium 設定長寬及顏色

* 4：產生一個區塊 div_bottom 設定長寬及顏色

* 5-7：將三個區塊由上到下依序放置在中間的區塊內

【執行結果】

4. 添加標題和插入圖片

　　接著我們要添加標題和插入圖片，下列程式碼需添加至 UI_for_sign_in() 函式中，且放在 cipherUI.mainloop() 這行前面。

【範例程式碼】

```
1    # 添加標題
2    L1=tk.Label(div_top,text=' 使用者登入 ',bg='#262626',fg='#FFFFFF',
         font=(' 標楷體 ',20))
3    L1.grid(row=0, column=0, ipadx=177, ipady=10)
4
5    # 添加圖片
6    im = Image.open("img/user.png")
7    img = im.resize((20, 20), Image.ANTIALIAS)
8    img = ImageTk.PhotoImage(img)
9    imLabel1=tk.Label(cipherUI,image=img,bg='Ivory').place(x=366,y=222)
10   im2 = Image.open("img/padlock.png")
11   img2 = im2.resize((20, 20), Image.ANTIALIAS)
12   img2 = ImageTk.PhotoImage(img2)
13   imLabel2=tk.Label(cipherUI,image=img2,bg='Ivory').place(x=366,y=282)
```

【程式說明】

- 2：設定標籤文字、顏色、背景及字型大小

- 3：將標籤放上

- 6：開啟圖片

- 7：調整圖片大小

- 8：將原始圖片轉換為 tkinter 圖片物件，才不會報錯

- 9：將圖片使用標籤的方式顯示出來，也更改了背景顏色，並且放上

- 10：設定圖片路徑

- 11：調整圖片大小

- 12：將原始圖片轉換為 tkinter 圖片物件，才不會報錯

- 13：將圖片使用標籤的方式顯示出來，也更改了背景顏色，並且放上

【執行結果】

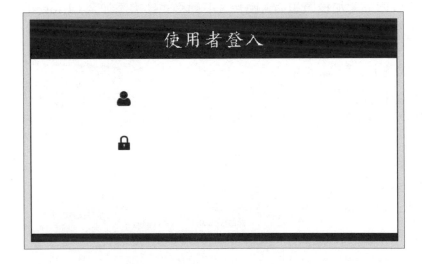

5. 添加文字框和按鈕

接著我們要添加文字框和按鈕，下列程式碼需添加至 UI_for_sign_in() 函式中，且放在 cipherUI.mainloop() 這行前面。

【範例程式碼】

```
1   # 添加文字框
2   textbox1=tk.Text(cipherUI,show=None,width=20,height=1,font=
        (' 標楷體 ', 15))
3   textbox1.place(x=406,y=222)
4
5   # 添加按鈕
6   btn=tk.Button(cipherUI,text='AES 密碼載入 ',bg='#c2cad0',font=
        (' 標楷體 ',12), width=24,relief='groove')
7   btn.place(x=406,y=282)
8   btn_1=tk.Button(cipherUI,text=' 登入 ',bg='#f7ebb5',activebackground=
        '#fcf7e3',font=(' 標楷體 ',12),width=10,relief='groove')
9   # 成功時才顯示
10  btn_2=tk.Button(cipherUI,text=' 註冊 ',bg='#adcde5',activebackground=
        '#e7f0f7',font=(' 標楷體 ',12),width=10,relief='groove')
11  btn_2.place(x=518,y=345)
```

【程式說明】

- 2：添加一個文字框，並調整寬度、高度、字體、字型大小

- 3：將文字框放上

- 6：添加一個按鈕「AES 密碼載入」，並調整按鈕款式、背景顏色、字體、字型大小

- 7：將按鈕放上

- 8：添加一個按鈕「登入」，並調整按鈕款式、背景顏色、字體、字型大小，注意這邊並沒有放上，而是要等載入成功後才會出現

- 10：添加一個按鈕「註冊」，並調整按鈕款式、背景顏色、字體、字型大小

- 11：將按鈕放上

【執行結果】

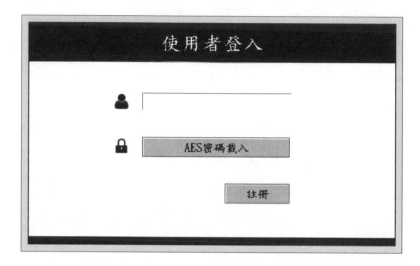

6. 添加按下「AES 密碼載入」按鈕所執行的功能

接著我們要在「AES 密碼載入」的按鈕上添加功能，首先我們需要修改 UI_for_sign_in() 函式中的 btn 設定，使得 btn 在按下時會執行 key_in() 的函式。

【範例程式碼】

```
1   btn=tk.Button(cipherUI,text='AES 密碼載入 ',bg='#c2cad0',font=
    ('標楷體',12),width=24,relief='groove',command=key_in)
```

並且我們要產生一個函式 key_in()，功能為：「將金鑰載入後，測試金鑰可用的話就顯示『登入』按鈕，錯誤的話則跳出提示」。原理上，我們只要能夠使用金鑰產生出解密的物件，就能知道使用者上傳的檔案是金鑰。

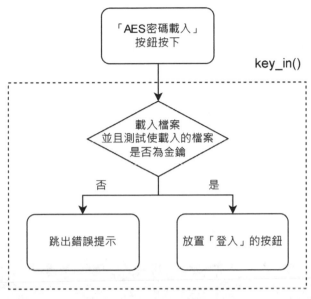

圖 3.8　key_in() 的流程圖

【範例程式碼】

```
1    def key_in():
2        global key
3        file_path=filedialog.askopenfilename()
4        f=open(file_path,"rb")
5        key=f.read()
6        f.close()
7        try:
8            AESkey=AES.new(key,AES.MODE_EAX)
9            btn_1.place(x=406,y=345)
10       except:
11           messagebox.showinfo("Pop up", "請載入正確的 AES key")
```

【程式說明】

- 1：定義函式名稱為 key_in

- 2：設定 key 為全域變數，其他函數中會用到

- 3：使用系統功能來選取要開啟的檔案

- ◆ 4：檔案開啟

- ◆ 5：將開啟檔案的資料傳入 key

- ◆ 6：檔案關閉

- ◆ 7：例外處理

- ◆ 8：使用金鑰產生出解密的物件

- ◆ 9：放上「登入」的按鈕上

- ◆ 11：跳出錯誤訊息通知

載入金鑰成功後的執行結果：

7. 添加按下「登入」按鈕所執行的功能

接著我們要在「登入」的按鈕上添加功能，首先我們需要修改 UI_for_sign_in() 函式中的 btn_1 設定，使得 btn_1 在按下時會執行 log_in() 的函式。

【範例程式碼】

```
1    btn_1=tk.Button(cipherUI,text=' 登入 ',bg='#f7ebb5',activebackground='#
         fcf7e3',font=(' 標楷體 ',12),width=10,relief='groove',command=log_in)
```

log_in() 函式的功能是「能夠確認輸入的使用者是否為系統紀錄的使用者與主管，並且使用另一個函數 check_cipher() 來解密密文，以此驗證密碼是否正確」。

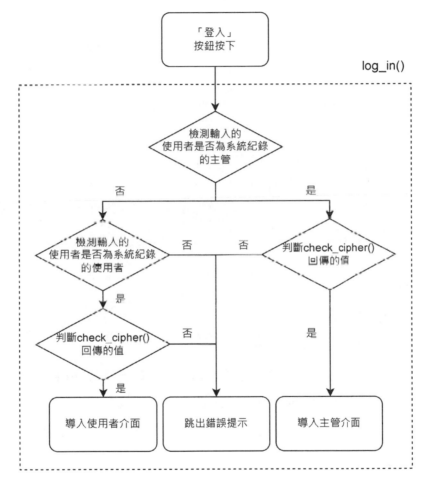

圖 3.9　log_in() 的流程圖

【範例程式碼】

```
1    def log_in():# 第二步 -> 按登入
2        enterAccount=textbox1.get('1.0','end')[:-1]
3        if enterAccount == SUname:
```

```
4            index=-1
5            if check_cipher(index):
6                #SU 登入成功
7                UI_for_SU()
8                cipherUI.destroy()
9            else:
10               #SU 登入失敗
11               messagebox.showinfo("Pop up", " 帳號密碼不正確，請重新輸入 ")
12       elif enterAccount in name:
13           index=name.index(enterAccount)
14           if check_cipher(index):
15               #User 登入成功
16               UI_for_User(index)
17               cipherUI.destroy()
18           else:
19               #User 登入失敗
20               messagebox.showinfo("Pop up", " 帳號密碼不正確，請重新輸入 ")
21       else:
22           messagebox.showinfo("Pop up", " 名稱錯誤，請重新輸入 ")
```

【程式說明】

- ◆ 1：定義函式名稱為 log_in

- ◆ 2：讀取文字框的使用者名稱

- ◆ 3-4：判斷使用者名稱是不是主管名稱，如果是的話將 index 值改成 -1，在後面代入 check_cipher() 時能夠以此判斷是否為主管

- ◆ 5：判斷 check_cipher 回傳的值，1 代表金鑰正確、0 則代表金鑰錯誤

- ◆ 7：開啟主管介面

- ◆ 8：關閉登入介面

- ◆ 11：彈出錯誤提示

- ◆ 12：判斷使用者名稱是不是主管名稱

- ◆ 13：將 index 值改成使用者名稱的索引位子，在代入 check_cipher() 時能夠判斷為使用者

- 14：判斷 check_cipher 回傳的值，1 代表金鑰正確、0 則代表金鑰錯誤
- 16：開啟使用者介面
- 17：關閉登入介面
- 20：彈出錯誤提示
- 22：彈出錯誤提示

check_cipher() 函式的功能是「使用讀取到的金鑰嘗試開啟系統內對應的密文，如果可以打開就代表是合法使用者」。

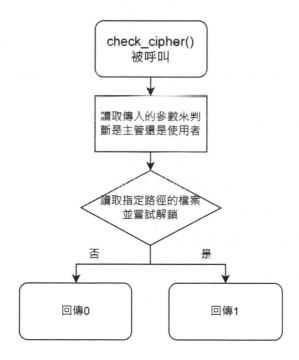

圖 3.10　check_cipher() 的流程圖

【範例程式碼】

```
1    def check_cipher(num):#num=-1->SU 、num>0->user
2        global cipher_data
3        # 定義路徑
```

```
4        if num==-1:
5            path="database/account_data/SuperUser.bin"
6        else:
7            path="database/account_data/"+str(name[num])+".bin"
8        # 檢查是否成功
9        f=open(path,"rb")
10       nonce,tag,ciphertext=[f.read(x) for x in (16, 16, -1)]
11       f.close()
12       try:
13           AESkey=AES.new(key,AES.MODE_EAX,nonce)
14           cipher_data=AESkey.decrypt_and_verify(ciphertext,tag)
15           cipher_data=cipher_data.decode()
16           return 1
17       except:
18           return 0
```

【程式說明】

- ◆ 1：定義函式名稱為 check_cipher()

- ◆ 2：設為全域變數

- ◆ 4：判斷 num 是不是 -1，是的話就代表主管

- ◆ 5：更改路徑到主管密文位子

- ◆ 7：更改路徑到使用者密文位子

- ◆ 9：開啟密文檔案

- ◆ 10：將讀到的資料拆到 nonce,tag,ciphertext 三個變數中

- ◆ 11：關閉檔案

- ◆ 13-15：使用金鑰解開密文，並得到原文

- ◆ 16：回傳 1

- ◆ 18：回傳 0

三、UI_for_SU

1. 建立視窗，將頁面空間分配

在頁面分配空間上與前面方式並無差異太多，這邊快速帶過，如果不懂可以參考前面的部分。

【範例程式碼】

```
1    def UI_for_SU():
2        global SU_UI,SU_combo1,SU_text2
3        #cipherUI 關閉
4        cipherUI.destroy()
5
6        SU_UI=tk.Tk()
7        SU_UI.geometry("1000x600")
8        SU_UI.title(' 帳號密碼管理系統 ')
9        SU_UI.configure(bg='#d9dded')
10
11       # 產生 container 並且置中
12       SU_div_container = tk.Frame(SU_UI, width=500, height=420, bg=
             'white', highlightbackground="black", highlightthickness=1)
13       SU_div_container.grid(row=0, column=0, padx=250, pady=90)
14
15       # 中間的區塊分成 3 大塊（上、中、下）
16       SU_div_top = tk.Frame(SU_div_container, width=500, height=100, bg='
             #262626')
17       SU_div_medium = tk.Frame(SU_div_container, width=500, height=350,
             bg= 'Ivory')
18       SU_div_bottom = tk.Frame(SU_div_container, width=500, height=10,
             bg= '#262626')
19       SU_div_top.grid(row=0, column=0)
20       SU_div_medium.grid(row=1, column=0)
21       SU_div_bottom.grid(row=2,  column=0)
22
23       # 添加標題
```

```
24      SU_L1=tk.Label(SU_div_top,text=' 超級使用者操作介面 ',bg='#262626',
            fg='# FFFFFF',font=(' 標楷體 ',20))
25      SU_L1.grid(row=0, column=0, ipadx=121, ipady=10)
26
27      SU_UI.mainloop()
```

【程式說明】

- ◆ 1：定義函式名稱為 UI_for_SU()

- ◆ 2：設為全域變數

- ◆ 4：關閉登入介面

- ◆ 6：宣告視窗名稱為「SU_UI」

- ◆ 7：設定視窗大小

- ◆ 8：設定標題列名稱

- ◆ 9：設定背景顏色

- ◆ 12：產生一個區塊 SU_div_container 設定長寬及顏色，並使用「highlight-background="black", highlightthickness=1」將邊框設為黑色且寬度為 1

- ◆ 13：將放置在頁面正中央，「padx=250,pady=90」代表的則是距離左邊為 250、距離上面為 90

- ◆ 16：產生一個區塊 SU_div_top 設定長寬及顏色

- ◆ 17：產生一個區塊 SU_div_medium 設定長寬及顏色

- ◆ 18：產生一個區塊 SU_div_bottom 設定長寬及顏色

- ◆ 19-21：將三個區塊依序放置在中間的區塊內

- ◆ 24-25：添加一個標籤 SU_L1，設定顯示文字、顏色、背景及字型大小，並將其放上

- ◆ 27：讓視窗持續運作

【執行結果】

2. 放上標籤、下拉式選單、登出按鈕

　　接著我們要添加放上標籤、下拉式選單、登出按鈕，下列程式碼需添加至 UI_for_SU() 函式中，且放在 SU_UI.mainloop() 這行前面。

【範例程式碼】

```
1    # 步驟一
2    SU_text1=tk.Label(SU_UI,text='Step1.請選擇您要調用的員工：',bg=
        'Ivory',font =('標楷體',13))
3    SU_text1.place(x=270,y=160)
4    SU_text2=tk.Label(SU_UI,text='選擇不能留空！',font=('標楷體',13),bg=
        'Ivory',fg='red')
5    #SU_text2 在下拉選單沒選時才顯示
6    SU_combo1  = ttk.Combobox(SU_UI,values=name,font=('標楷體',12),
        width=10)
7    SU_combo1.place(x=270,y=200)
8    SU_btn=tk.Button(SU_UI,text='確定',bg='#adcde5',activebackground='
        #e7f0f7 ',font=('標楷體',12),width=12,relief='groove')
9    SU_btn.place(x=411,y=197)
```

```
10   SU_log_out_btn=tk.Button(SU_UI,text=' 登出 ',bg='#f7ebb5',
        activebackground= '#fcf7e3',font=(' 標楷體 ',12),width=9,
        relief='groove')
11   SU_log_out_btn.place(x=660,y=151)
```

【程式說明】

* 2：添加標籤並調整背景顏色、字體、字型大小

* 3：將標籤放上

* 4：添加標籤並調整背景顏色、字體、字型大小

* 6：添加下拉式選單，內容選擇為 name 的串列，並調整字體、字型大小

* 7：將下拉式選單放上

* 8：添加「確定」按鈕，並調整按鈕款式、背景顏色、字體、字型大小

* 9：將按鈕放上

* 10：添加「登出」按鈕，並調整按鈕款式、背景顏色、字體、字型大小

* 11：將按鈕放上

【執行結果】

3. 添加第一步驟「確定」按鈕的功能

接著我們要在選擇調用員工的「確定」按鈕上添加功能，首先我們需要修改 UI_for_SU() 函式中的 SU_btn 設定，使得 SU_btn 在按下時會執行 SU_Step1_Confirm() 的函式。

【範例程式碼】

```
1    SU_btn=tk.Button(SU_UI,text='確定',bg='#adcde5',activebackground=
     '#e7f0f7',font=('標楷體',12),width=12,relief='groove',command=
     SU_Step1_Confirm)
```

SU_Step1_Confirm() 函式的功能是「能夠確認是否有選擇使用者，如果沒有選擇會放上標籤來提示；如果有選擇的話，則會依照選擇的使用者，計算出能夠幫忙解密的另外兩個使用者，並生成標籤、按鈕與新的下拉式選單提供給主管做選擇」。

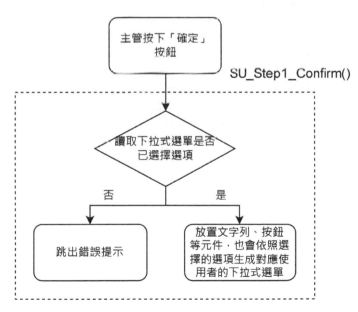

圖 3.11　SU_Step1_Confirm() 的流程圖

【範例程式碼】

```
1   def SU_Step1_Confirm():
2       global pick_num,help_name
3       global SU_combo1,SU_combol2,SU_text2,SU_text3
4       help_name=[]
5
6       SU_text2.place_forget()
7       pick_num=SU_combo1.current()
8       pickName=name[pick_num]
9       # 先定義誰可以幫忙解密
10      if pick_num==-1:
11          SU_text2.place(x=550,y=200)
12          print()
13      else:
14          if pick_num==0:
15              help_name.append(name[1])
16              help_name.append(name[2])
17          elif pick_num==1:
18              help_name.append(name[0])
19              help_name.append(name[2])
20          else:
21              help_name.append(name[pick_num-1])
22              help_name.append(name[pick_num-2])
23
24          SU_text2=tk.Label(SU_UI,text='Step2.請選擇其中一個員工幫您解密：',
                  bg='Ivory',font=('標楷體',13))
25          SU_text2.place(x=270,y=240)
26          SU_combol2 = ttk.Combobox(SU_UI,values=help_name,font=
                  ('標楷體',12),width=10)
27          SU_combol2.place(x=270,y=280)
28          SU_text3=tk.Label(SU_UI,text='選擇不能留空！',font=('標楷體',13),
                  bg='Ivory',fg='red')
29          # 沒選時才顯示
30          SU_btn2=tk.Button(SU_UI,text='確定',bg='#e5c5ad',font=
                  ('標楷體',12),width=12,relief='groove')
31          SU_btn2.place(x=411,y=277)
```

【程式說明】

- ◆ 1：定義函式名稱為 SU_Step1_Confirm()
- ◆ 2-3：設為全域變數
- ◆ 4：設定 help_name 變數型態為串列
- ◆ 6：將 SU_text2 標籤隱藏
- ◆ 7：將下拉式選單中選到的文字編號放進 pick_num 變數裡
- ◆ 8：將抓到的編號，換算成選到的使用者名稱，並放到 pickName 變數裡
- ◆ 10-11：如果 pick_num=-1，代表主管沒有選擇，則跳出提示的標籤
- ◆ 14-16：如果選擇的是第一個使用者，則需要將第二和第三個使用者加入 help_name 串列中
- ◆ 17-19：如果選擇的是第二個使用者，則需要將第一和第三個使用者加入 help_name 串列中
- ◆ 20-22：如果選擇的是其他使用者，則需要將該使用者的前兩個使用者加入 help_name 串列中
- ◆ 24：添加標籤，並調整背景顏色、字體、字型大小
- ◆ 25：將標籤放上
- ◆ 26：添加下拉式選單，內容選擇為 help_name 的串列，並調整字體、字型大小
- ◆ 27：將下拉式選單放上
- ◆ 28：添加標籤並調整背景顏色、字體、字型大小
- ◆ 30：添加「確定」按鈕，並調整按鈕款式、背景顏色、字體、字型大小
- ◆ 31：將按鈕放上

【執行結果】

4. 添加第二步驟「確定」按鈕的功能

　　接著我們要在選擇解密員工的「確定」按鈕上添加功能，首先我們需要修改 SU_Step2_Confirm() 函式中的 SU_btn2 設定，使得 SU_btn2 在按下時會執行 SU_Step2_Confirm() 的函式。

【範例程式碼】

```
1    SU_btn2=tk.Button(SU_UI,text=' 確定 ',bg='#e5c5ad',font=(' 標楷體 ',
         12),width=12,relief='groove',command=SU_Step2_Confirm)
```

　　SU_Step2_Confirm() 函式的功能是「能夠確認是否有選擇使用者，如果沒有選擇會放上標籤來提示；如果有選擇的話，則會依照選擇的使用者，並更改其需要幫忙解密的狀態」。這裡還有使用另一個函式 saveStatus() 來儲存現在所有的狀態。

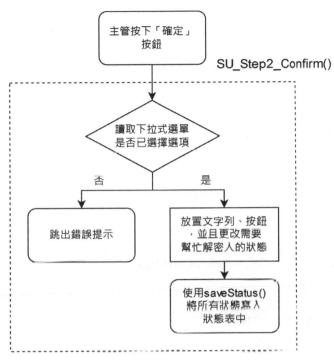

圖 3.12 **SU_Step2_Confirm()** 的流程圖

【範例程式碼】

```
1   def SU_Step2_Confirm():
2       global help_num
3       global SU_combol2,SU_text3
4
5       SU_text3.place_forget()
6       help_num=name.index(help_name[SU_combol2.current()])
7
8       if SU_combol2.current()==-1:
9           SU_text3.place(x=550,y=280)
10      else:
11          SU_text4=tk.Label(SU_UI,text='Step3.請上傳RSA privateKey:',
                bg=' Ivory',font=(' 標楷體 ',13))
12          SU_text4.place(x=270,y=320)
```

```
13        SU_btn3=tk.Button(SU_UI,text=' 上傳 ',bg='#ade5c5',
              activebackground= '#ecf5ea',font=(' 標楷體 ',12),
                  width=12,relief='groove')
14        SU_btn3.place(x=270,y=360)
15        SU_btn4=tk.Button(SU_UI, text=' 請求 ',bg='#e5adcd',
              activebackground= '#f5eaec',font=(' 標楷體 ',12),width=
              12,relief='groove')
16        SU_btn4.place(x=411,y=360)
17        # 更改 Status
18        user_helpSUdecrypt[help_num]=pick_num
19        saveStatus()
```

【程式說明】

+ 1：定義函式名稱為 SU_Step2_Confirm()

+ 2-3：設為全域變數

+ 5：將 SU_text3 標籤隱藏

+ 6：將下拉式選單中選到的文字編號放進 help_num 變數裡

+ 8-9：如果 pick_num=-1，代表主管沒有選擇，則跳出提示的標籤

+ 11：添加標籤，並調整背景顏色、字體、字型大小

+ 12：將標籤放上

+ 13：添加「上傳」按鈕，並調整按鈕款式、背景顏色、字體、字型大小

+ 14：將按鈕放上

+ 15：添加「請求」按鈕，並調整按鈕款式、背景顏色、字體、字型大小

+ 16：將按鈕放上

+ 18：user_helpSUdecrypt 串列中的 help_num 位子的數值改成 pick_num，代表主管想要獲得 help_num 位子的使用者的密碼，並且請 pick_num 位子的使用者幫忙解密

+ 19：更改狀態表

【執行結果】

　　saveStatus() 函式的功能是「能夠儲存現在的所有狀態，包含先前提到的
這四個變數 user_helpSUdecrypt、user_helpUserEncrypt、user_haveSaved、
user_saveList」。

【範例程式碼】

```
1    def saveStatus():
2        f=open("database/status.txt","w")
3        for i in range(len(user_helpSUdecrypt)):
4            user_haveSaved[i]=user_saveList[i][0] or user_saveList[i][1]
5            print(user_helpSUdecrypt[i],user_helpUserEncrypt[i][0], user_
             helpUserEncrypt[i][1],user_haveSaved[i],user_
             saveList[i][0],user_saveList[i][1],sep="\t",file=f)
6        f.close()
```

【程式說明】

- ♦ 1：定義函式名稱為 saveStatus()
- ♦ 2：開啟資料夾中的狀態表
- ♦ 3-5：透過多層 for 迴圈將依序將這四個變數 user_helpSUdecrypt、user_helpUserEncrypt、user_haveSaved、user_saveList 的資料寫入文件
- ♦ 6：關閉檔案

5. 添加第三步驟「上傳」按鈕的功能

接著我們要在「上傳」的按鈕上添加功能，首先我們需要修改 SU_Step2_Confirm() 函式中的 SU_btn3 設定，使得 SU_btn3 在按下時會執行 SU_rsaPri_fileIn() 的函式。

【範例程式碼】

```
1    SU_btn3=tk.Button(SU_UI,text=' 上傳 ',bg='#ade5c5',activebackground=
         '#ecf5ea',font=(' 標楷體 ',12),width=12,relief='groove',command=
         SU_rsaPri_fileIn)
```

SU_rsaPri_fileIn() 函式的功能是「選擇要開啟的主管私鑰，並使用私鑰來開啟密文，再將第一次解密後的檔案暫存起來，之後能夠提供指定的使用者進行第二次解密，最後放上下一步驟的標籤」。

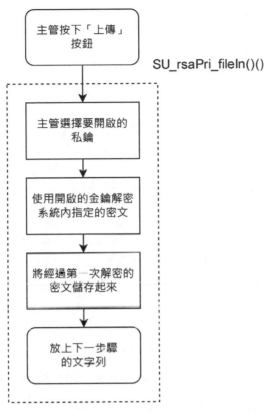

圖 3.13　SU_rsaPri_fileIn() 的流程圖

【範例程式碼】

```
1   def SU_rsaPri_fileIn():
2       # 載入私鑰
3       root = tk.Tk()
4       root.withdraw()
5       file_path=filedialog.askopenfilename()
6       f=open(file_path,"rb")
7       PrivateKey=f.read()
8       f.close()
9       # 載入待解密檔案
10      file_path="database/SU_database/"+str(name[pick_num])+"- "
            +str(name[ help_num])+".bin"
11      f=open(file_path,"rb")
```

```
12      E_data=f.read()
13      f.close()
14      # 解密 ing
15      RSAkey_pri=RSA.import_key(PrivateKey)
16      decrypt_cipher=PKCS1_OAEP.new(RSAkey_pri)
17      data1=decrypt_cipher.decrypt(E_data)
18      # 存在暫存區
19      file_path="database/waitForDecrypt/"+str(name[pick_num])+"-
           "+str(name[help_num])+".bin"
20      f=open(file_path,"wb")
21      f.write(data1)
22      f.close()
23      # 下一步
24      SU_text5=tk.Label(SU_UI,text='Step4. 等待解密:',bg='Ivory',
           font=('標楷體',13))
25  SU_text5.place(x=270,y=400)
```

【程式說明】

- 1：定義函式名稱為 SU_rsaPri_fileIn()

- 3-6：透過這種方法，能夠使用系統功能來選取要開啟的檔案

- 7：將讀取到的私鑰，存入 PrivateKey 變數中

- 8：關閉檔案

- 10-11：將系統儲存好的使用者密文開啟

- 12：將讀取到的密文，存入 E_data 變數中

- 13：關閉檔案

- 15-17：使用私鑰解開密文，並存入 data1 變數中

- 19-21：將 data1 寫入檔案，並放入待解密的資料夾中

- 22：關閉檔案

- 24：添加標籤，並調整背景顏色、字體、字型大小

- 25：將標籤放上

6. 添加第三步驟「請求」按鈕的功能

接著我們要在「請求」的按鈕上添加功能，首先我們需要修改 SU_Step2_Confirm() 函式中的 SU_btn4 設定，使得 SU_btn4 在按下時會執行 SU_requsrForDecrypt() 的函式。

【範例程式碼】

```
1    SU_btn4=tk.Button(SU_UI,text=' 請求 ',bg='#e5adcd',activebackground='#
     f5eaec',font=(' 標楷體 ',12),width=12,relief='groove',command=
     SU_requsrForDecrypt)
```

SU_requsrForDecrypt() 函式的功能是「呼叫新的登入視窗，讓需要幫忙解密的使用者進行登入」。

【範例程式碼】

```
1    def SU_requsrForDecrypt():
2        global cipher_flag
3        cipher_flag=1
4        UI_for_sign_in()
```

【程式說明】

- 1：定義函式名稱為 SU_requsrForDecrypt
- 2：設為全域變數
- 3：將 cipher_flag 的值改為 1，來解決第二次呼叫 tkinter 視窗的問題
- 4：呼叫登入介面

7. 添加「登出」按鈕的功能

接著我們要在「登出」的按鈕上添加功能，首先我們需要修改 UI_for_SU() 函式中的 SU_log_out_btn 設定，使得 SU_log_out_btn 在按下時會執行 SU_log_out() 的函式。

【範例程式碼】

```
1    SU_log_out_btn=tk.Button(SU_UI,text=' 登出 ',bg='#f7ebb5',
         activebackground= '#fcf7e3',font=(' 標楷體 ',12),width=9,
         relief='groove',command= SU_log_out)
```

SU_log_out() 函式的功能是「關閉主管介面，並開啟登入介面」。

【範例程式碼】

```
1    def SU_log_out():
2        global cipher_flag
3        SU_UI.destroy()
4        cipher_flag=0
5        UI_for_sign_in()
```

【程式說明】

- ◆ 1：定義函式名稱為 SU_log_out()
- ◆ 2：設為全域變數
- ◆ 3：將主管介面關閉
- ◆ 4：cipher_flag 的值改為 0
- ◆ 5：呼叫登入頁面

四、registered

1. 添加「註冊」按鈕的功能

接著我們要在「註冊」的按鈕上添加「關閉登入介面，並開啟註冊介面」的功能，首先我們需要修改 UI_for_sign_in() 函式中的 btn_2 設定，使得 btn_2 在按下時會執行 registered() 的函式。

【範例程式碼】

```
1    btn_2=tk.Button(cipherUI,text=' 註冊 ',bg='#adcde5',activebackground='#
         e7f0f7',font=(' 標楷體 ',12),width=10,relief='groove',command=
         registered)
```

2. 建立視窗，將頁面空間分配

在頁面分配空間上與前面方式並無差異太多，這邊快速帶過，如果不懂可以參考前面的部分。

【範例程式碼】

```
1   def registered():
2       global regist_UI,regist_textbox1,regist_textbox2
3       #cipherUI 關閉
4       cipherUI.destroy()
5
6       regist_UI=tk.Tk()
7       regist_UI.geometry("1000x600")
8       regist_UI.title(' 帳號密碼管理系統 ')
9       regist_UI.configure(bg='#d9dded')
10
11      # 產生 container 並且置中
12      regist_div_container = tk.Frame(regist_UI, width=500, height=348,
            bg= 'white',highlightbackground="black", highlightthickness=1)
13      regist_div_container.grid(row=0, column=0, padx=250, pady=126)
14
15      # 中間的區塊分成 3 大塊 ( 上、中、下 )
16      regist_div_top = tk.Frame(regist_div_container, width=500,
            height=100, bg='#262626')
17      regist_div_medium = tk.Frame(regist_div_container, width=500,
            height=238, bg='Ivory')
18      regist_div_bottom = tk.Frame(regist_div_container, width=500,
            height=10, bg='#262626')
19      regist_div_top.grid(row=0, column=0)
20      regist_div_medium.grid(row=1, column=0)
21      regist_div_bottom.grid(row=2,column=0)
22
23      # 添加標籤
24      regist_L1=tk.Label(regist_div_top,text=' 註冊 ',bg='#262626',
            fg='# FFFFFF',font=(' 標楷體 ',20))
25      regist_L1.grid(row=0, column=0, ipadx=219, ipady=10)
26      regist_UI.mainloop()
```

【程式說明】

◆ 1：定義函式名稱為 registered()

◆ 2：設為全域變數

◆ 4：關閉登入介面

◆ 6：宣告視窗名稱為「regist_UI」

◆ 7：設定視窗大小

◆ 8：設定標題列名稱

◆ 9：設定背景顏色

◆ 12：產生一個區塊 regist_div_container 設定長寬及顏色，並使用「high-lightbackground="black", highlightthickness=1」將邊框設為黑色且寬度為 1

◆ 13：將放置在視窗正中央，「padx=250, pady=126」代表的則是距離左邊為 250、距離上面為 126

◆ 16：產生一個區塊 regist_div_top 設定長寬及顏色

◆ 17：產生一個區塊 regist_div_medium 設定長寬及顏色

◆ 18：產生一個區塊 regist_div_bottom 設定長寬及顏色

◆ 19-21：將三個區塊依序放置在中間的區塊內

◆ 24-25：添加一個標籤 regist_L1，設定顯示文字、顏色、背景及字型大小，並將其放上

◆ 26：讓視窗持續運作

【執行結果】

3. 放上圖片、文字框和按鈕

接著我們要添加放上圖片、文字框和按鈕，下列程式碼需添加至 registered() 函式中，且放在 regist_UI.mainloop() 這行前面。

【範例程式碼】

```
1   # 添加圖片
2   regist_im = Image.open("img/user.png")
3   regist_img = regist_im.resize((20, 20), Image.ANTIALIAS) # 調整大小
4   regist_img = ImageTk.PhotoImage(regist_img)
5   regist_imLabel1=tk.Label(regist_UI,image=regist_img,bg='Ivory').
       place(x=366,y=222)
6   regist_im2 = Image.open("img/padlock.png")
7   regist_img2 = regist_im2.resize((20, 20), Image.ANTIALIAS) # 調整大小
8   regist_img2 = ImageTk.PhotoImage(regist_img2)
9   regist_imLabel2=tk.Label(regist_UI,image=regist_img2,bg='Ivory').
       place(x=366,y=282)
10
11  # 添加文字框
12  regist_textbox1=tk.Text(regist_UI,show=None,width=20,height=1,font=
       ('標楷體', 15))
13  regist_textbox1.place(x=406,y=222)
```

```
14  regist_textbox2=tk.Text(regist_UI,show=None,width=20,height=1,font=
       ('標楷體', 15))
15  regist_textbox2.place(x=406,y=282)
16
17  # 添加按鈕
18  regist_btn=tk.Button(regist_UI,text='註冊並生成AES key',bg='#adcde5',
       activebackground='#e7f0f7',font=('標楷體',12),width=24,relief=
       'groove')
19  regist_btn.place(x=406,y=342)
20  regist_log_out_btn=tk.Button(regist_UI,text='返回',bg='#f7ebb5',
       activebackground='#fcf7e3',font=('標楷體',12),width=9,relief=
       'groove')
21  regist_log_out_btn.place(x=665,y=185)
```

【程式說明】

- ◆ 2：設定圖片路徑

- ◆ 3：調整圖片大小

- ◆ 4：將原始圖片轉換為 tkinter 圖片物件，才不會報錯

- ◆ 5：將圖片使用標籤的方式顯示出來，並更改背景顏色

- ◆ 6：設定圖片路徑

- ◆ 7：調整圖片大小

- ◆ 8：將原始圖片轉換為 tkinter 圖片物件，才不會報錯

- ◆ 9：將圖片使用標籤的方式顯示出來，並更改背景顏色

- ◆ 12：添加一個文字框，並調整寬度、高度、字體、字型大小

- ◆ 13：將文字框放上

- ◆ 14：添加一個文字框，並調整寬度、高度、字體、字型大小

- ◆ 15：將文字框放上

- ◆ 18：添加一個按鈕「註冊並生成 AES key」，並調整按鈕款式、背景顏色、字體、字型大小

- ◆ 19：將按鈕放上
- ◆ 20：添加一個按鈕「返回」，並調整按鈕款式、背景顏色、字體、字型大小
- ◆ 21：將按鈕放上

【執行結果】

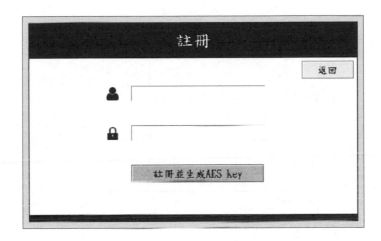

4. 添加按下「註冊並生成 AES key」按鈕所執行的功能

接著我們要在「註冊並生成 AESkey」的按鈕上添加功能，首先我們需要修改 registered() 函式中的 regist_btn 設定，使得 regist_btn 在按下時會執行 regist_Step1_Confirm() 的函式。

【範例程式碼】

```
1    regist_btn=tk.Button(regist_UI,text=' 註冊並生成 AES key',bg='#adcde5',
        activebackground='#e7f0f7',font=(' 標楷體 ',12),width=24,relief=
        'groove',command=regist_Step1_Confirm)
```

並且我們要產生一個函式 regist_Step1_Confirn()，功能為：「測試輸入的使用者是否已存在，如果不存在則註冊並生成金鑰與相關文件，另外如果帳號已存在或帳號密碼為空，則跳出錯誤提示。」

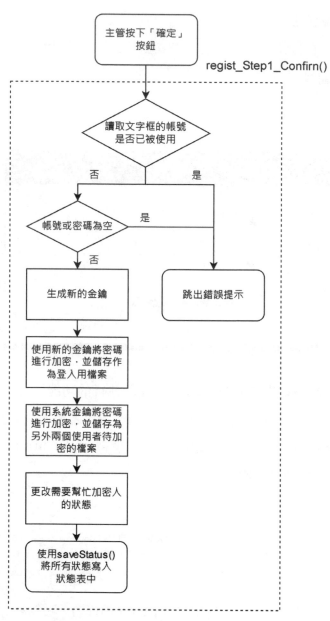

圖 3.14　regist_Step1_Confirn() 的流程圖

【範例程式碼】

```
1   def regist_Step1_Confirm():
2       regName=regist_textbox1.get('1.0','end')[:-1]
3       regPassword=regist_textbox2.get('1.0','end')[:-1]
4
5       if regName in name or regName==SUname:
6           root = tk.Tk()
7           root.withdraw()
8           messagebox.showinfo("Pop up", "名稱重複，請重新輸入")
9       elif regName=="" or regPassword=="":
10          root = tk.Tk()
11          root.withdraw()
12          messagebox.showinfo("Pop up", "帳號密碼不能為空")
13      else:
14          # 生成新 User 金鑰
15          new_key=get_random_bytes(16)
16          filename="User"+str(len(name)+1)+".pem"
17          f=open(filename,"wb")
18          f.write(new_key)
19          f.close()
20
21          #user account.txt 新建使用者
22          path="database/account_data/user account.txt"
23          f=open(path,"a")
24          print("\n"+regName,file=f,end="")
25          f.close()
26          name.append(regName)
27
28          # 加密 new user 輸入的密碼
29          cipher=AES.new(new_key,AES.MODE_EAX)
30          ciphertext,tag= cipher.encrypt_and_digest(regPassword.encode())
31
32          path="database/account_data/"+regName+".bin"
33          f=open(path,"wb")
34          for x in (cipher.nonce, tag, ciphertext):
35                  f.write(x)
36          f.close()
37
```

```
38          # 生成待加密檔案 + 更改 status
39          cipher=AES.new(syskey,AES.MODE_EAX)
40          ciphertext,tag=cipher.encrypt_and_digest(regPassword.encode())
41          for i in range(2):
42              # 生成待加密
43              path="database/waitForEncrypt/"+str(name[len(name)-1])+
                    "-"+str(name[len(name)-(i+1)-1])+".bin"
44              f=open(path,"wb")
45              for j in (cipher.nonce,tag,ciphertext):
46                  f.write(j)
47              f.close()
48              # 更改 status
49              user_helpUserEncrypt[len(name)-(i+2)][i]=len(name)-1
50
51          # 更改 state
52          user_helpSUdecrypt.append(-1)
53          user_helpUserEncrypt.append([-1,-1])
54          user_haveSaved.append(0)
55          user_saveList.append([0,0])
56          saveStatus()
57
58          # 顯示註冊成功
59          regist_text4=tk.Label(regist_UI,text=' 註冊成功，請保管好您的
                AES 金鑰 ',bg='#f7ebb5',font=(' 標楷體 ',12))
60          regist_text4.place(x=390,y=385)
```

【程式說明】

- 1：定義函式名稱為 regist_Step1_Confirm()

- 2：讀取註冊帳號文字框，並放進變數 regName

- 3：讀取註冊密碼文字框，並放進變數 regPassword

- 5-8：如果註冊帳號是主管帳號或使用者帳號，則跳出彈窗提示

- 9-12：如果註冊帳號號或註冊密碼為空，則跳出彈窗提示

- 15：生成金鑰

- 16-19：將金鑰寫入檔案

- 22-25：將新增的使用者寫入 useraccount.txt 中
- 26：將新增的使用者新增到 name 串列中
- 29-36：使用生成的金鑰將密碼加密，並且儲存，作為下次登入的判斷密文
- 39-40：使用系統金鑰將密碼加密，作為待加密的檔案，避免密碼以明文出現
- 41-49：對於使用者的前兩個使用者，各自生成待加密的檔案，並改他們的幫助使用者狀態
- 52-56：將這四個變數 user_helpSUdecrypt、user_helpUserEncrypt、user_haveSaved、user_saveList，添加對應的數值，並且寫入狀態表
- 59：添加標籤並調整背景顏色、字體、字型大小
- 60：將標籤放上

5. 添加按下「返回」按鈕所執行的功能

　　接著我們要在「返回」的按鈕上添加功能，首先我們需要修改 registered() 函式中的 regist_log_out_btn 設定，使得 regist_log_out_btn 在按下時會執行 Regist_log_out() 的函式。

【範例程式碼】

```
1   regist_log_out_btn=tk.Button(regist_UI,text=' 返回 ',bg='#f7ebb5',
        activebackground='#fcf7e3',font=(' 標楷體 ',12),width=9,relief=
        'groove',command=Regist_log_out)
```

　　Regist_log_out() 函式的功能是「退出註冊介面，並開啟登入介面」。

【範例程式碼】

```
1   def Regist_log_out():
2       regist_UI.destroy()
3       UI_for_sign_in()
```

【程式說明】

- ◆ 1：定義函式名稱為 Regist_log_out()
- ◆ 2：將註冊介面關閉
- ◆ 3：呼叫登入頁面

五、UI_for_User

1. 建立視窗，將頁面空間分配

在頁面分配空間上與前面方式並無差異太多，這邊快速帶過，如果不懂可以參考前面的部分。

【範例程式碼】

```
1    def UI_for_User(number):
2        global UserID
3        global userUI,User_text4,User_text5,User_text8,User_text11
4        #cipherUI 關閉
5        cipherUI.destroy()
6
7        UserID=int(number)
8        userUI=tk.Tk()
9        userUI.geometry("1000x600")
10       userUI.title(' 帳號密碼管理系統 ')
11       userUI.configure(bg='#d9dded')
12
13       # 產生 container 並且置中
14       User_div_container = tk.Frame(userUI, width=500, height=420,bg=
             'white',highlightbackground="black", highlightthickness=1)
15       User_div_container.grid(row=0, column=0, padx=250, pady=90)
16
17       # 頁面分成 3 大塊（上、中、下）
18       User_div_top = tk.Frame(User_div_container, width=500, height=100,
             bg='#262626')
19       User_div_medium = tk.Frame(User_div_container, width=500,
             height=350, bg='Ivory')
20       User_div_bottom = tk.Frame(User_div_container, width=500,
             height=10,bg='#262626')
```

```
21      User_div_top.grid(row=0, column=0)
22      User_div_medium.grid(row=1, column=0)
23      User_div_bottom.grid(row=2,  column=0)
24
25      # 添加標題
26      User_L1=tk.Label(User_div_top,text='User 操作介面 ',bg='#262626',
            fg='# FFFFFF',font=(' 標楷體 ',20))
27      User_L1.grid(row=0, column=0, ipadx=163, ipady=10)
28
29      userUI.mainloop()
```

【程式說明】

◆ 1：定義函式名稱為 UI_for_User(number)

◆ 2-3：設為全域變數

◆ 5：關閉登入介面

◆ 7：將傳進來的 number，轉為整數，並存入 UserID 中

◆ 8：宣告視窗名稱為「userUI」

◆ 9：設定視窗大小

◆ 10：設定標題列名稱

◆ 11：設定背景顏色

◆ 14：產生一個區塊 User_div_container 設定長寬及顏色，並使用「high-lightbackground="black", highlightthickness=1」將邊框設為黑色且寬度為 1

◆ 15：將放置在頁面正中央，「padx=250, pady=90」代表的則是距離左邊為 250、距離上面為 90

◆ 18：產生一個區塊 User_div_top 設定長寬及顏色

◆ 19：產生一個區塊 User_div_medium 設定長寬及顏色

◆ 20：產生一個區塊 User_div_bottom 設定長寬及顏色

◆ 21-23：將三個區塊依序放置在中間的區塊內

* 26-27：添加一個標籤 User_L1，設定顯示文字、顏色、背景及字型大小，並將其放上

* 29：讓視窗持續運作

【執行結果】

2. 顯示密碼、放上登出按鈕

接著我們要放上標籤來提示使用者，並使用文字框顯示出使用者的密碼、也在頁面中放上登出按鈕，下列程式碼需添加至 UI_for_User() 函式中，且放在 userUI.mainloop() 這行前面。

【範例程式碼】

```
1   #User 顯示密碼
2   User_text1=tk.Label(userUI,text=name[number]+' 您的密碼：', bg='Ivory',
        font=(' 標楷體 ',15))
3   User_text1.place(x=270,y=160)
4   User_textbox1=tk.Text(userUI,show=None,font=(' 標楷體 ',14),width=20,
        height=1)
```

```
5    User_textbox1.insert("insert",cipher_data)
6    User_textbox1.place(x=310,y=200)
7
8    # 添加登出按鈕
9    User_log_out_btn=tk.Button(userUI,text=' 登出 ',bg='#f7ebb5',
        activebackground='#fcf7e3',font=(' 標楷體 ',12),width=9,relief=
        'groove')
10   User_log_out_btn.place(x=660,y=151)
```

【程式說明】

- 2：添加標籤，並調整背景顏色、字體、字型大小

- 3：將標籤放上

- 4：添加一個文字框，並調整寬度、高度、字體、字型大小

- 5：將解密後的密碼添加在文字框中

- 6：將文字框放上

- 9：添加一個按鈕「登出」，並調整按鈕款式、背景顏色、字體、字型大小

- 10：將按鈕放上

【執行結果】

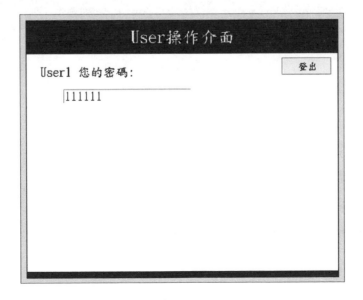

3. 如果有主管需要幫忙解密，則跳出解密按鈕

接著我們要使用 if 判斷狀態，如果有主管需要幫忙解密，則放上標籤來提示使用者，並且添加解密按鈕，下列程式碼需添加至 UI_for_User() 函式中，且放在 userUI.mainloop() 這行前面。

【範例程式碼】

```
1    #User 被主管要求幫忙解密
2    if user_helpSUdecrypt[number]>-1:
3        User_text2=tk.Label(userUI,text=' 注意！ 您的主管請求您幫忙解密:', bg=
             'Ivory',font=(' 標楷體 ',14))
4        User_text2.place(x=270,y=250)
5        User_text3=tk.Label(userUI,text=' 要解密的對象 -
             > '+name[ user_helpSUdecrypt[number]],    bg='Ivory',font=
             (' 標楷體 ',14))
6        User_text3.place(x=310,y=290)
7        User_text4=tk.Label(userUI,text=' 錯誤 AES key',  bg='Ivory',
             font=(' 標楷體 ',14),fg='red')
8        # 錯誤時才顯示
9        User_text5=tk.Label(userUI,text=' 成功解密 !', bg='Ivory',font=
             (' 標楷體 ',14),fg='red')
10       # 成功時才顯示
11       User_btn2=tk.Button(userUI,text=' 同意並載入 AES key',bg='#adcde5',
             activebackground='#e7f0f7',font=(' 標楷體 ',12),width=20,
             relief='groove')
12       User_btn2.place(x=560,y=287)
```

【程式說明】

- 2：判斷 user_helpSUdecrypt[number] 的值，如果 >-1 代表主管需要該使用者，幫忙 user_helpSUdecrypt[number] 編號的使用者解密
- 3：添加標籤，並調整背景顏色、字體、字型大小
- 4：將標籤放上
- 5：添加標籤，並調整背景顏色、字體、字型大小

- 6：將標籤放上
- 7：添加標籤，並調整背景顏色、字體、字型大小
- 9：添加標籤，並調整背景顏色、字體、字型大小
- 11：添加一個按鈕「同意並載入 AES key」，並調整按鈕款式、背景顏色、字體、字型大小
- 12：將按鈕放上

【執行結果】

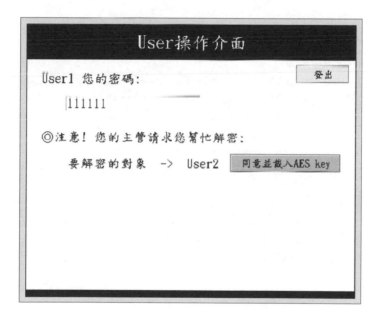

4. 如果有新註冊的使用者需要幫忙加密，則跳出加密按鈕

接著我們要使用 if 判斷狀態，如果有新註冊的使用者需要幫忙加密，則放上標籤來提示使用者，並且添加加密按鈕，下列程式碼需添加至 UI_for_User() 函式中，且放在 userUI.mainloop() 這行前面。

【範例程式碼】

```
1    #User 被其他使用者要求幫忙加密
2    if user_helpUserEncrypt[number][0]>-1 or user_helpUserEncrypt
         [number][1]>-1:
3        if user_helpUserEncrypt[number][0]>-1:
4            User_text6=tk.Label(userUI,text=' 注意！ User 請求您幫忙加密：',
                 bg='Ivory',font=(' 標楷體 ',14))
5            User_text6.place(x=270,y=330)
6            User_text7=tk.Label(userUI,text=' 要幫忙的對象 -
                 > '+name[ user_helpUserEncrypt[number][0]], bg='Ivory',
                 font=(' 標楷體 ',14))
7            User_text7.place(x=310,y=370)
8            User_text8=tk.Label(userUI,text=' 成功加密！', bg='Ivory',
                 font=(' 標 楷體 ',13),fg='red')
9            # 成功時才顯示
10           User_btn3=tk.Button(userUI,text=' 同意並載入 AES key',bg=
                 '#adcde5', activebackground='#e7f0f7',font=(' 標楷體 '
                 ,12),width=20,relief='groove')
11           User_btn3.place(x=560,y=367)
12       if user_helpUserEncrypt[number][1]>-1:
13           User_text9=tk.Label(userUI,text=' 注意！ User 請求您幫忙加密：',
                 bg='Ivory',font=(' 標楷體 ',14))
14           User_text9.place(x=270,y=410)
15           User_text10=tk.Label(userUI,text=' 要幫忙的對象 -
                 > '+name[ user_helpUserEncrypt[number][1]], bg='Ivory',
                 font=(' 標楷體 ',14))
16           User_text10.place(x=310,y=450)
17           User_text11=tk.Label(userUI,text=' 成功加密！', bg='Ivory',
                 font=(' 標 楷體 ',13),fg='red')
18           # 成功時才顯示
19           User_btn4=tk.Button(userUI,text=' 同意並載入 AES key',bg=
                 '#adcde5', activebackground='#e7f0f7',font=(' 標楷體 '
                 ,12),width=20,relief='groove')
20           User_btn4.place(x=560,y=447)
```

【 程式說明 】

- 2：判斷 user_helpUserEncrypt[number][0] 和 [1] 的值，如果其中一個 >-1 代表有新註冊的使用者需要當前操作的使用者來幫忙加密

- 3：判斷新註冊的使用者是否為該使用者的後一個使用者

- 4：添加標籤，並調整背景顏色、字體、字型大小

- 5：將標籤放上

- 6：添加標籤，並調整背景顏色、字體、字型大小

- 7：將標籤放上

- 8：添加標籤，並調整背景顏色、字體、字型大小

- 10：添加一個按鈕「同意並載入 AES key」，並調整按鈕款式、背景顏色、字體、字型大小

- 11：將按鈕放上

- 12：判斷新註冊的使用者是否為該使用者的後二個使用者

- 13：添加標籤，並調整背景顏色、字體、字型大小

- 14：將標籤放上

- 15：添加標籤，並調整背景顏色、字體、字型大小

- 16：將標籤放上

- 17：添加標籤，並調整背景顏色、字體、字型大小

- 19：添加一個按鈕「同意並載入 AES key」，並調整按鈕款式、背景顏色、字體、字型大小

- 20：將按鈕放上

【執行結果】

　　新註冊的使用者是該使用者的後一個使用者

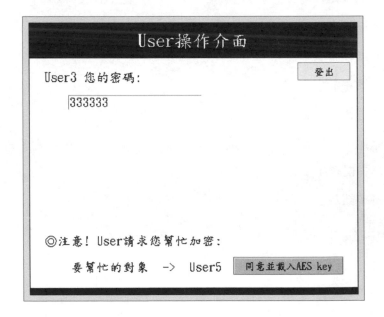

　　新註冊的使用者是該使用者的後二個使用者

5. 添加按下「登出」按鈕所執行的功能

接著我們要在「登出」的按鈕上添加「返回登入介面」的功能，首先我們需要修 UI_for_User() 函式中的 User_log_out_btn 設定，使得 User_log_out_btn 在按下時會執行 User_log_out() 的函式。

【範例程式碼】

```
1   User_log_out_btn=tk.Button(userUI,text=' 登出 ',bg='#f7ebb5',
        activebackground='#fcf7e3',font=(' 標楷體 ',12),width=9,relief=
        'groove',command=User_log_out)
```

User_log_out() 函式的功能是「退出使用者介面，並開啟登入介面」。

【範例程式碼】

```
1   def User log_out():
2       userUI.destroy()
3       UI_for_sign_in()
```

【程式說明】

- ◆ 1：定義函式名稱為 User_log_out()

- ◆ 2：將使用者介面關閉

- ◆ 3：呼叫登入負面

6. 添加幫主管解密按鈕的功能

接著我們要在「同意並載入 AES key」的按鈕上添加功能，首先我們需要修改 UI_for_User() 函式中的 User_btn2 設定，使得 User_btn2 在按下時會執行 User_helpSU_fileIn() 的函式。

【範例程式碼】

```
1   User_btn2=tk.Button(userUI,text=' 同意並載入 AES key',bg='#adcde5',
        activebackground='#e7f0f7',font=(' 標楷體 ',12),width=20,relief=
        'groove',command=User_helpSU_fileIn)
```

　　User_helpSU_fileIn() 函式的功能是「開啟使用者金鑰，並使用該金鑰解密，如果錯誤則跳出提示，相反的如果正確則在主管介面顯示被解密的使用者密碼」。

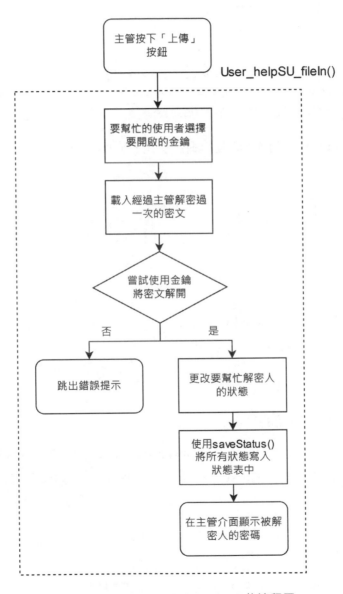

圖 3.15　User_helpSU_fileIn() 的流程圖

【範例程式碼】

```
1   def User_helpSU_fileIn():
2       # 載入金鑰
3       root = tk.Tk()
4       root.withdraw()
5       file_path=filedialog.askopenfilename()
6       f=open(file_path,"rb")
7       AESkey=f.read()
8       f.close()
9       # 載入檔案
10      file_path="database/waitForDecrypt/"+str(name[user_helpSUdecrypt
            [UserID]])+"-"+str(name[UserID])+".bin"
11      f=open(file_path,"rb")
12      data1=f.read()
13      f.close()
14      nonce=data1.split(b" ")[0]
15      tag=data1.split(b" ")[1]
16      ciphertext=data1.split(b" ")[2]
17      try:
18          # 解密
19          cipher=AES.new(AESkey,AES.MODE_EAX,nonce)
20          data=cipher.decrypt_and_verify(ciphertext,tag)
21          data=data.decode()
22          # 更新
23          os.remove(file_path)
24          user_helpSUdecrypt[UserID]=-1
25          saveStatus()
26          User_text4.place_forget()
27          User_text5.place(x=600,y=250)
28          SU_text6=tk.Label(SU_UI,text=' 密碼是 :'+data,bg='Ivory',font
                =(' 標楷體 ',13))
29          SU_text6.place(x=270,y=440)
30      except:
31          User_text4.place(x=600,y=250)
```

【程式說明】

- 1：定義函式名稱為 User_helpSU_fileIn()

- 3-6：透過這種方法，能夠使用系統功能來選取要開啟的檔案

- 7：將讀取到的金鑰，存入 AES key 變數中

- 8：關閉檔案

- 10-11：將經過主管解密後的密文開啟

- 12：將經過主管解密後的密文，存入 data1 變數中

- 13：關閉檔案

- 14-16：將經過主管解密後的密文，依序拆成 nonce、tag、ciphertext

- 17-21：嘗試使用金鑰將密文解開

- 23：刪除待解密的檔案

- 24-25：更改該使用者「需要幫主管解密的狀態 =-1」，並且儲存狀態

- 26：將提示錯誤的標籤隱藏

- 27：將提示正確的標籤放上

- 28：在主管介面中添加標籤來顯示密碼，並調整標籤的背景顏色、字體、字型大小

- 29：將標籤放上

- 30-31：嘗試解密失敗的話，則將提示錯誤的標籤放上

7. 添加幫助後一個使用者加密按鈕的功能

接著我們要在「同意並載入 AES key」的按鈕上添加功能，首先我們需要修 UI_for_User() 函式中的 User_btn3 設定，使得 User_btn3 在按下時會執行 User_helpUser_fileIn0() 的函式。

【範例程式碼】

```
1    User_btn3=tk.Button(userUI,text=' 同意並載入 AES key',bg='#adcde5',
         activebackground='#e7f0f7',font=(' 標楷體 ',12),width=20,relief=
         'groove',command=User_helpUser_fileIn0)
```

User_helpUser_fileIn0() 函式的功能是「開啟使用者金鑰,並使用該金鑰加密,再使用主管公鑰進行二次加密」。

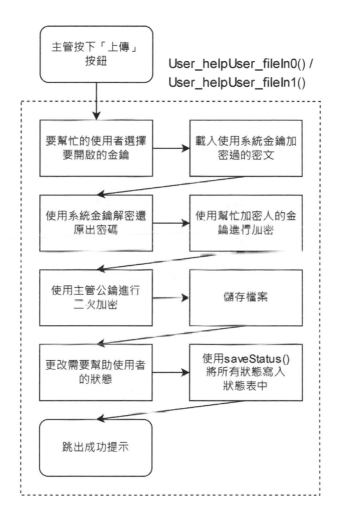

圖 3.16　User_helpUser_fileIn0() 和 User_helpUser_fileIn1() 的流程圖

【範例程式碼】

```
1   def User_helpUser_fileIn0():
2       global user_UI              ##UI global
3       # 載入檔案
```

```
4    file_path="database/waitForEncrypt/"+str(name[user_
         helpUserEncrypt[ UserID][0]])+"-"+str(name[UserID])+".bin"
5    f=open(file_path,"rb")
6    nonce,tag,ciphertext=[f.read(x) for x in (16, 16, -1)]
7    f.close()
8    os.remove(file_path)
9
10   cipher=AES.new(syskey,AES.MODE_EAX,nonce)
11   password=cipher.decrypt_and_verify(ciphertext,tag)
12
13   # 載入 AES key AES 加密
14   root = tk.Tk()
15   root.withdraw()
16   file_path=filedialog.askopenfilename()
17   f=open(file_path,"rb")
18   User_key=f.read()
19   f.close()
20
21   cipher=AES.new(User_key,AES.MODE_EAX)
22   ciphertext,tag=cipher.encrypt_and_digest(password)
23   data1=cipher.nonce+b" "+tag+b" "+ciphertext
24
25   # 載入 RSA key+RSA 加密
26   f=open("SU_publicKey.pem","rb")
27   PublicKey=f.read()
28   f.close()
29
30   RSAkey_pub=RSA.import_key(PublicKey)
31   encrypt_cipher = PKCS1_OAEP.new(RSAkey_pub)
32   data2=encrypt_cipher.encrypt(data1)
33
34   file_path="database/SU_database/"+str(name[user_
         helpUserEncrypt[ UserID][0]])+"-"+str(name[UserID])+".bin"
35   f=open(file_path,"wb")
36   f.write(data2)
37   f.close()
38
39   # 變更 status
40   user_saveList[user_helpUserEncrypt[UserID][0]][0]=1
```

```
41        user_helpUserEncrypt[UserID][0]=-1
42        saveStatus()
43
44        # 顯示成功
45        User_text8.place(x=600,y=330)
```

【程式說明】

- 1：定義函式名稱為 User_helpUser_fileIn0()

- 2：設定全域變數

- 4-5：開啟等待使用者加密的密文

- 6：將待使用者加密的密文，依序拆成 nonce、tag、ciphertext

- 7：關閉檔案

- 8：刪除等待使用者加密的檔案

- 10：使用系統金鑰將待使用者加密的密文，解密為原始密碼

- 13：關閉檔案

- 14-17：透過這種方法，能夠使用系統功能來選取要開啟的檔案

- 18：將讀取到的金鑰，存入 User_key 變數中

- 19：關閉檔案

- 21-23：使用該使用者的金鑰，將原始密碼進行一次加密

- 26-27：開啟主管公鑰

- 28：關閉檔案

- 30-32：使用主管公鑰，將已經進行加密一次的密文，進行二次加密

- 34-36：將已經加密兩次的密文，使用「需要幫忙加密使用者名稱 - 該使用者名稱」命名檔案，並寫入 SU_database 的資料夾

- 37：關閉檔案

- 40-42：更改該使用者「已加密的檔案列表 =1、是否要幫其他 User 加密的狀態 =-1」，並且儲存狀態

- 45：將提示成功的標籤放上

8. 添加幫助後二個使用者加密按鈕的功能

接著我們要在「同意並載入 AES key」的按鈕上添加功能，首先我們需要修 UI_for_User() 函式中的 User_btn4 設定，使得 User_btn4 在按下時會執行 User_helpUser_fileIn1 的函式。

【範例程式碼】

```
1   User_btn4=tk.Button(userUI,text=' 同意並載入 AES key',bg='#adcde5',
        activebackground='#e7f0f7',font=(' 標楷體 ',12),width=20,relief=
        'groove',command=User_helpUser_fileIn1)
```

User_helpUser_fileIn1() 函式的功能是「開啟使用者金鑰，並使用該金鑰加密，再使用主管金鑰進行二次加密」，函式流程圖可以參考圖 3.16。

【範例程式碼】

```
1   def User_helpUser_fileIn1():
2       global user_UI  ##UI global
3       # 載入檔案
4       file_path="database/waitForEncrypt/"+str(name[user_helpUserEncrypt
            [UserID][1]])+"-"+str(name[UserID])+".bin"
5       f=open(file_path,"rb")
6       nonce,tag,ciphertext=[f.read(x) for x in (16, 16, -1)]
7       f.close()
8       os.remove(file_path)
9
10      cipher=AES.new(syskey,AES.MODE_EAX,nonce)
11      password=cipher.decrypt_and_verify(ciphertext,tag)
12
13      # 載入 AES key+AES 加密
14      root = tk.Tk()
15      root.withdraw()
```

```
16    file_path=filedialog.askopenfilename()
17    f=open(file_path,"rb")
18    User_key=f.read()
19    f.close()
20
21    cipher=AES.new(User_key,AES.MODE_EAX)
22    ciphertext,tag=cipher.encrypt_and_digest(password)
23    data1=cipher.nonce+b" "+tag+b" "+ciphertext
24
25    # 載入 RSA key|RSA 加密
26    f=open("SU_publicKey.pem","rb")
27    PublicKey=f.read()
28    f.close()
29
30    RSAkey_pub=RSA.import_key(PublicKey)
31    encrypt_cipher = PKCS1_OAEP.new(RSAkey_pub)
32    data2=encrypt_cipher.encrypt(data1)
33
34    file_path="database/SU_database/"+str(name[user_helpUserEncrypt
          [UserID][1]])+"-"+str(name[UserID])+".bin"
35    f=open(file_path,"wb")
36    f.write(data2)
37    f.close()
38
39    # 變更 status
40    user_saveList[user_helpUserEncrypt[UserID][1]][1]=1
41    user_helpUserEncrypt[UserID][1]=-1
42    saveStatus()
43
44    # 顯示成功
45    User_text11.place(x=600,y=410)
```

【程式說明】

- 1：定義函式名稱為 User_helpUser_fileIn1()

- 2：設定全域變數

- 4-5：開啟等待使用者加密的密文

- 6：將待使用者加密的密文，依序拆成 nonce、tag、ciphertext

- 7：關閉檔案

- 8：刪除待使用者加密的檔案

- 10：使用系統金鑰將待使用者加密的密文，解密為原始密碼

- 13：關閉檔案

- 14-17：透過這種方法，能夠使用系統功能來選取要開啟的檔案

- 18：將讀取到的金鑰，存入 User_key 變數中

- 19：關閉檔案

- 21-23：使用該使用者的金鑰，將原始密碼進行一次加密

- 26-27：開啟主管公鑰

- 28：關閉檔案

- 30-32：使用主管公鑰，將已經進行加密一次的密文，進行二次加密

- 34-36：將已經加密兩次的密文，使用「需要幫忙加密使用者名稱 - 該使用者名稱」命名檔案，並寫入 SU_database 的資料夾

- 37：關閉檔案

- 40-42：更改該使用者「已加密的檔案列表 =1、是否要幫其他 User 加密的狀態 =-1」，並且儲存狀態

- 45：將提示成功的標籤放上

04

使用 Python 的 Crypto、Tkinter 與 Django 套件實作密碼管理專題

第四章會利用第三章做出來的密碼管理系統的雛形，來實際使用 web 應用框架 Django 把系統架到網路上。

4.1 介紹 Django

4.1.1 基本的 Django 介紹 – 理論基礎

在讀 CH4 之前，希望讀者已經掌握前面幾章所學，並且有基本 html 語法的認識。

首先我們要先對網頁的運作有最基礎的了解，具體示意圖如下：

request

reply

使用者　　　　　　　　　　　**伺服器**

圖 4.1　網頁運作示意圖

在上圖中，左邊圖示代表使用者，右邊代表網頁伺服器，在使用者造訪網頁的時候，本質上就是**使用者向目標 web server 發出請求的動作**，而 web server 會回應使用者的請求，回傳 html 頁面或是其他使用者請求的東西（例如：圖片、檔案等等）。

站在使用者的角度來看的話，瀏覽器上看到的網站頁面可以理解為網站前台，前台提供了可以跟使用者互動的介面，而這個介面勢必需要一個後臺，協助前台處理資料儲存、運算等功能，Django 就是扮演了這個後台的角色。實務上來說，後臺實現的一些功能，列舉如下：

- 定義與使用者互動的介面（html 頁面）。
- 程式碼對使用者的輸入做出相對應的處理。
- 有一個 database 來保存資料。

Django 使用了所謂的 MTV（Model-Template-Views）架構，這三個就分別實現了上述後臺應該需要實現的功能：

- template 是一個存放 html 檔的資料夾，裡面儲存所有設計好的 html 檔。
- views 是實際上編寫程式的地方，包括針對資料庫的讀寫，分析、計算、回傳資料等等。
- model 可以根據自己的需求定義 database。

4.1.2　基本的 Django 介紹 – 範例

Tips 4.1　MTV 架構整理

- *template*：儲存使用者看到的 *html* 頁面
- *views*：實際程式碼的位置
- *model*：定義了後台資料庫的格式

前一小節討論了關於 MTV 架構的理論基礎，現在不妨舉一個最簡單的範例，假設我們想要架設一個網站，讓使用者輸入身高體重，輸入之後可以顯示計算過後的 BMI 結果，並且在資料庫記錄每筆計算的紀錄，那在 Django 的 MTV 架構分工下，其運作過程如下：

1. template：基本的 html 頁面，裡面應有 <form> 標籤可以讓使用者輸入身高體重。
2. views：根據使用者輸入，計算 BMI 並回傳，同時在 database 新增紀錄。
3. model：定義資料表的格式，儲存資料。

為了之後可以使用 Django 實現密碼管理系統，接下來我們會實際操作這個範例，藉由簡單的範例，讓讀者熟悉 Django 的設計操作之後，對於實作密碼管理系統就會比較容易了。

Tips 4.1 關於詳細的技術文件

如果想更加了解 *Django*，可以去 *Django* 的官網查看其詳細資料：

https://www.djangoproject.com/

4.2 實作 Django

4.2.1 前置作業

筆者非常推薦 Pycharm 編輯器，實際上 Django 是複雜的 python project，不僅環境設定要正確，建置資料夾時也必須確保目錄正確。而透過 Pycharm 編輯器，編輯器會**自動建立好虛擬環境並且建立所需資料**，對於初學者初學會非常的方便。

Tips 4.2 注意！

接下來示範皆使用 *Pycharm*，請務必下載專業版！下載連結：

https://www.jetbrains.com/pycharm/download/#section=windows

首先在 Pycharm 開一個新的 Django 專案，圖 4-2 紅框處可以選擇專案擺放路徑、藍框處則是虛擬環境的路徑（通常藍框處預設即可），在範例中 project 的名稱為 example1。

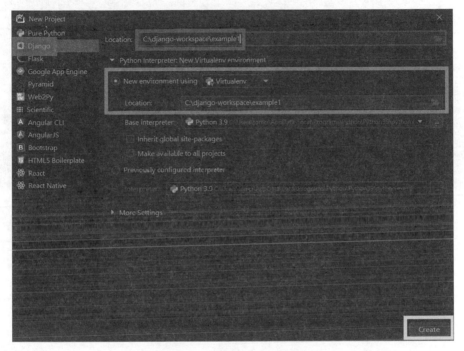

圖 4.2　新建 Django 專案

點擊建立後請耐心等待 Pycharm 把 Django 專案建置完成，這需要一段時間。完成後應該會出現圖 4-3 的介面，代表專案建置完成。這時候可以點擊紅框的按鈕（debug）進行測試。

執行後在瀏覽器造訪 http://127.0.0.1:8000/，執行成功如下：

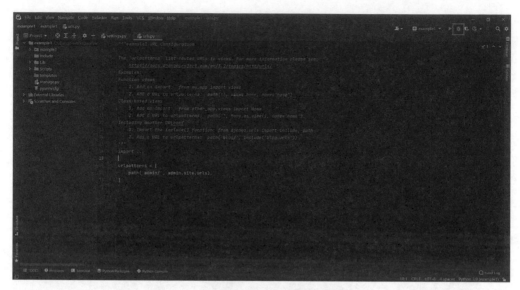

圖 4.3　IDLE 頁面

圖 4.4　執行結果

在撰寫專案之前，**認識 project 內檔案的結構非常重要**。圖 4.5 中表示了 project 的內部結構，在 project 資料夾（橘色線）下，會有一個跟 project 名稱一模一樣的資料夾（紅色線），以及一個 manage.py（綠色線）。

- **橘色線**：project 底層資料夾

- **紅色線**：存放跟 project 相關設定的 py 檔

- **綠色線**：可以藉由下指令管理 project 的 py 檔

Tips 4.3 關於認識、學習 Django 專案

接下來的實作過程中，寫程式碼的過程特別的注意在那個地方寫了甚麼程式，理解程式有哪些功能，非常的有助於理解 *Django* 的架構。

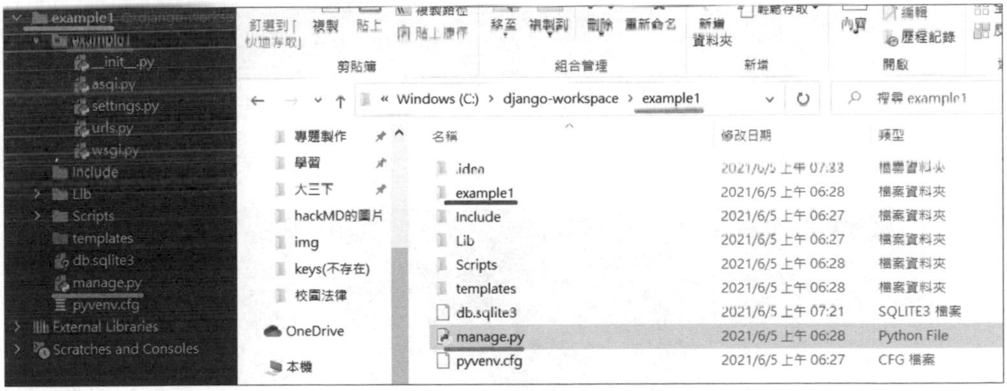

圖 4.5 project 資料夾結構

目前 project 資料夾結構大致如圖 4-6（只列出重要檔案）：

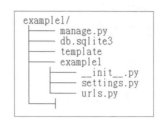

```
example1/
├── manage.py
├── db.sqlite3
├── template
├── example1
│   ├── __init__.py
│   ├── settings.py
│   └── urls.py
```

圖 4.6　Django project 資料夾結構圖

4.2.2　新建 app

STEP 1 〉Django 專案的功能由一個個 app 區分組成。如圖 4.7 所示，在 terminal 輸入以下指令：

```
>>>python manage.py startapp BMI
```

執行後會發現 project 資料夾下會多出一個資料夾，名稱為剛剛建立的 app 名，如圖 4.8 所示。

圖 4.7　建立 app

圖 4.8　建立 app 成功

STEP 2 〉新建 app 後，必須把 app 加入設定檔。在 example1 資料夾內找到 setting.py，如圖 4.9 所示在 INSTALLED_APPS 陣列內加入剛剛新增的 app 名。

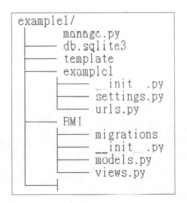

圖 4.9　把 app 加入設定檔

最後檢查一下 project 的資料夾結構，結構大致如下（只列出重要檔案）：

```
example1/
 ├───── manage.py
 ├───── db.sqlite3
 ├───── template
 ├───── example1
 │       ├───── __init__.py
 │       ├───── settings.py
 │       └───── urls.py
 └──── BMI
         ├───── migrations
         ├───── __init__.py
         ├───── models.py
         └───── views.py
```

圖 4.10　Django project 資料夾結構圖

Hint 4.1　app

1. 在 *Django progect* 內，*app* 的作用是區分功能，一個功能基本上就是一個 *app*。

2. 建立 *app* 會改變資料結構，記得稍微觀察研究一下。

4.2.3　template & views & URL

建立好 app 之後要在 app 內用程式碼實作想要實現的功能。

STEP 1 〉首先在 template 資料夾內新建一個 html 檔，檔名在範例中命名為 test123.html。在新建的 html 檔撰寫以下程式：

```
1   <!DOCTYPE html>
2   <html lang="en">
3   <head>
4       <meta charset="UTF-8">
5       <title>Title</title>
6   </head>
7   <body>
8       我是變數 1:{{ var1 }} <br>
9       我是變數 2:{{ var2 }}
10  </body>
11  </html>
```

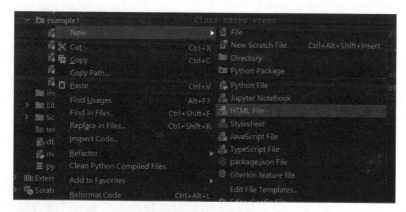

圖 4.11　新建 html 檔

【程式說明】

- 08-09：在 Django 內的 template 中，雙大括號可以理解為變數，之後會在程式碼的地方控制並寫入變數的值。

STEP 2 設計了 html 頁面的外觀後，就可以使用程式控制 html 頁面，操縱 html 檔內定義變數的值。打開 BMI 資料夾內的 views.py，撰寫以下程式碼：

```
1    from django.shortcuts import render
2
3    # Create  your  views  here.
4    def test1(request):
5        return_data = {}
6
7        return_data['var1'] = 'Hello world'
8        return_data['var2'] = 'World hello'
9
10       return render(request, 'test123.html', return_data)
```

【程式說明】

* 07 00：在剛剛 html 檔的雙大括號，就是在這裡藉由程式來控制變數的值。

* 10：render() 作用為版面渲染，會回傳一個 html 頁面，然後 return 頁面給使用者。

Django 版面渲染

在這裡介紹一個動態生成 html 頁面一個很重要的觀念：版面渲染。因為網頁頁面的內容不會一成不變，通常根據使用者的情況、時間的不同，或是任何使用上的需求，每次頁面顯示的內容會不盡相同。例如現在正在實作的 BMI 計算機，因為每次的計算結果會不一樣，所以必須要有一個動態寫入計算結果到 html 頁面上的方法來顯示計算結果。

上述程式碼第 10 行的 render 函式，意思就是渲染頁面。render 第一個參數要放使用者的 request，也就是程式碼第 4 行中傳入的 request；第二個參數要放 template 中的 html 檔名；第三個參數是一個字典，根據在 html 檔內定義的變數，帶入想要回傳的變數值。

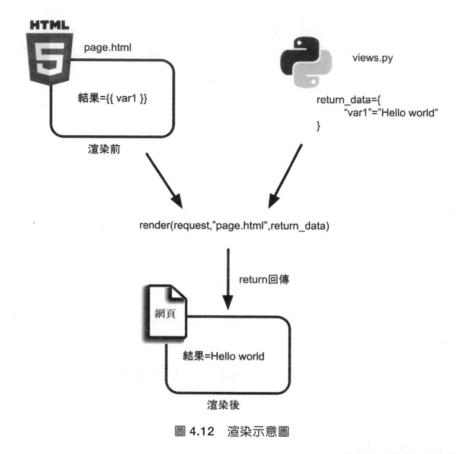

圖 4.12　渲染示意圖

　　實作上來説，建議先完成 template 中的 html 頁面，在頁面中需要動態顯示的部分，就使用雙括號寫入變數名稱，代表動態顯示的內容。然後在程式碼（views）中，建立一個字典，key 的部分代表 html 動態顯示位置的變數名，value 則是用程式碼控制想要動態顯示的內容，再使用 render 函式，把 html 和字典擺進去，就可以把畫面渲染完成了。

STEP 3 〉打開 urls.py 把剛剛定義的程式引用進來，並且定義 path：

```
1    from django.contrib import admin
2    from django.urls import path
3    from BMI.views import test1
4
```

```
5   urlpatterns = [
6       path('admin/', admin.site.urls),
7       path('path1/', test1),
8   ]
```

【程式說明】

* 3：把剛剛在 views.py 撰寫的 function 引用進來。

* 7：定義了一個 url path（路徑），代表使用者造訪路徑 path1 時就執行程式 test1。

完成以上三個步驟後就可以正常顯示一個網路頁面了。點擊 debug 執行後，打開瀏覽器造訪 http://127.0.0.1:8000/path1/，可以看到執行結果如下：

圖 4.13　執行結果

Tips 4.4　觀念澄清

在造訪 *http://127.0.0.1:8000/path1/* 時，就代表著使用者向 *server* 提出要求，當 *server* 接受到要求時，首先程式根據使用者造訪的 *url* 去 urls.py 裡面查詢，發現到 *'path1/'* 路徑定義給程式 *test1*，所以 *server* 就會去執行程式 *test1*。

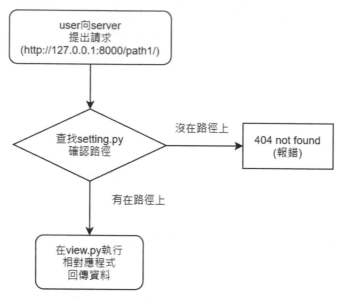

圖 4.14　使用者要求頁面時的流程圖

4.2.4　model

　　model 在 Django 扮演 database 的角色，因為接下來牽扯 db 讀寫的操作，所以在實作之前，筆者推薦使用 DB browser 來輔助查看資料表，會更加的方便查看資料庫內容。DB browser 下載網址如下：https://sqlitebrowser.org/。

　　實際上資料庫可以視為一個 excel 表格，在表格裡面可以儲存任何想要儲存的資料。但是在 db 中，新建一個表必須定義欄位的名稱、資料型態等等，所以下面程式碼的作用就是定義好資料表的資料結構。程式碼寫在 models.py，這樣就代表著定義了資料庫的格式：

```
1    from django.db import models
2
3    #  Create your models here.
4    class people(models.Model):
```

```
5        # data
6        name = models.TextField(default='Name')
7        weight = models.FloatField(default=0.0)
8        tall = models.DecimalField(max_digits=3, decimal_places=0, default=0)
9        # timestamp
10       last_modify_date = models.DateTimeField(auto_now=True)
11       created = models.DateTimeField(auto_now_add=True)
```

【程式說明】

* 4-11：定義了一個叫做 people 的資料表，裡面有 name、weight、talllast_modify_date、created 五種資料，每筆資料都有其對應的資料型態。

* 10：在使用 database 時，通常會習慣留下時間記錄戳記，其中 auto_now=True 代表只要有修改該筆資料時，自動記錄當下的修改時間；而 auto_now_add=True 代表記錄下新增該筆資料時的時間。

使用程式碼定義好資料表的資料結構後，接下來的操作目的是讓資料表生效。在 terminal 內依序打入下列程式碼：

```
>>>python manage.py makemigrations
```

```
(example1) C:\django-workspace\example1>python manage.py makemigrations
Migrations for 'BMI':
  BMI\migrations\0001_initial.py
    - Create model people

(example1) C:\django-workspace\example1>
```

圖 4.15　執行結果

```
>>>python manage.py migrate
```

Hint 4.2 觀念釐清

- *makemigrations*：執行後會建立一個紀錄檔，記錄更新了資料表上的哪些欄位。
- *migrate*：根據 *makemigration* 建立的檔案，去更新 *database*。
- 實作上只需記得只要每次在 *models.py* 新加入或刪除欄位後，都要輸入 *makemigrations* 還有 *migrate*，更新 *database* 的狀態即可。

做到此步後 database 就已經建好囉！這時就可以打開剛剛下載的 dbbrowser 來檢視剛剛建立好的資料庫。

選擇在 project 資料夾內的 db.sqlite3，就可以看到剛剛新建的資料表了。

```
(example1) C:\django-workspace\example1>python manage.py migrate
Operations to perform:
  Apply all migrations: BMI, admin, auth, contenttypes, sessions
Running migrations:
  Applying BMI.0001_initial... OK
  Applying contenttypes.0001_initial... OK
  Applying auth.0001_initial... OK
  Applying admin.0001_initial... OK
  Applying admin.0002_logentry_remove_auto_add... OK
  Applying admin.0003_logentry_add_action_flag_choices... OK
  Applying contenttypes.0002_remove_content_type_name... OK
  Applying auth.0002_alter_permission_name_max_length... OK
  Applying auth.0003_alter_user_email_max_length... OK
  Applying auth.0004_alter_user_username_opts... OK
  Applying auth.0005_alter_user_last_login_null... OK
  Applying auth.0006_require_contenttypes_0002... OK
  Applying auth.0007_alter_validators_add_error_messages... OK
  Applying auth.0008_alter_user_username_max_length... OK
  Applying auth.0009_alter_user_last_name_max_length... OK
  Applying auth.0010_alter_group_name_max_length... OK
  Applying auth.0011_update_proxy_permissions... OK
  Applying auth.0012_alter_user_first_name_max_length... OK
  Applying sessions.0001_initial... OK
```

圖 4.16　執行結果

圖 4.17 選取資料庫檔　　　　　　　圖 4.18 選取資料表

定義好 db 後，就可以對 db 進行讀寫的操作。初學 database 的讀寫時 IPython 是個很好用的套件。IPython 是強化版的 Python 互動式命令列介面，相比原版的命令介面增加了一些強化功能，例如 tab 鍵可以補齊未輸入完的指令等等。

在 terminal 內輸入以下指令：

```
>>>pip install ipython[terminal]
```

等待安裝完後，使用 shell 指令，進入 Django Shell：

```
>>>python manage.py shell
```

termanal 出現以下畫面就代表成功囉！

```
Python 3.9.1 (tags/v3.9.1:1e5d33e, Dec  7 2020, 17:08:21) [MSC v.1927 64 bit (AMD64)]
Type 'copyright', 'credits' or 'license' for more information
IPython 7.25.0 -- An enhanced Interactive Python. Type '?' for help.

In [1]:
```

圖 4.19 ipython 下的 Django shell

有關 db 讀寫的程式碼是使用 Django QuerySet API 與資料庫進行互動（CRUD）。CRUD 指的是，Create（新增）、Read（讀取）、Update（修改）、Delete（刪除）。

進行資料庫互動時，首先先把資料庫引用進來，在 shell 輸入以下指令：

```
>>>from BMI.models import people
```

Create

新增資料的方法如下列指令，輸入指令 enter 後就可以到 db browser 刷新查看剛新建好的資料囉！

```
>>>people.objects.create(name="Tom",weight=51.5,tall=172)
```

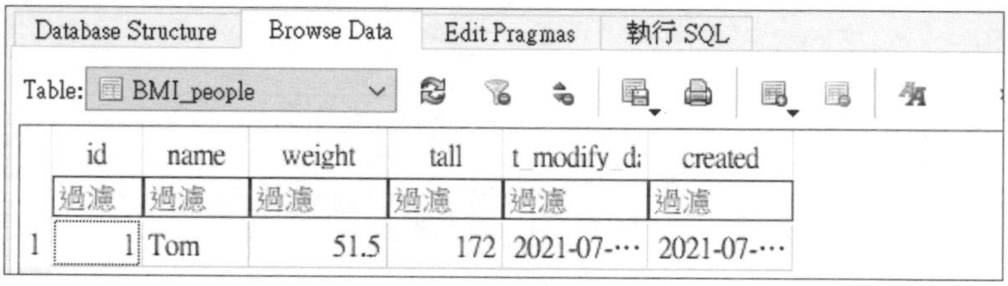

圖 4.20　新增資料結果

繼續多新建幾筆資料：

```
>>>people.objects.create(name="Mars",weight=73,tall=178)
>>>people.objects.create(name="April",weight=51.5,tall=163)
```

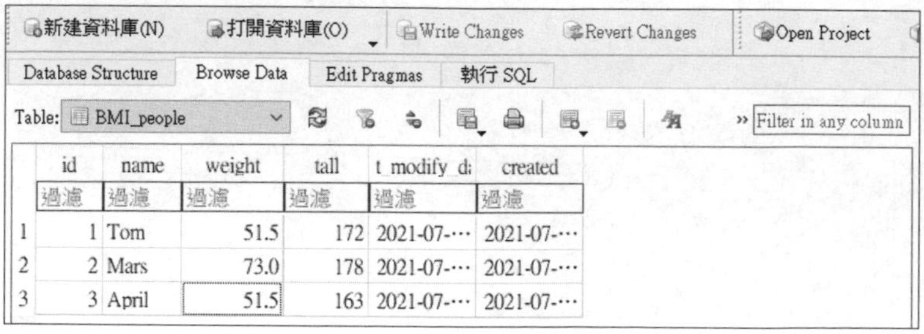

圖 4.21　新增多筆資料

Read

新建完資料後,我們可以針對資料庫已存在的資料進行選取。選取資料庫內所有資料可以使用 all():

```
>>>people.objects.all()
<QuerySet [<people:people object(1)>,<people:people object(2)>,
<people:people object(3)>]>
```

如果想要篩選資料時,可以使用 filter() 和 get():

```
>>>people.objects.get(name='Tom')
<people: people object(1)>
>>>people.objects.filter(weight=51.5)
<QuerySet [<people: people object(1)>, <people: people object(3)>]>
```

Hint 4.3 get filter 使用時機

- *filter*:回傳多個符合條件者。
- *get*:回傳符合條件的唯一一筆資料(須注意篩選結果若為空或並非唯一,程式會報錯)。

Update

當想要修改 database 內的資料時,必須使用 read 選取想修改的資料後,再針對選中的資料進行更新。

1. 使用 filter() 方法選取想要修改的資料的話,方法如下:

```
>>>data = people.objects.filter(weight=51.5)
>>>print(data)
<QuerySet [<people: people object(1)>, <people: people object(3)>]>

>>>print(data[0])
```

```
people object(1)

>>>print(data[0].name)
Mars
```

Tips 4.5　資料型態釐清

上述程式碼中，變數 *data* 的資料型態可以理解成一個陣列，內存了兩個 *people* 物件，由此可知 *data[0]* 就是一個 *people* 物件，而 *data[0].name* 就是對 *people* 物件使用 *name* 方法取出資料。

選取好資料後，就可以針對選中的資料進行更新：

```
>>>data.update(weight=60)
```

刷新 db browser，就可以發現剛剛被選中的兩筆資料都被更新了。

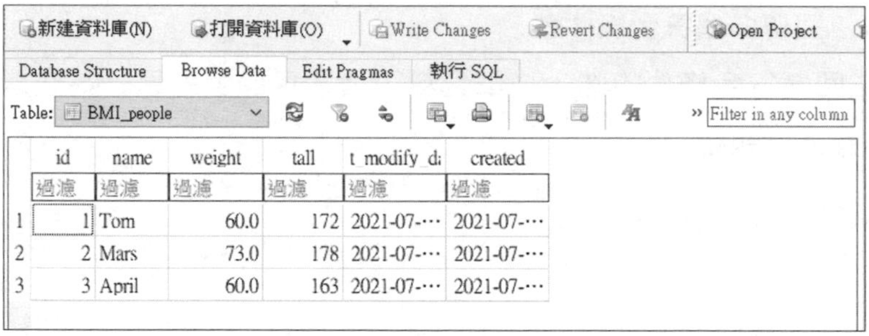

圖 4.22　更改後的資料庫

2.　使用 get() 方法選取修改的資料，方法如下：

```
>>>data = people.objects.get(name='Mars')
>>>data.tall = 188
>>>data.save()
```

一樣刷新 db browser，就會看到資料被更新了。

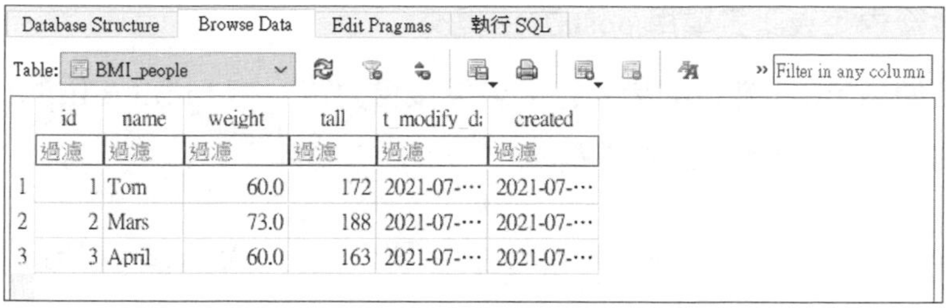

圖 4.23　更改後的資料庫

4.2.5　功能實現

對於 db 操作比較熟悉以後，就可以把 BMI 計算機的功能加以實現！首先重新設計 html 頁面（template），在 template 資料夾內新增 BMI.html，並撰寫以下程式碼：

```
1   <html lang="en">
2   <head>
3       <meta charset="UTF-8">
4       <title>Title</title>
5   </head>
6   <body>
7       <h1>BMI 計算機 </h1>
8       <form method="post" action="">
9           {% csrf_token %}<br>
10          <label for="tall"> 請輸入身高 (cm):</label>
11          <input type="text" name="tall"><br>
12          <label for="weight"> 請輸入體重 (kg):</label>
13          <input type="text" name="weight"><br>
14          <input type="submit" value=" 確認 ">
15      </form>
16  </body>
17  </html>
```

【程式說明】

+ 8-15：一個 html 的表單，可以回傳資料與後台互動。

- ✦ 8：標籤內定義此表單用 post 方法提交。
- ✦ 9：**若使用 post 方法必帶此行**，渲染後會變成一個 hidden input，代表一個伺服器對使用者的認證標籤。

在執行按鈕下面會有一個 chrome 的小圖示，可以點擊查看 html 未渲染前的執行結果，可做為參考用：

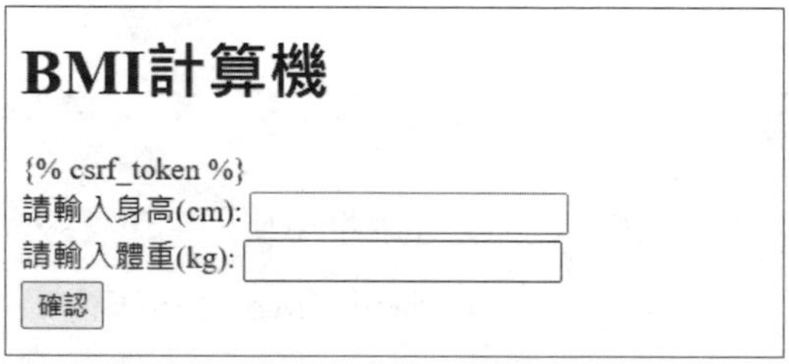

BMI計算機

{% csrf_token %}
請輸入身高(cm): [　　　　　　　　]
請輸入體重(kg): [　　　　　　　　]
[確認]

圖 4.24　渲染前 html 頁面預覽

頁面設計好後來設計程式（views）。開啟 views.py，在裡面撰寫以下程式碼：

```
1   def BMI_calcu(request):
2       return_data = {}
3
4       return render(request, 'BMI.html', return_data)
```

開啟 urls.py，把剛剛的 BMI_calcu() import 進來（第三行），並且給一個 path（第七行），程式碼如下：

```
1   from django.contrib import admin
2   from django.urls import path
3   from BMI.views import BMI_calcu
4
5   urlpatterns = [
6       path('admin/', admin.site.urls),
7       path('BMI/', BMI_calcu),
8   ]
```

　　這時可以執行查看渲染後的頁面了。跟據上述程式碼定義的路徑，造訪 http://127.0.0.1:8000/BMI/，可以看到結果如下：

圖 4.25　渲染後 html 頁面預覽

Tips 4.6　頁面渲染

其實可以在渲染後的頁面按右鍵檢視網頁原始碼，對比在 *template* 內原始的 *html* 檔就可以輕易看出渲染前後的差別了。

　　頁面成功顯示後，再來撰寫計算 BMI 的程式碼。但是在進行計算 BMI 前，首先要先了解如何讀取網頁上 form 的輸入內容，其實使用者的輸入就藏在程式碼第 1 行的 request 中，請在 BMI_calcu() 中撰寫以下程式：

```
1    def BMI_calcu(request):
2        return_data = {}
3        if request.POST:
4            print(' 身高還有體重 :')
5            print(request.POST['tall'])
6            print(request.POST['weight'])
7
8        return render(request, 'BMI.html', return_data)
```

【程式說明】

- 5-6：當使用者使用 post 方法提交表單時，request.POST 就會是一個字典，key 對應到頁面中 input 標籤的 name 屬性，value 則是使用者輸入的值。

這時在網頁輸入身高還有體重，點擊確認提交表單，就可以發現在後台有印出網頁中輸入的內容了。

圖 4.26　頁面輸入

圖 4.27　後臺輸出

了解如何讀取使用者提交的表單內容後，就可以把該資料使用程式碼計算出 BMI 了。首先釐清一下程式邏輯：瀏覽此頁面如果使用 post 方法時，代表使用者按下確認提交表單，所以就要進行 BMI 計算；那如果不是 post 就不需要做運算了。

簡單來說，使用者剛進入這個網頁時，是使用 get 方法要求頁面，在這個時候並不會有任何的計算結果需要顯示，所以就不需要顯示任何結果；若使用者進入這個頁面，並且輸入身高體重按下確認按鈕後，代表使用了 post 方法要求頁面，這個時候就必須把結果渲染到頁面上並且回傳。

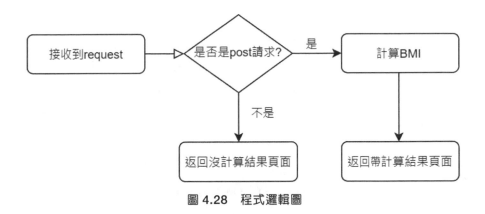

圖 4.28 程式邏輯圖

所以實作上，藉由判斷使用者是不是使用 post 方法來決定是否需要顯示計算結果。稍後的程式碼中預計把 BMI 預設為 -1，代表沒有計算任何 BMI 的過程，就不需要顯示 BMI 結果，反過來若 BMI 不為 -1 就要顯示計算的結果。依照這個邏輯修改一下 html，在 BMI.html 內加入下列語法：

```
1    {% if BMI != -1 %}
2        <p> 您的 BMI 為 :{{ BMI }}</p>
3    {% endif %}
```

【程式說明】

➠ 1、3：在 Django 中，template 可以使用判斷式來實現動態顯示頁面。Django 有一些 template 中的判斷式後續會陸續地出現，讀者務必熟悉並且牢記其語法。

views.py 中的 BMI_calcu() 也修改一下，加入計算 BMI 的程式碼：

```
1    def BMI_calcu(request):
2        return_data = {
3            "BMI": -1
4        }
5        if request.POST:
6            tall = float(request.POST['tall'])/100
7            weight = float(request.POST['weight'])
```

```
8
9          BMI = weight/(tall*tall)
10         return_data["BMI"] = BMI
11
12     return render(request, 'BMI.html', return_data)
```

【程式說明】

♦ 2-4：先定義一個 BMI 的預設值為 -1，跟著剛剛 BMI.html 內新加入的程式
碼做配合，只有在 BMI 不等於 -1 時頁面才會顯示計算結果。

做到此一個完整的計算 BMI 網頁就完成囉！可以自行測試執行的結果。

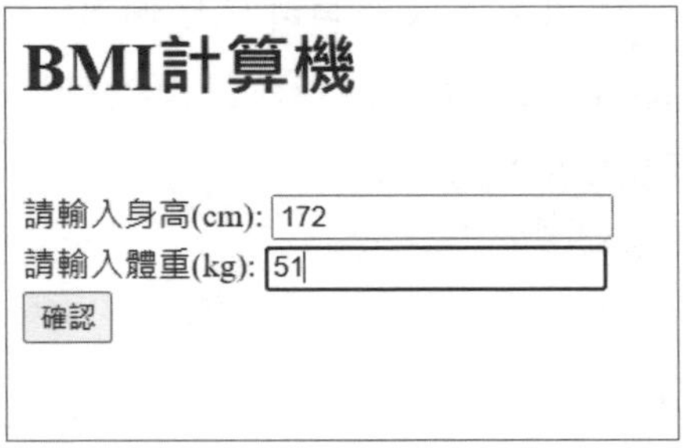

圖 4.29　成果展示 　　　　　　　　圖 4.30　成果展示

4.3 Django 實作密碼管理系統 – 登入頁面

上一個章節利用 BMI 計算機為範例，初步的了解如何使用 Django 設計網
頁，現在就可以利用前一小節介紹的技巧，著手設計第三章提到的密碼管理系
統了。如果忘記密碼管理系統機制如何運作的話，可以回去參考之前的章節。

首先創建一個新的 Django project，取名為 Cipher_system，並且根據
4.2.2 介紹的步驟，使用指令新建一個 app，名稱叫做 Cipher_app，然後在
setting 內把這個 app 加入設定檔。

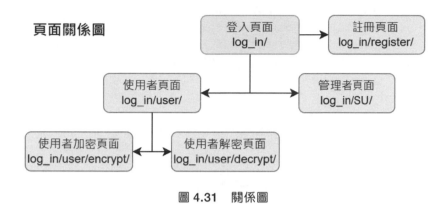

圖 4.31　關係圖

密碼管理系統的頁面關係如上圖所示，每一個方框下標英文代表該頁面的 url 網址（實作過程中會在 urls.py 中設定），接下來會從最剛開始的登入頁面開始設計。

4.3.1　template

本書旨在程式設計，並非 html 美編，所以示範中 html 頁面都以只呈現**輸出結果為主**，基本上讀者可以根據自己喜好美編 html 頁面，但是在頁面中 form 標籤的屬性務必與示範中相同，才不會影響到後續的程式設計。

在 template 資料夾新增一個 log_in.html，簡單的設計一個登入頁面，可以提供使用者輸入帳號、AES key 和註冊按鈕，頁面的 html 程式碼如下：

```
1   <!DOCTYPE html>
2   <html lang="en">
3   <head>
4       <meta charset="UTF-8">
5       <title>log_in</title>
6   </head>
7   <body>
8       <h1>帳號登入系統 </h1>
9       <form action="" method="post" enctype="multipart/form-data">
10          {% csrf_token %}
```

```
11          <label for="account">帳號:</label>
12          <input type="text" name="account"><br>
13          <label for="AES_key">AES key:</label>
14          <input type="file" name="AES_key"><br>
15          <input type="submit">
16      </form>
17      <form action="register/">
18          <input type="submit">
19      </form><br>
20      {{ error }}
21  </body>
22  </html>
```

【程式說明】

♦ 9-15：一表單提交使用者輸入的帳號、AES key。

♦ 9：因為表單中第 14 行的 input 標籤，讓使用者提交一個檔案資料，需要 enctype="multipart/form-data" 確保檔案傳輸正確。

♦ 10：使用 post 方法提交表單必帶此行。

♦ 17-19：註冊按鈕，會導向到註冊頁面。

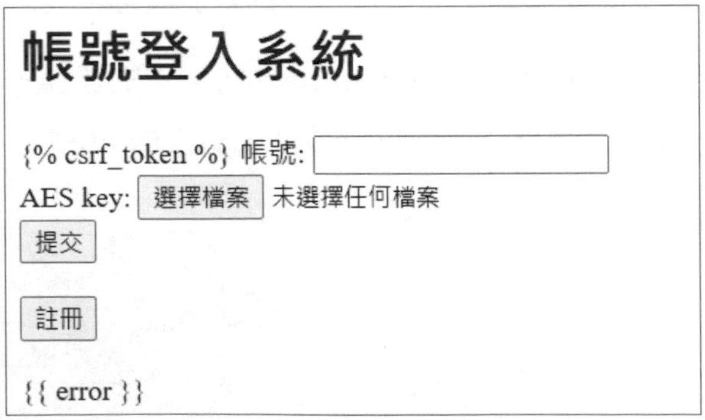

圖 4.32 渲染前的預覽結果

4.3.2 model

密碼系統中必須儲存使用者和管理者的資料，所以接下來設計一個 database，存放有關使用者和管理者的所有資料。根據之前介紹過的 status 表，新建一個 database，在 models.py 內定義兩個資料表，程式碼如下：

```
1    class user(models.Model):
2        # data
3        user_name = models.TextField(default='admin')
4        help_SU1 = models.TextField(default='None')
5        help_SU2 = models.TextField(default='None')
6        help_User_E1 = models.TextField(default='None')
7        help_User_E2 = models.TextField(default='None')
8        Save1 = models.BinaryField(default=b'')
9        Save2 = models.BinaryField(default=b'')
10       password = models.BinaryField(default=b'')
11       # timestamp
12       last_modify_date = models.DateTimeField(auto_now=True)
13       created = models.DateTimeField(auto_now_add=True)
14
15       class Meta:
16           db_table = "status"
17
18
19   class Super_User(models.Model):
20       SU_name = models.TextField(default='name')
21       password = models.BinaryField(default=b'')
22       login_status = models.BooleanField(default=False)
23       publicKey = models.BinaryField(default=b'')
24       check_data = models.BinaryField(default=b'')
25
26       class Meta:
27           db_table = "Super_User"
```

【程式說明】

◆ 15、26：可以幫 db 表取名，這裡定義第一個 db 表名為 status，第二張 db 表名為 Super_User，這可以幫助我們在 DB brower 內快速找到表單。

上述程式碼定義了兩個 database 表，第一個 db 表用來儲存 user 的狀態、資料，第二個 db 表用來存 SU 的資料。要注意的是，加解密的資料型態都是使用二進位，所以資料型態使用 BinaryField 儲存二進位的加密資料。

之後儲存在 db 中的五個人資料如圖 4.33 所示。使用之前寫好的加解密工具，生成六把 AES key，一對 RSA 公私鑰，分別給五個使用者還有一個 SU 使用，並且把生成好的 key 如圖 4.34 所示整理在資料夾內備用，晚點這些金鑰會使用 open 開檔後，對密碼進行加密動作：

使用者名稱	AES key	密碼
user1	user1.pem	user1111
user2	user2.pem	user2222
user3	user3.pem	user3333
user4	user4.pem	user4444
user5	user5.pem	user5555

圖 4.33　預計的使用者資料

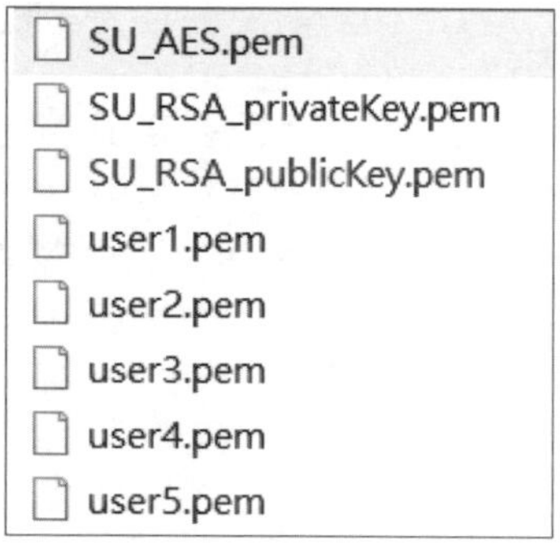

- SU_AES.pem
- SU_RSA_privateKey.pem
- SU_RSA_publicKey.pem
- user1.pem
- user2.pem
- user3.pem
- user4.pem
- user5.pem

圖 4.34　.pem 檔

database 寫入資料

DB、金鑰建立好後，接下來就把使用者、SU 的資料寫入 db 中，使用在 4.2.4 所介紹的方法在 db 內新增資料，請在 python shell 依序打入下列程式碼：

```
>>>from Cipher_app.models import user
>>>user.objects.create(user_name="user1")
>>>user.objects.create(user_name="user2")
>>>user.objects.create(user_name="user3")
>>>user.objects.create(user_name="user4")
>>>user.objects.create(user_name="user5")
```

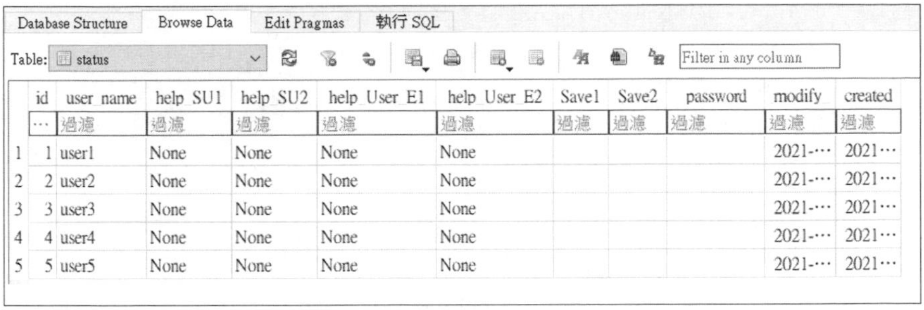

	id	user_name	help_SU1	help_SU2	help_User_E1	help_User_E2	Save1	Save2	password	modify	created
	…	過濾	過濾	過濾	過濾	過濾	過濾	過濾	過濾	過濾	過濾
1	1	user1	None	None	None	None				2021-…	2021…
2	2	user2	None	None	None	None				2021-…	2021…
3	3	user3	None	None	None	None				2021-…	2021…
4	4	user4	None	None	None	None				2021-…	2021…
5	5	user5	None	None	None	None				2021-…	2021…

圖 4.35　資料庫概況

```
>>>from Cipher_app.models import Super_User
>>>Super_User.objects.create(SU_name="admin")
```

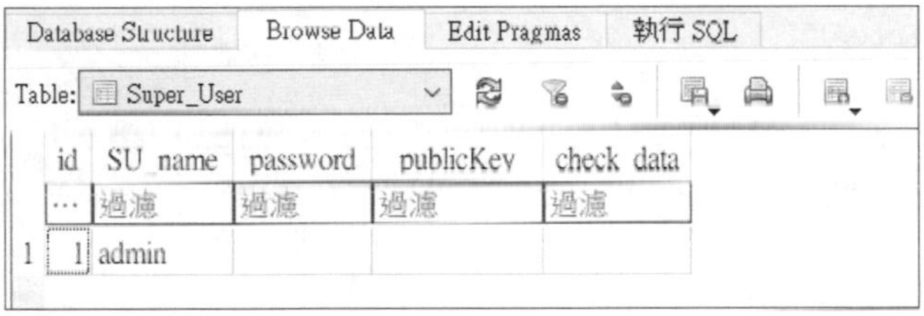

	id	SU_name	password	publicKey	check_data
	…	過濾	過濾	過濾	過濾
1	1	admin			

圖 4.36　資料庫概況

新建了使用者和管理者的資料後，接下來依序把使用者的 save1、save2、password，管理者的 publicKey 和 password 這些資料寫入 database 中，所以接下來的步驟會需要對所有 user 的密碼進行加密。為了之後加解密方便，先在 Cipher_app 資料夾內新增一個 customize_function.py，先把加解密的程式碼寫成函式方便我們呼叫使用。程式碼如下：

Hint 4.1　注意！

接下來程式碼引用到加解密的函式庫，所以要記得在 *terminal* 中使用 *pipinstall pycryptodome* 把 *pycryptodome* 下載下來。

```
1   from Crypto.PublicKey import RSA
2   from Crypto.Cipher import PKCS1_OAEP, AES
3   # return AES 解密結果
4   def AES_Decrypt(data, key):
5       nonce = data[:-(len(data) - 16)]
6       tag = data[16:-(len(data) - 32)]
7       ciphertext = data[32:]
8
9       AESkey = AES.new(key, AES.MODE_EAX, nonce)
10      decrypt_data = AESkey.decrypt_and_verify(ciphertext, tag)
11      return decrypt_data
12
13  # return   AES 加密結果
14  def AES_Encrypt(data, key):
15      cipher = AES.new(key, AES.MODE_EAX)
16      ciphertext, tag = cipher.encrypt_and_digest(data)
17
18      encrypt_data = cipher.nonce + tag + ciphertext
19      return encrypt_data
20
21  # return   RSA 解密結果
22  def RSA_Decrypt(data, private_key):
23      RSAkey_pri = RSA.import_key(private_key)
24      decrypt_cipher = PKCS1_OAEP.new(RSAkey_pri)
25      decrypt_data = decrypt_cipher.decrypt(data)
26
27      return decrypt_data
28
29  # return RSA 加密結果
30  def RSA_Encrypt(data, public_key):
31      RSAkey_pub = RSA.import_key(public_key)
32      encrypt_cipher = PKCS1_OAEP.new(RSAkey_pub)
33      encrypt_data = encrypt_cipher.encrypt(data)
34
35      return encrypt_data
```

　　上述程式碼中，運用自定義函式，把複雜的加解密任務的過程，使用加解密方式（二進位資料，金鑰）這個格式來完成，在後續程式碼設計會使用這些函示來增加程式的可讀性。

接下來在 python shell 使用 open() 函式把剛剛生成金鑰讀進來，把所有的金鑰的 .pem 檔複製到與 manage.py 的同層資料夾內，並且使用 open 把金鑰讀進來：

```
>>>f=open('SU_RSA_publicKey.pem','rb')
>>>SU_RSA_publicKey=f.read()
>>>f.close()
```

Hint 4.2　注意！

要把所有的金鑰，還有主管的公、私鑰全數讀檔讀進來，因為程式碼的重複性高所以就不做贅述。

在 python shell 引入剛剛 customize_function.py 的所有函式，並且也把 models.py 的資料庫也全部引用進來：

```
>>>from Cipher_app.customize_function import *
>>>from Cipher_app.models import *
```

以 user3 為例，user3 的密碼 user3333 先用自己的 AES key 加密後，儲存在自己的 password 欄位：

```
>>>ur3 = user.objects.filter(user_name='user3')
>>>ur3_password = AES_Encrypt(b'user3333',user3_AES)
>>>ur3.update(password=ur3_password)
```

user3 的 save1 欄位儲存其密碼經由 user2 的 key 幫忙加密的結果，加密順序是先 RSA 加密後 AES 加密，程式碼如下：

```
>>>ur3_pwd = b'user3333'
>>>ur3_mid_pwd = RSA_Encrypt(ur3_pwd,SU_publicKey)
>>>ur3_save1 = AES_Encrypt(ur3_mid_pwd,user2_AES)
>>>ur3.update(Save1=ur3_save1)
```

save2 的欄位則是 user1 幫忙加密的結果，也一樣使用下列程式碼寫入 db 內：

```
>>>ur3_save2 = AES_Encrypt(ur3_mid_pwd,user1_AES)
>>>ur3.update(Save2=ur3_save2)
```

再來就耐心的把整張表的資料一一填寫上去囉，尚未填寫的有 user4、user5 的 save1、save2，和每一個人的 password，SU 的 public key 也要記得填寫上去。程式碼的部分基本上大同小異，就留給讀者做 DB 表的讀寫練習。要注意的是因為 user1 和 user2 為特別的使用者，所以其 save1 和 save2 為空。

填完之後可以看一下 dbbrowser，看起來大概如圖 4.37 所示，這樣就是代表有正確把所有資料都寫入資料庫。

Tips 4.7　提醒

能把資料正確的填入 *database* 中，其實就已經代表對 *Django* 的資料庫操作非常熟悉了。但是在填入的過程中記住不要把加密順序弄混亂了。

最後記得寫入 SU 的 RSA 公鑰和 password，程式碼與上面所示範的大同小異，讀者請自行練習，注意 SU 沒有存在系統內的密碼，所以 SU 的 password 欄位只需要對隨意字串使用 SU 的 AES key 加密後存入即可。

	id	user_name	help_SU1	help_SU2	help_User E1	help_User E2	Save1	Save2	password	modify	created
...		過濾	過濾	過濾	過濾	過濾	過濾	過濾	過濾	過濾	過濾
1	1	user1	None	None	None	None			BLOB	202···	2021····
2	2	user2	None	None	None	None			BLOB	202···	2021····
3	3	user3	None	None	None	None	BLOB	BLOB	BLOB	202···	2021····
4	4	user4	None	None	None	None	BLOB	BLOB	BLOB	202···	2021····
5	5	user5	None	None	None	None	BLOB	BLOB	BLOB	202···	2021····

圖 4.37　資料庫概況

4.3.3 views

前一小節把所有使用者的資料輸入進資料庫，接下來就要撰寫程式，實現登入系統在後台確認登入者身分的功能。程式邏輯如下：

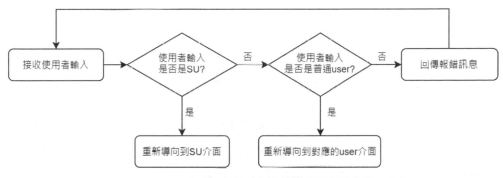

圖 4.38 程式邏輯

根據上圖程式邏輯，可以寫出下以下程式碼。程式碼中首先要知道的是，因為在 html 頁面中 form 表單的 action 屬性設為空白，所以代表提交之後還是留在當前的 url 中，代表不管是瀏覽者第一次造訪這個網頁或是輸入帳號提交表單，都會執行 **log_in()** 這個程式，所以程式碼中使用判斷式（第 6、18 行）來判斷是否是使用者提交表單。

```
1    from django.shortcuts import render, redirect
2    from Cipher_app.models import *
3    from Cipher_app.customize_function import *
4
5    def log_in(request):
6        if request.POST:# 有使用者輸入
7            return_data = {'account':
8                           request.POST['account'],'error': '
9                           ',
10                           }
11        # Step1: 從 database 抓取所有 user 名稱 SU 名稱
12        # ... 程式碼 ...
13        # Step2: 讀取使用者從表單輸入的 user_name、AES_key
14        # ... 程式碼 ...
15        # Step3: 偵錯 判斷使用者身分
```

```
16              # Step4：回傳、重新導向頁面
17              # ... 程式碼 ...
18         else:# 第一次造訪網頁
19              return render(request, 'log_in.html',{})
```

【程式說明】

- 6：第 6 行如果成立，代表使用者使用 post 方法造訪網頁，也就需要根據表單輸入判斷使用者身分。

- 18：若第 6 行不成立就直接回傳登入頁面。

　　程式碼中第 6 行成立的話，代表瀏覽者並不是剛造訪網頁，這時瀏覽者已經輸入好帳號並上傳金鑰後按下提交按鈕，程式碼就需要依照表單輸入，判斷使用者的身分。整體的步驟規劃如下列程式碼中 10-17 行 4 個步驟註釋的部分，簡單來說這 4 個步驟就是抓取 DB 中使用者的資料與表單輸入的資料相互比對，判斷登入者的身分後重新導向到該使用者的頁面。

　　最後在 urls.py 把 path 加進去，程式碼修改如下：

```
1    from django.contrib import admin
2    from django.urls import path
3    from Cipher_app.views import log_in
4
5    urlpatterns = [
6        path('admin/', admin.site.urls),
7        path('log_in/', log_in),
8    ]
```

　　加入 path 後可以測試執行一下，造訪 http://127.0.0.1:8000/log_in/ 確認網頁有正確顯示，如果有顯示網頁就代表沒有錯誤了。

STEP 1 接下來要把剛剛註釋的程式碼一一完成。根據註釋中的構想，在判斷使用者身分前，必須把所有使用者的資料從 database 抓下來存入變數中，才可以把使用者輸入跟資料庫一一做比對。所以在 Step1 中，使用讀取資料庫的程式碼把 database 中的 SU、user 的名稱全部讀取出來：

```
1    SUname = Super_User.objects.filter(id=1)[0].SU_name
2    name = []
3    for i in user.objects.all():
4        name.append(i.user_name)
```

【程式說明】

- 1：:filter() 回傳一個陣列，裡面每一項都是存 db 物件，所以 filter()[0]
  代表這個陣列第 0 項的 db 物件，所以 filter()[0].SU_name 就可以把 SU 名
  稱讀取出來了。

- 3：all() 也是回傳一個陣列，裡面每一項也都是存 db 物件，因為陣列可以
  使用 for 迭代，所以用 for 迴圈把所有人的名字依序存入 name 陣列中。

STEP 2　Step2 中，使用之前寫 BMI 計算機學到的技巧，把使用者輸入在 form
表單裡的帳號和 AES key 讀出來，程式碼如下：

```
1    user_name = request.POST['account']
2    AES_key = b''
3    try: # 避免報錯
4        f = request.FILES['AES_key']
5        for i in f.chunks():
6            AES_key = AES_key + i
7    except:
8        print(end='')
```

【程式說明】

- 1：讀出使用者輸入在表單的 username。

- 4-6：使用這種寫法可以讀出使用者上傳在表單的 AES key，並且把內容全
  部寫到變數 AES_key 上。

- 3：在使用 4-6 行的指令時，若使用者在表單內沒有上傳任何檔案，程式
  碼會無法運行而報錯，所以運用 try 方法，若萬一使用者未上傳檔案時，
  可以確保後面的程式碼正常執行。

　　寫程式的時候通常都寫小段落後，檢查一下程式是否正常運行。在這裡最簡單的測試方式就是把表單抓取的資料全部 print 出來，所以可以把以下程式碼寫在 step2 之後（測試完之後記得全部刪除），嘗試執行看看：

```
1    print(SUname)
2    print(name)
3    print(user_name)
4    print(AES_key)
5    return render(request, 'log_in.html', {})
```

　　重新執行程式後如圖 4.38 所示，在登入的頁面輸入測試資料，提交後應該就可以看到 python shell 中印出程式碼 print 出來的內容了：

圖 4.39　輸入隨意測資

圖 4.40　測試結果

Tips 4.8　小提醒

往後的內容就不再提醒讀者進行測試，在邊寫程式時建議養成習慣，寫了一小段程式碼之後就進行檢查、盡早抓錯，避免寫了一長串程式碼後反而增加 *debug* 的難度。

STEP 3　Step3 中程式使用 step1、step2 的結果交叉比對，判斷使用者的身分。當然，因為不能保證使用者每次都輸入合適的 input，所以就要用程式碼來排除使用者輸入非法的內容。下圖表示程式碼大致上除錯的流程：

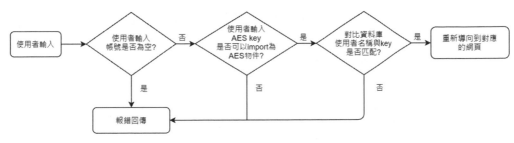

圖 4.41　Step3 程式邏輯

上圖中，在第二層還有第三層的判斷方框內，偵測 key 是否可以 import 為 AES 物件、對比使用者名稱是否與 key 匹配這兩件工作可以使用自定義的 function 來解決，增加程式的可讀性。所以在 customize_function.py 中，撰寫以下兩個 function：

```
1   # return 1-> key 可以建立 AES 物件 return 0-> key 不能建立 AES 物件
2   def AES_check_canObject(key):
3       try:
4           A123 = AES.new(key, AES.MODE_EAX)
5           return 0
6       except:
7           return
8
9   # return  1-> key 可以解密 data return 0-> key 不能解密 data
10  def AES_check_canDecrypt(data, key):
11      try:
12          nonce = data[:-(len(data) - 16)]
13          tag = data[16:-(len(data) - 32)]
14          ciphertext = data[32:]
15
16          AESkey = AES.new(key, AES.MODE_EAX, nonce)
17          A123 = AESkey.decrypt_and_verify(ciphertext, tag)
18          return 1
19      except:
20          return 0
```

運用上述的自定義程式碼，在 Step3 的地方寫入以下程式：

```
1   flag = 0
2   if user_name == '':
3       return_data['error'] = '帳號不能為空'
4   elif AES_check_canObject(AES_key):
5       return_data['error'] = 'AES key 錯誤'
6   else: # 通過除錯檢查、判斷登入者身分
7       if user_name == SUname: # 輸入的 account 是 Super User
8           encrypt_pwd = Super_User.objects.get(SU_name=user_name).
                password
9           if AES_check_canDecrypt(encrypt_pwd, AES_key):
10              flag = 1
11      elif user_name in name: # 輸入的 account 是 user
12          encrypt_pwd = user.objects.get(user_name=user_name).
                password
13          if AES_check_canDecrypt(encrypt_pwd, AES_key):
14              flag = 2
15      else:
16          return_data['error'] = '帳號密碼錯誤'
```

【程式說明】

♦ 1：flag 用來記錄登入的使用者身分，如果未通過偵錯的話 flag 就為 0，如果使用者是 SU 的話 flag 為 1、使用者是一般 user 的話 flag 為 2。使用 flag 目的是方便後續程式碼確認登入者身分進行重新導向。

STEP 4 Step 4 中根據 Step3 的 flag 值，回傳重新導後向的頁面給使用者。這邊注意因為要重導向的頁面（使用者、管理者頁面）還沒設計，重導向的程式暫時無法完成，所以先將程式寫成以下所述，可以方便後續的測試。之後使用者、SU 頁面設計完成後，再把重導向的程式寫上去就可以了：

```
1   if flag == 0: # 失敗
2       return render(request, 'log_in.html', return_data)
3   elif flag == 1: # SU 登入
4       # 暫時回傳登入頁面，之後換成 redirect
```

```
5        print("SU 成功登入 ")
6        return render(request, 'log_in.html', return_data)
7  elif flag == 2: # user 登入
8        # 暫時回傳登入頁面，之後換成 redirect
9        print(user_name+" 成功登入 ")
10       return render(request, 'log_in.html', return_data)
```

執行一下，並且用各種錯誤的測資測試程式偵錯有沒有問題：

圖 4.42　使用 user 登入　　　　圖 4.43　使用 su 登入

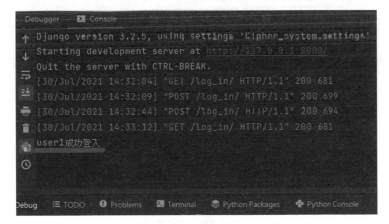

圖 4.44　user 登入結果

圖 4.45　su 登入結果

4.4　Django 實作密碼管理系統 – 註冊頁面

在上一章節時，登入頁面的程式碼大致上已經完成，在開始設計使用者與管理者頁面前，先把相對容易的註冊頁面完成，比較有利後續系統的測試。

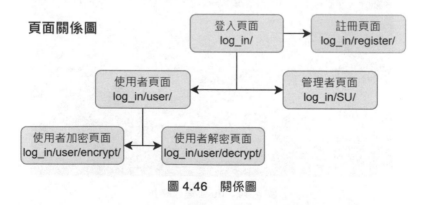

圖 4.46　關係圖

上一章設計登入頁面 log_in.html 的時候，其實就已經設計好一個註冊按鈕，該按鈕的屬性標籤設定 action="register/"，意思是造訪 http://127.0.0.1:8000/log_in/register/，所以之後在 urls.py 內設定 path 時，記得要根據該 url 設定 path() 函數。

註冊頁面必須要實現的功能，大致上就是要提供一個可以讓使用者輸入帳號、特權密碼的表單，並且針對表單進行偵錯後，通過偵錯的就回傳一個屬於該使用者的 AES key，若未通過的話就在頁面上顯示報錯訊息。

4.4.1 template

根據剛剛提到的功能，設計一個提供輸入帳號、密碼的頁面，在 template 資料夾內新增 register.html，寫入以下程式碼：

```
1   <!DOCTYPE html>
2   <html lang="en">
3   <head>
4       <meta charset="UTF-8">
5       <title>register</title>
6   </head>
7   <body>
8       <h1> 註冊頁面 </h1>
9       <form action="" method="post">
10          {% csrf_token %}
11          <label for="account"> 帳號 :   </label>
12          <input type="text" name="account"><br><br>
13          <label for="password"> 密碼 :   </label>
14          <input type="text" name="password"><br><br>
15          <input type="submit" value=" 確定 ">
16      </form>
17      <p> 注意！有檔案下載表示註冊成功！</p>
18  </body>
19  </html>
```

【程式說明】

* 9：注意 form 的 action 屬性為空，代表按下按鈕後使用 post 方式造訪一樣的 url。

* 11： 在 html 意思是一個空格字元，讓冒號稍為的遠離輸入框，單純的使排版更加美觀用。

註冊頁面

{% csrf_token %} 帳號：

密碼：

確定

注意!有檔案下載表示註冊成功!

圖 4.47　渲染前的註冊頁面

4.4.2　views

在 Django 的 MTV 架構內，V 代表 views，是擺放、設計程式碼的位置，一般而言會把程式碼放在 views.py 內。隨著程式碼越來越多，會造成 views.py 內程式碼過為冗長，為了管理方便，實務上可以在 views.py 同一層的資料夾新增另一個新的 py 檔，讓程式碼更好管理。由於接下來程式碼主要撰寫註冊功能，所以新增一個 register.py，該 py 檔就專門寫註冊功能相關的程式碼。

程序邏輯上，當註冊頁面會收到使用者輸入的名稱、密碼時，程式碼必須根據這些輸入進行偵錯，偵錯通過提供使用者一把金鑰，並且把資料寫入 db；若未通過偵錯則回傳報錯訊息。流程如下：

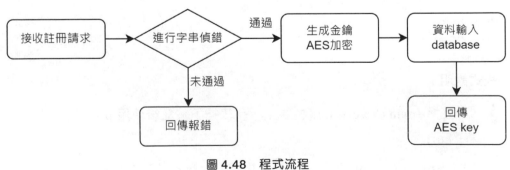

圖 4.48　程式流程

首先把基本功能先完善，在 register.py 寫入以下程式碼：

```
1   from django.shortcuts import render, HttpResponse
2   from Crypto.Random import get_random_bytes
3   from Cipher_app.models import *
4   from Cipher_app.customize_function import *
5
6   def register(request):
7       return_data = {'error': ''}
8       # 建 user 列表
9       SUname = Super_User.objects.filter(id=1)[0].SU_name
10      name = []
11      for i in user.objects.all():
12          name.append(i.user_name)
13
14      if request.POST:
15          # Step1:偵錯
16          # ... 程式碼 ...
17          # Step2:生成金鑰 AES 加密
18          # ... 程式碼 ...
19          # Step3:database 資料處理
20          # ... 程式碼 ...
21          # Step4:回傳該使用者的 AES key
22          # ... 程式碼 ...
23      else:
24          return render(request, 'register.html', return_data)
```

【程式說明】

♦ 14、23：該判斷式跟登入頁面一樣，有分為該頁面的表單有使用者輸入和沒有使用者輸入。表單若沒使用者輸入代表剛按下登入頁面的註冊按鈕，才剛導向到這個頁面來，自然就沒使用者輸入了（第 23 行）。

上述程式碼中，第 9 行 SUname 存管理者的名稱，第 10-12 行 name 是一個存所有使用者名稱的 array，在偵錯的程式碼中可以拿來比對使用者輸入的帳號有沒有重複。

在第 14 行判斷式成立的話，代表使用者輸入帳號密碼後按下了註冊鍵，所以在第 15-22 行就針對輸入進行處理。預計會分為四個步驟如上述程式碼的註釋中所示。

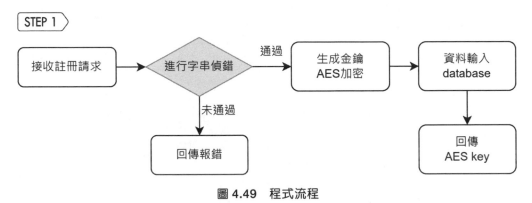

圖 4.49　程式流程

在 Step 1 中要對使用者的輸入進行偵錯，排除一些不合法字元和重複的使用者名稱，當然也可以根據自己的需求增加想要的判斷式，排除不想要的字元：

```
1    if (request.POST['account'] in name) or (request.POST['account'] ==
     SUname):
2        return_data['error'] = '重複的使用者名稱'
3    elif request.POST['account'] == '':
4        return_data['error'] = '未輸入名字'
5    elif request.POST['password'] == '':
6        return_data['error'] = '未輸入密碼'
7    elif request.POST['account'] == 'None':
8        return_data['error'] = '名字輸入非法字元'
9
10   if return_data['error'] != '':
11       return render(request, 'register.html', return_data)
```

【程式說明】

◆ 10-11：這裡用到一個技巧，在經過 8 行偵錯後，在第 10 行直接判斷 return_data['error'] 是否為空，如果不是空的話代表使用者輸入有錯，直接讓程式 return 回傳，就不會執行 Step2 了。

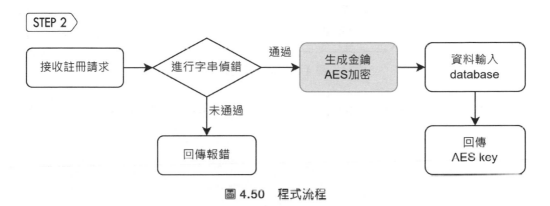

圖 4.50　程式流程

　　Step1 進行偵錯完畢後，代表已經通過了偵錯，所以 Step2 中就可以為使用者生成一把金鑰，並且用該金鑰加密使用者輸入的密碼，程式碼如下：

```
1  AES_key = get_random_bytes(16)
2  f = open('AES_key.pem', 'wb')
3  f.write(AES_key)
4  f.close()
5  pwd = AES_Encrypt(request.POST['password'].encode(), AES_key)
```

【程式說明】

◆ 1-4：生成 AES key，寫入檔案的目的是在程式的最後會把寫有此 AES key 的 pem 檔回傳給使用者。

◆ 5：使用之前在 customize_function.py 寫好的加密程式，幫使用者輸入的密碼進行加密。其中 request.POST['password'] 為使用者輸入，加入 .encode() 轉換可以進行加解密的資料型態。

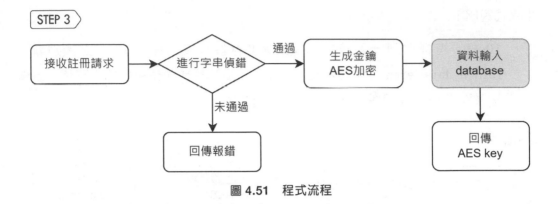

圖 4.51　程式流程

Step3 中，把剛剛 Step2 中已經加密處理後的資料寫入 db 中，程式碼如下：

```
1  user.objects.create(user_name=request.POST['account'], password=pwd)
2  ur_1 = user.objects.filter(user_name=name[len(name) - 1])
3  ur_1.update(help_User_E1=request.POST['account'])
4  ur_2 = user.objects.filter(user_name=name[len(name) - 2])
5  ur_2.update(help_User_E2=request.POST['account'])
```

【程式說明】

- 1：在 user 表內新增一個新的使用者，把 password 寫入剛剛加密過後的內容。

- 2-5：ur_1、ur_2 分別代表這個新的使用者在列表中前面一位、二位的使用者。這兩個使用者要幫忙這個新使用者加密的，所以要把這兩位對應的 help_User 填上新使用者的名稱。

STEP 4

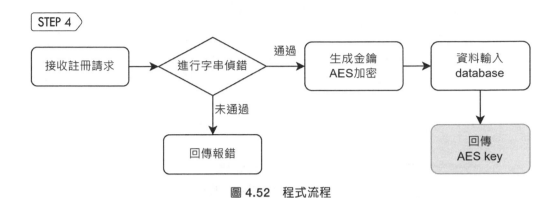

圖 4.52　程式流程

Step4 中，使用程式碼把屬於新使用者的 AES 金鑰回傳，程式碼如下：

```
1    f = open('AES_key.pem', 'rb')
2    response = HttpResponse(f)
3    response['Content-Type'] = 'application/octet-stream'
4    response['Content-Disposition'] = 'attachment;filename="AES_key.bin"'
5    f.close()
6    return response
```

最後來測試看看程式有沒有錯誤了，打開註冊頁面，隨意註冊一人：

圖 4.53　註冊使用者

圖 4.54　AES key 下載

　　註冊成功後，可以在 db broser 內看到新加入的使用者，並且前兩位使用者的資料有確實的更改。

	id	user_name	help_SU1	help_SU2	help_User_E1	help_User_E2	Save1	Save2	password	di:	eat
	...	過濾	過濾	過濾	過濾	過濾	過濾	過濾	過濾	...	...
1	1	user1	None	None	None	None			*BLOB*	...	...
2	2	user2	None	None	None	None			*BLOB*	...	...
3	3	user3	None	None	None	None	*BLOB*	*BLOB*	*BLOB*	...	...
4	4	user4	None	None	None	user6	*BLOB*	*BLOB*	*BLOB*	...	...
5	5	user5	None	None	user6	None	*BLOB*	*BLOB*	*BLOB*	...	...
6	6	user6	None	None	None	None			*BLOB*	...	...

圖 4.55　新建使用者結果

4.5　Django 實作密碼管理系統 – 使用者加密

使用者登入之後，我們要設計一個介面與使用者互動。在介面中，我們需要實作以下功能：

- 幫其他的使用者進行
- 加密幫 SU 進行解密
- 修改自己的密碼

接下來的章節會主要介紹實現幫其他使用者加密這個功能。幫 SU 解密功能會在介紹一部分管理者解密後，依照解密步驟把該功能實作出來。

4.5.1　使用者 – 登入主頁面

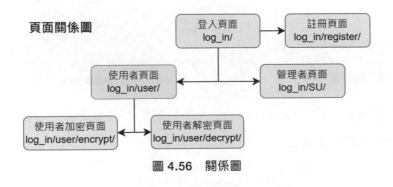

圖 4.56　關係圖

在 views.py（登入程式）中，程式已經判斷了使用者的身分，所以判斷完使用者的身分之後，就讓網頁重新導向到該使用者的頁面去。在 views.py 中 Step4 的程式碼稍作修改如下：

```
1   if flag == 0: #  失敗
2       return render(request, 'log_in.html', return_data)
3   elif flag == 1: # SU登入
4       request.session['log_in_user'] = user_name
5       return redirect('SU/')
6   elif flag == 2: # user登入
7       request.session['log_in_user'] = user_name
8       return redirect('user/')
```

【程式說明】

- 5、8：因為登入之後會重新導向到 user 頁面，而 user 頁面的程式碼必須認得目前登入者的身分，所以將使用者名稱存在 session 中，以便之後可以呼叫。

- 6、9：重新導向頁面。

現在只要在登入頁面輸入帳密按下確認之後，就會重新導向到使用者頁面了，但是我們還沒有完成使用者頁面的設計，所以接下來要來完成使用者登入後重新導向的頁面。

template

一個使用者登入後，在 database 內的資料有 help_User_E1、help_User_E2、help_SU1、help_SU2 這些資料，而這些資料都是我們在寫 html 時可以使用動態顯示渲染在頁面上的，所以在 template 中新建一個 user_UI.html，撰寫以下程式碼：

```
1   <!DOCTYPE html>
2   <html lang="en">
```

```
3       <head>
4       <meta charset="UTF-8">
5       <title>User</title>
6       <style>
7           h1 {
8               font-size: 40px;
9               text-align: center;
10          }
11          p {
12              font-size: 20px;
13              font-family: 標楷體;
14              }
15      </style>
16  </head>
17  <!-- 這個是 user 的 UI -->
18  <body>
19      <h1> 使用者介面 </h1>
20      <P> 您好 {{ username }}:</P>
21      <div style="width: 94%;margin-left: 3%;">
22          <p>user 加密區 :</p>
23          {% if help_User_E1 == 'None' and help_User_E2 == 'None'%}
24              <p> 其他 user 不需要加密 </p>
25          {% else %}
26              <form action="encrypt/" method="post">
27                  {% csrf_token %}
28                  <label for="encryptUser"> 請選擇幫忙加密對象 </label>
29                  <select name="encryptUser">
30                  {% if help_User_E1 != 'None'%}
31                      <option value="{{ help_User_E1 }}">{{ help_
                            User_E1 }}</option>
32                  {% endif %}
33                  {% if help_User_E2 != 'None'%}
34                      <option value="{{ help_User_E2 }}">{{ help_
                            User_E2 }}</option>
35                  {% endif %}
36                  </select>
37                  <input type="hidden" name="username" value="
                        {{ username }} ">
38                  <input type="hidden" name="first_in" value="True">
```

```
39                    <input type="submit" value=" 確定 ">
40              </form>
41          {% endif %}
42      </div>
43      <br><br>
44      <hr style="border-top:5px dashed black;border-botton:none">
45      <br><br>
46      <div style="width: 94%;margin-left: 3%;">
47          <!-- user 解密區（預留）-->
48      </div>
49  </body>
50  </html>
```

【程式說明】

- ✦ 23、25、41：使用判斷式判斷 E1、E2 有沒有值，如果都是 None 代表不需要加密；若其中一個有值就設計一個下拉式選單。

- ✦ 29-36：下拉式選單，其中在第 30、33 行使用 if 判斷是否要在表單放入該 options。

上述程式碼中，有使用到判斷式來渲染頁面，這個在 django 版面渲染的功能中也是非常重要的。實作上需要注意的是判斷式要使用 {% %} 括號起來之外，if else 之後必須接上 endif，這跟一般程式碼撰寫上會些許的不同，使用上必須小心。

程式碼的第 29-36 行是在 form 表單中的 select 下拉式選單，該表單的 name 標籤為 encryptUser，所以可以預計之後在 views 中想要讀取使用者選取哪一個 option 時，就得使用 request.POST["encryptUser"] 這個語法來讀取該值。

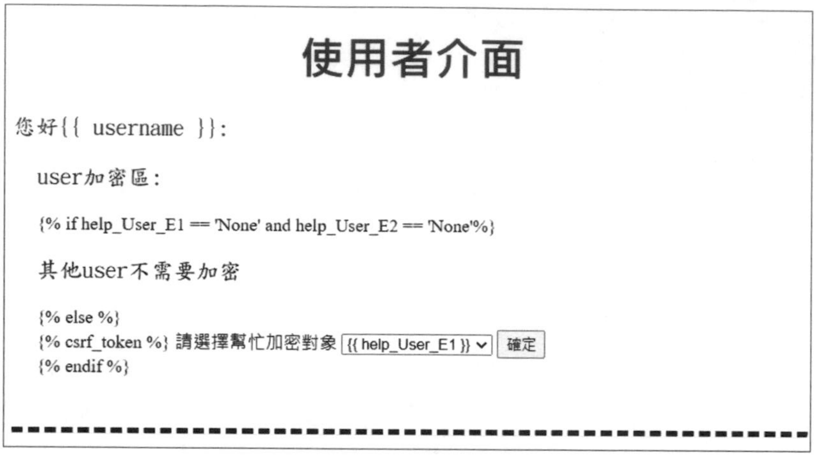

圖 4.57　渲染前的頁面預覽

Hint 4.3　注意 - 版面渲染

在剛剛的 *html* 檔中，有使用到 *help_User_E1*、*help_User_E2*，*username* 三個動態顯示的變數，所以之後在程式碼（*views*）的地方，必須要把這三個變數值寫在 *return_data* 中。

---

views

跟撰寫註冊頁面時一樣，為了方便管理程式碼，在 views.py 同層的資料夾底下新建一個 for_user.py，寫入以下程式碼：

```
1    from django.shortcuts import render
2    from Cipher_app.models import *
3    from Cipher_app.customize_function import *
4
5    def user_UI(request):
6        return_data = {'username': '',
7                       'help_User_E1': '',
8                       'help_User_E2': '',
9                       'help_SU1': '',
10                      'help_SU2': '',
```

```
11                                }
12        # 抓出 user 列表
13        name = []
14        for i in user.objects.all():
15            name.append(i.user_name)
16
17        # 建立 user 物件
18        if request.session['log_in_user'] in name: # 剛登入
19            ur = user.objects.get(user_name=request.session['log_in_
                user'])
20            request.session['log_in_user'] = ''
21        elif request.POST: # 其他狀況
22            ur = user.objects.get(user_name=request.POST['username'])
23        else:
24            return render(request, 'error.html', {})
25        # 回傳 data
26        return_data['help_User_E1'] = ur.help_User_E1
27        return_data['help_User_E2'] = ur.help_User_E2
28        return_data['help_SU1'] = ur.help_SU1
29        return_data['help_SU2'] = ur.help_SU2
30        return_data['username'] = ur.user_name
31        return render(request, 'user_UI.html', return_data)
```

【程式說明】

- 19：在登入頁面重導向到 user 頁面後，程式碼把 user 身分寫入 session 中，所以在第 19 行可以把該筆資料讀出來，再使用 get 方法將 database 物件存在 ur 中。

- 20：使用完 session 後就可以把它清空了。

- 21：這個使用在之後的功能。

Tips 4.9 注意

記得在 *urls.py* 中，根據重新導向的網址，把 *url* 新增到 *path* 中，頁面才會正常顯示哦。

到這裡之後，使用者頁面基本上就已經完成了。執行一下，隨意登入一個使用者之後會看到以下頁面：

使用者介面

您好user6：

　user加密區：

　其他user不需要加密

圖 4.58　使用者頁面 - 不需要加密的使用者

使用者介面

您好user5：

　user加密區：

請選擇幫忙加密對象 [user6 ▼] 確定

圖 4.59　使用者頁面 - 需要加密的使用者

4.5.2　使用者 – 加密頁面

頁面關係圖

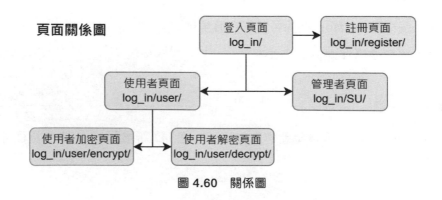

圖 4.60　關係圖

接下來要來設計使用者加密的頁面。在上一頁在圖 4.59 中，user5 可以選擇幫 user6 加密，那使用者按下確定之後，必須要進到一個新的頁面，可以進行加密的操作，現在就要把進行加密操作的頁面實作出來。

template

html 頁面設計上，頁面需要提供兩個上傳 AES key 的按鈕，上傳後使用程式碼對兩個 key 偵錯後，對使用者密碼進行加密的動作，然後有一個顯示回傳訊息的地方。

讀者在實作的時候要注意到，進入到使用者加密頁面是使用者在上層使用者頁面中，選取下拉式選單後提交表單導向到此頁面，代表程式可以從表單 input 中知道使用者和被加密者是誰（請對照使用者頁面中表單的內容）。先在 template 資料夾中新建 user_UI_encrypt.html，輸入程式碼如下：

```
1    <!DOCTYPE html>
2    <html lang="en">
3    <head>
4        <meta charset="UTF-8">
5        <title>User</title>
6        <style>
7            h1 {
8                font-size: 40px;
9                text-align: center;
10           }
11           p {
12               font-size: 20px;
13               font-family: 標楷體;
14           }
15       </style>
16   </head>
17   <body>
18       <h1> 使用者加密 </h1>
19       <p>狀態 :{{ username }} 幫忙 {{ encryptUser }} 加密 </p>
20       <form action="" method="post" enctype="multipart/form-data">
```

```
21          {% csrf_token %}
22          <label>請載入加密者:{{ username }}的 AES key</label>
23          <input type="file" name="user_AESkey"><br>
24          <label>請載入被加密者:{{ encryptUser }}的 AES key</label>
25          <input type="file" name="encryptUser_AESkey"><br>
26          <input type="hidden" name="username" value="{{ username }}">
27          <input type="hidden" name="encryptUser" value="{{
               encryptUser }}">
28          <input type="hidden" name="first_in" value="False">
29          <input type="submit" value="確定">
30      </form>
31      <p>{{ message }}</p>
32 </body>
33 </html>
```

【程式說明】

- ◈ 20-30：form 表單，可以提交兩個 .pem 檔。

- ◈ 20：因為有檔案上傳，所以 form 標籤內要加入 enctype="multipart/form-data"

- ◈ 23、25-29：這些 input 標籤的 name 屬性要注意，待會再 views 寫程式碼時會用到。

在上述的 html 頁面中，使用到動態顯示 username、encryptUser、message 三個變數，這三個變數分別代表當前登入的使用者、密碼被加密者和網頁訊息回傳。若是剛從使用者頁面選取表單導向過來的話，username、encryptUser 可以從該表單的 input 找到，詳細請對照使用者頁面中導向到加密頁面的表單。

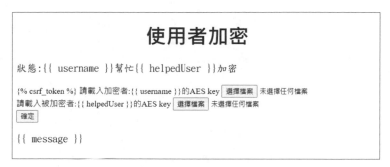

圖 4.61　渲染前頁面預覽

　　由於 server 中並沒有儲存使用者狀態,所以在設計頁面的 form 標籤時,必須把加密者、被加密者寫在 form 中,意思是在這個頁面中每次提交表單,這些 hidden input 都會回傳給 server,那 server 就根據這些 input 再渲染到表單上,這樣 server 才會知道目前使用者加密工作的狀態。

views

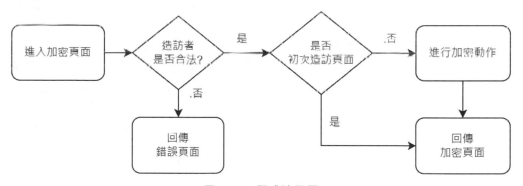

圖 4.62　程式流程圖

　　使用者加密頁面的程式碼相對來說比較複雜,所以下列的程式碼是根據上圖的流程撰寫。其中判斷是否初次進入頁面的原因是因為,造訪這個頁面有使用者從主頁面選表單導向到此,以及在這個頁面進行解密任務這兩種可能,很明顯初次造訪頁面並不需要執行加密的程式碼,所以使用判斷式進行跳過。

```
1    def user_UI_encrypt(request):
2        return_data = {
3            'username': '',
4            'encryptUser': '',
5            'message': '',
6        }
7        name = []
8        for i in user.objects.all():
9            name.append(i.user_name)
10
11       if request.POST and (request.POST['username'] in name):
12           # 建立使用者在 database 的 object
13           ur = user.objects.get(user_name=request.POST['username'])
14           ur_h = user.objects.get(user_name=request.POST['encryptUser'])
15
16           return_data['username'] = ur.user_name
17           return_data['helpedUser'] = ur_h.user_name
18
19           # 若不是初次造訪則進行加密動作
20           if request.POST['first_in'] == 'False':
21               # Step1：載入輸入金鑰
22               # ... 程式碼 ...
23               # Step2：嘗試 ur、ur_h 是否符合自己的 pwd
24               # ... 程式碼 ...
25               # Step3：若通過偵錯就執行加密
26               # ... 程式碼 ...
27       else: # 非法使用者
28           return_data['username'] = 'None'
29           return render(request, 'user_UI_encrypt.html', return_data)
30
31       # 回傳結果
32       if request.POST['first_in'] == 'True':
33           return_data['message'] = ''
34       return render(request, 'user UI encrypt.html', return data)
```

【程式說明】

➔ 11、27：先判斷若是合法造訪 (11) 則正常執行，反之非法造訪 (27) 則直接回傳錯誤頁面。

● **13-17**：ur 是使用者（當前登入的使用者）的 db 物件，ur_h 是被加密者的 db 物件，並且在 16、17 寫入 return_data。

程式碼中，判斷是否為第一次造訪這件事使用到表單中的一個 hidden input，在上層使用者頁面中導向到此的表單把 first_in 設定 true，在這個頁面表單的 first_in 設定 false，來達成可判斷的目的。

在 13-17 行的位置，由於網頁的無狀態性，只要是合法造訪都需要回傳 user-name 跟 encryptUser，讓網頁渲染時可以將資料渲染上去，提交表單時可以再次將資料回傳。

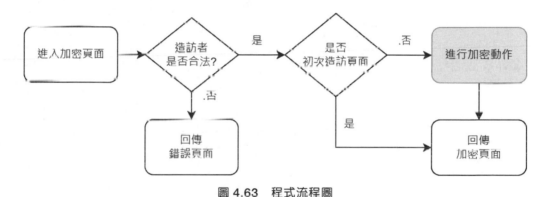

圖 4.63　程式流程圖

接下來要實作上圖所示中的進行加密動作的程式碼，該程式的流程又可以細分為下圖所示的三個步驟：

STEP 1

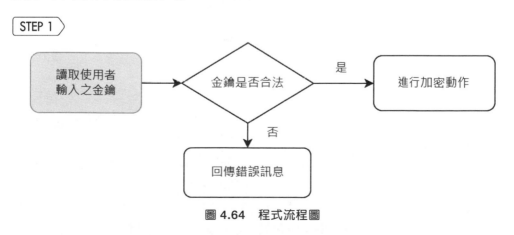

圖 4.64　程式流程圖

首先把使用者上傳的金鑰先讀出來存到變數中，程式碼如下：

```
1   user_AES_key = b''
2   helpedUser_AES_key = b''
3   try: # 避免報錯（不可與下面合併）
4       f = request.FILES['user_AESkey']
5       for i in f.chunks():
6           user_AES_key = user_AES_key + i
7   except:
8       print('', end='')
9   try: # 避免報錯（不可與上面合併）
10      f = request.FILES['encryptUser_AESkey']
11      for i in f.chunks():
12          helpedUser_AES_key = helpedUser_AES_key + i
13  except:
14      print('', end='')
```

STEP 2

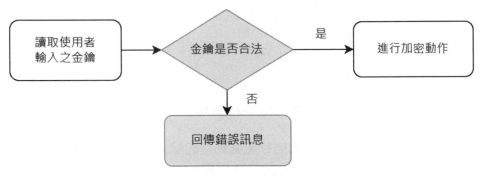

圖 4.65　程式流程圖

在 Step2 中，程式使用讀取出來的金鑰跟資料庫進行比對，檢查金鑰是否合法，程式碼如下：

```
1   #  嘗試 ur、ur_h 是否符合自己的 pwd
2   if AES_check_canDecrypt(ur.password, user_AES_key) == 0:
3       return_data['message'] = return_data['message'] + ur.user_
            name + ' 的 AES-key 錯誤 '
4   if AES_check_canDecrypt(ur_h.password, helpedUser_AES_key) == 0:
5       return_data['message'] = return_data['message'] + ur_h.
            user_name + ' 的 user AES-key 錯誤 '
```

【程式說明】

◆ 2、4：使用到之前撰寫好的自定義函數，嘗試的把金鑰與其對應的使用者
資料進行解密，若無法解密代表金鑰錯誤。

STEP 3

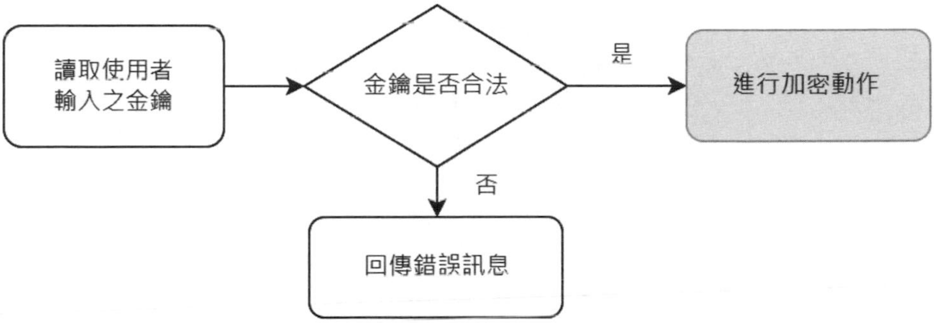

圖 4.66 程式流程圖

若通過了 Step2 的檢查，最後就可以在 Step3 的位置進行加密動作，程式
碼如下：

```
1   if return_data['message'] == '':
2       # 抓出 SU public key + 被幫忙的 password
3       public_key = Super_User.objects.get(id=1).publicKey
            # SU public key
4       password = AES_Decrypt(ur_h.password, helpedUser_AES_key)
            # 把被加密者 的 pwd 解開
5
6       AES_password = AES_Encrypt(password, user_AES_key) # AES 先加密
7       RSA_AES_password = RSA_Encrypt(AES_password, public_key)
            # RSA 後加密
8
9       if name.index(ur_h.user_name) - name.index(ur.user_name) == 1:
            # 前面 一個
10          if ur_h.Save1 == b'':
11              ur.help_User_E1 = 'None'
12              ur.save()
13              ur_h.Save1 = RSA_AES_password
```

```
14              ur_h.save()
15              return_data['message'] = ' 加密成功 請重新登入 'else:
16              return_data['message'] = ' 已經加密 不需重複加密 '
17     elif name.index(ur_h.user_name) - name.index(ur.user_name) == 2:
               # 前面兩個
18         if ur_h.Save2 == b'':
19             ur.help_User_E2 = 'None'
20             ur.save()
21             ur_h.Save2 = RSA_AES_password
22             ur_h.save()
23             return_data['message'] = ' 加密成功 請重新登入 'else:
24             return_data['message'] = ' 已經加密 不需重複加密 '
```

【程式說明】

- ◆ 4：用被加密者的金鑰直接解開密碼，存在 password 中。

- ◆ 6、7：把剛剛解開的密碼重新加密。

- ◆ 9-17：如果兩個人的距離是 1，則把加密後的密碼存在 Save1。

- ◆ 19-26：如果兩個人的距離是 2，則把加密後的密碼存在 Save2。

> **Tips 4.10 urls.py**
>
> 記得最後要在 *urls.py* 加入 *url*，網頁才能正常運行哦。

▌4.6 Django 實作密碼管理系統 – 管理者解密

　　整個密碼管理系統中，管理者的角色非常重要，其中最重要的功能就是管理者可以發起解密任務，在實際的應用中當管理者急需某個使用者的特權密碼時，就可以發起密碼解密任務。

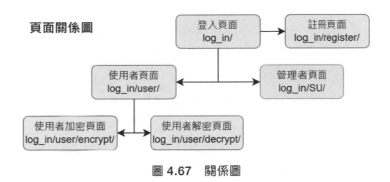

圖 4.67　關係圖

因為密碼加密經過了使用者、管理者兩層加密，所以在解密密碼時，管理者必須跟另外一位使用者共同解密，實作上實現解密任務的流程如下：

- 第一步：建立解密任務，系統必須提供管理者選擇解密對象、幫忙解密者。

- 第二步：提供管理者上傳 RSA 私鑰，進行第一步解密，並且在資料庫儲存解密任務的狀態（包括已經解密到一半的中間檔）。

- 第三步：提供使用者頁面進行第二步解密。

- 第四步：管理者查看解密完成後的密碼。

圖 4.68　解密任務流程

4.6.1　管理者第一階段解密 – model

管理者所建立的解密任務，需要有一個資料表儲存其狀態、資料。所以在 model.py 內加入以下資料表：

```
1    class decrypt_event(models.Model):
2        decrypted = models.TextField(default='')
3        help_decrypt = models.TextField(default='')
```

```
4        mid_file = models.BinaryField(default=b'')
5        mid_file2 = models.BinaryField(default=b'')
6        have_file = models.TextField(default='0')
7
8        class Meta:
9            db_table = "decrypt_event"
```

【程式說明】

- 2：要解開密碼的使用者。

- 3：與管理者共同解密的使用者。

- 4：第一階段管理者上傳私鑰後，先 RSA 解密後的中間檔。

- 5：第二階段使用者解密後的明文密碼，經過 RSA 加密的中間檔。

- 6：mid_file2 是否為空的 flag。

　　在之後程式設計上面，只要管理者發起解密任務後，系統就會新建一筆解密任務的資料。之後解密的過程程式就讀取該資料庫，按順序進行解密的流程。

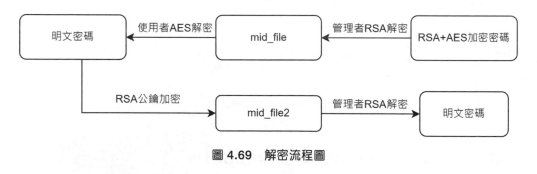

圖 4.69　解密流程圖

Hint 4.4　注意！

修改 *model* 後，記得根據 *4-2* 章節的內容在 *terminal* 內打 *makemigrations*、*migrate* 兩行程式，這樣運行時才不會被系統報錯！

4.6.2 管理者第一階段解密 – template

現在管理者還沒有自己的登入頁面,所以首先先設計管理者的頁面。頁面為了實現上述的功能,設計上依據需求劃分成三個區塊如圖所示:

- 第一區:第一階段的建立解密任務。這個區塊提供管理者選擇解密者、協助解密者,並且上傳 RSA 私鑰。

- 第二區:第二階段的查看密碼區。提供管理者上傳 RSA 私鑰後,可以查看使用者第二階段解密後的明文密碼。

- 第三區:顯示管理者第一階段解密完成後,等待使用者第二階段解密的解密任務等待列表。

圖 4.70　管理者頁面構想圖

為了方便區分不同的功能區,接下來的 html 頁面會如上圖所示,使用 hr 標籤把功能區劃分出來。現在根據上圖構想,在 template 資料夾內新建一個 SU_UI.html,把第一區的頁面先設計完成,在 html 檔內撰寫程式碼如下:

```
1   <!DOCTYPE html>
2   <html lang="en">
3   <head>
4       <meta charset="UTF-8">
5       <title>Super user</title>
```

```
6       <style>
7           h1 {
8               font-size: 40px;
9               text-align: center;
10          }
11          p {
12              font-size: 20px;
13              font-family: 標楷體；
14          }
15      </style>
16  </head>
17  <body>
18      <p>您好 Super User</p>
19      <h2>第一步驟：選擇解密對象</h2>
20      <div>
21          <form action="" method="post">
22              {% csrf_token %}
23              <label for="pickUser">請選擇解密對象</label>
24              <select name="helpedUser" id="helpedUser">
25                  {% for i in user_list %}
26                      {% if i == decrypt_user %}
27                          <option value="{{ i }}" selected>{{ i }}</option>
28                      {% elif decrypt_user == '' %}
29                          <option value="{{ i }}" >{{ i }}</option>
30                      {% endif %}
31                  {% endfor %}
32              </select>
33          <input type="hidden" name="SUname" id="SUname"
                value="{{SUname }}">
34          <input type="hidden" name="service_type" id="service_type"
                value="decrypt-1">
35          {% if decrypt_user == '' %}
36              <input type="submit" value="確定">
37          {% endif %}
38      </form>
39      {% if helped_user1 != '' %}
40          <form action="" method="post" enctype="multipart/form-data">
41              {% csrf_token %}
```

```
42        <label for="pickUser">請選擇幫忙解密對象</label>
43        <select name="helpedUser" id="helpedUser">
44            {% if helped_user1 != '' %}
45                <option value="{{ helped_user1 }}">{{ helped_
                    user1}}</option>
46            {% endif %}
47            {% if helped_user2 != '' %}
48                <option value="{{ helped_user2 }}">{{ helped_
                    user2}}</option>
49            {% endif %}
50        </select><br>
51        <label>請載入 RSA private_key:</label>
52        <input type="file" id="RSA_private" name="RSA_private">
            <br>
53        <input type="hidden" name="SUname" id="SUname" value=
            "{{ SUname }}">
54        <input type="hidden" name="decryptUser" id="decryptUser"
            value="{{ decrypt_user }}">
55        <input type="hidden" name="service_type" id="service_
            type" value="decrypt-2">
56        <input type="submit" value="確定">
57        </form>
58    {% endif %}
59
60        <p>{{ error_message1 }}</p>
61    </div>
62    <hr style="border-top:5px dashed black;border-botton:none">
63
64
65 </body>
66 </html>
```

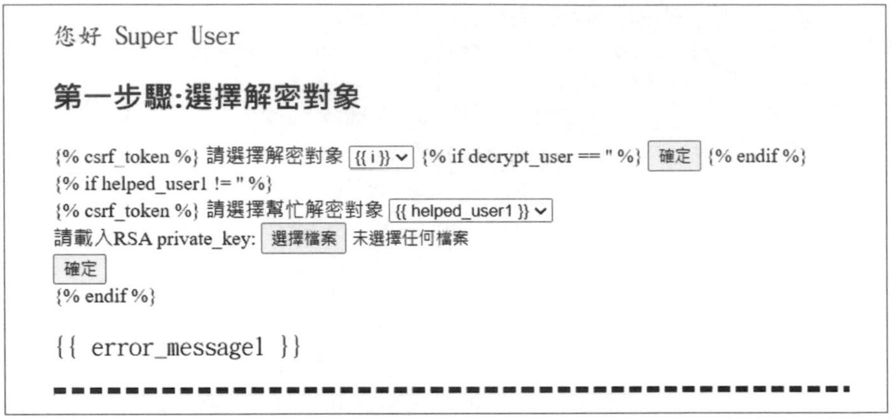

```
您好 Super User

第一步驟:選擇解密對象

{% csrf_token %} 請選擇解密對象 [{{i}} ▽] {% if decrypt_user == " %} [確定] {% endif %}
{% if helped_user1 != " %}
{% csrf_token %} 請選擇幫忙解密對象 [{{ helped_user1 }} ▽]
請載入RSA private_key: [選擇檔案] 未選擇任何檔案
[確定]
{% endif %}

{{ error_message1 }}
```

圖 4.71　渲染前的頁面預覽

【程式說明】

- **21-38**：第一個表單，有一個下拉式選單，option 為所有可以進行解密任務的使用者。管理者可以選解密的對象。

- **39-58**：第二個表單，當上一個表單被選擇之後，由程式碼回傳可以解密前一個使用者密碼的人，提供管理者選擇，建立解密任務。

在程式碼中第 21-38 為第一個表單，目標是提供管理者可以選擇一個可以解密的使用者。所以在設計上，使用一個下拉選單，option 是所有可以被解密的使用者提供管理者做選擇。在第 25 行中的 user_list 是有所有可以被解密的使用者的 list，之後在 views 中會把 user_list 寫在 return data 中。

第 26 行的 decrypt_user 是當表單被提交以後，程式會回傳當初選擇的選項。所以第 26-31 行這樣寫的效果是當管理者選擇並且提交後，這個表單的選項會固定為原本選擇的使用者，並且其他的使用者就不會出現在選項了。

第 39-58 也是一個表單，在第一個表單被選擇之後，程式之後會設計根據第一個表單被提交的選項，回傳可以跟管理者共同解密的使用者，分別為 helped_user1、helped_user2。由於第二個表單是根據第一個表單的答案來顯示選項，所以使用第 39 判斷式，控制該表單在第一個表單被提交後才顯示。

4.6.3 管理者第一階段解密 – views

views 的部分就配合著剛剛設計的 html 頁面，先把程式最基本功能先寫出來，新增一個 for_SU.py，在裡面撰寫程式碼如下：

```
1   from django.shortcuts import render, HttpResponse
2   from datetime import datetime
3   from Cipher_app.models import *
4   from Cipher_app.customize_function import *
5
6
7   def SU_UI(request):
8       # return_data initial
9       de_event = decrypt_event.objects.all()
10      return_data = {'SUname': '',
11                     'time':
12                     str(datetime.now()),'user_list':
13                     [],
14                     'decrypt_user': '',
15                     'helped_user1': '',
16                     'helped_user2': '', 'erro
17                     r_message1': '', 'error_me
18                     ssage2': '', 'event_list
19                     ': de_event,
20                     }
21
22      # 建立超級使用者在 database 的 object
23      ur = Super_User.objects.get(id=1)
24      # 是合法登入 (if 為登入 elif 為登入後提交表單 )
25      if request.session['log_in_user'] == ur.SU_name:
26          request.session['log_in_user'] = ''
27          return_data['SUname'] = ur.SU_name
28      elif request.POST and request.POST['SUname'] == ur.SU_name:
29          return_data['SUname']  = ur.SU_name
30      else: # 不是合法登入
31          return render(request, 'error.html', {})
32
33      # 以下為登入後執行的程式碼
```

```
34          # 傳回所有 user  name
35      return_name = []
36      for i in user.objects.all():
37          name.append(i.user_name)
38          #  選擇可被解密的 user
39            if (i.id != 1) and (i.id != 2):
40                if i.Save1 != b'' or i.Save2 != b'':
41                    return_name.append(i.user_name)
42
43      return_data['user_list'] = return_name
44
45      # 提供功能的部分
46      if request.POST:
47          if request.POST['service_type'] == 'decrypt-1':
48              # 第一階段根據管理者選的使用者，用程式碼判斷該使用者可以找誰解密。
49              # ... 程式碼 ...
50          elif request.POST['service_type'] == 'decrypt-2':
51              # 第一階段選完了共同解密者後，讀取 RSA 私鑰，建立一個 decrypt_event。
52              # ... 程式碼 ...
53          elif request.POST['service_type'] == 'decrypt-3':
54              # 第二階段使用者解密完後，讀取 RSA 私鑰，進行解密回傳明文密碼。
55              # ... 程式碼 ...
56          return render(request, 'SU_UI.html', return_data)
57      else:
58          return render(request, 'error.html', {})
```

【程式說明】

- 24-30：處理並且判斷是否是合法的登入。能進入到管理者頁面，只可能是經由登入，或者管理者提交表單時才是合法使用，如果是其他種類則回傳錯誤頁面。

- 36-41：產生了 name 和 return_name 兩個列表。前者記錄所有使用者，後者記錄密碼可以被解密的使用者，用來提供上一小節中第一個表單的選項用。

- 46-56：這裡撰寫管理者提交表單後所需要執行、處理的動作。

在管理者程式設計上，因為管理者 html 頁面有複雜的變數要回傳、處理，所以接下來列舉在上述程式碼中第 10-19 行的 return_data，每一筆資料代表的意義：

- **SU_name**：管理者名，在每一個表單中都會用 hidden 提交管理者名確認身分。

- **user_list**：所有可以被解密的使用者，所以該列表不包含第 1、2 個使用者，或 Save1、Save2 皆為空的使用者。

- **help_user1**、**help_user2**：第一階段選擇要解開密碼的人後，程式根據第一階段選擇的人，回傳可以跟管理者共同解密的使用者回傳。

- **error_message1**、**error_message2**：分別為第一階段、第二階段報錯 or 提供回傳訊息的變數。

- **event_list**：為存有解密任務物件的列表。

而在頁面中，設計了非常多的表單提供不同功能，所以也是跟之前在使用者頁面上用到的技巧一樣，設計隱藏標籤 service_type 來讓程式清楚分辨當前使用者是提交了哪一項表單。在設計程式的時候，可以時常切換 html 頁面，查看原先設計的表單配合著設計程式。

service_type == decrypt-1

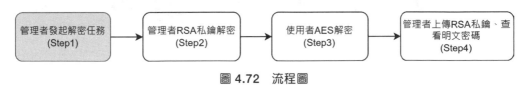

圖 4.72　流程圖

從 html 回傳的表單中，若 service_type 是 decrypt-1 代表管理者提交了第一個表單，程式碼必須根據此表單被選擇的使用者，挑出此使用者的密碼可以與管理者共同解密的使用者。程式碼如下：

```
1  ur = user.objects.get(user_name=request.POST['helpedUser'])
2  helpedUser = request.POST['helpedUser']
3  return_data['decrypt_user'] = helpedUser
4
5  if ur.Save1 != b'':
6      return_data['helped_user1'] = name[name.index(helpedUser)-1]
7  if ur.Save2 != b'':
8      return_data['helped_user2'] = name[name.index(helpedUser)-2]
```

【程式說明】

+ 1：ur 代表管理者選擇的使用者其在 db 的物件。

+ 2：helpedUser 代表管理者選擇的使用者名。

+ 3：把選擇的選項寫在 decrypt_user 再回傳回去。

+ 5-8：若該使用者 Save1 不為空，代表其前一個使用者可以與管理者共同解開他的密碼，Save2 同理。

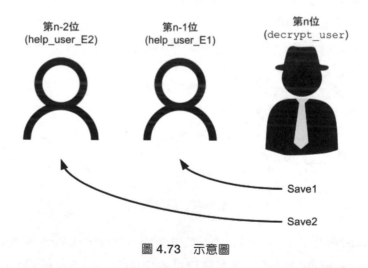

圖 4.73　示意圖

如上示意圖所示，html 的第一個表單提交了一個使用者後，程式會去找該使用者的 Save1 與 Save2, 若 Save1 不為空代表其前面一個使用者可以解開該使用者的密碼；若 Save2 不為空代表其前面第二個使用者可以解開該使用者的密碼，並且把這兩筆資料分別寫在 help_user1、help_user2 回傳。

service_type == decrypt-2

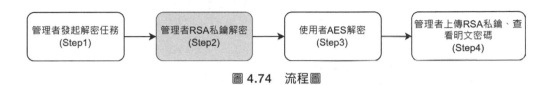

圖 4.74　流程圖

　　若 service_type 是 decrypt-2 時，代表管理者已經選擇好共同解密者，並且上傳好 RSA 私鑰，所以就可以根據管理者所選，建立解密任務，並且完成第一階段 RSA 解密，程式碼如下：

```
1    # 讀 RSA 私鑰
2    RSA_private_key = b''
3    try: # 避免報錯
4        f = request.FILES['RSA_private']
5        for i in f.chunks():
6            RSA_private_key = RSA_private_key + i
7    except:
8        print('', end='')
9
10   # 檢查 private    key 對不對
11   try:
12       RSA_Decrypt(ur.check_data, RSA_private_key)
13   except:
14       decrypt_User = request.POST['decryptUser']
15
16       return_data['decrypt_user'] = decrypt_User
17       return_data['helped_user1'] = name[name.index(decrypt_User) - 1]
18       return_data['helped_user2'] = name[name.index(decrypt_User) - 2]
19       return_data['error_message1'] = '金鑰錯誤 請重新上傳'
20       return render(request, 'SU_UI.html', return_data)
21
22   # 以下為 private    key 檢查通過後的程式碼
23   decrypt_User = request.POST['decryptUser']
24   helped_user = request.POST['helpedUser']
```

```
25
26    #  ----
27  n = name.index(decrypt_User)-name.index(helped_user)
28  obj1 = user.objects.get(user_name=helped_user)
29  obj2 = user.objects.get(user_name=decrypt_User)
30  if n == 1 and obj1.help_SU1 == 'None':
31      mid = RSA_Decrypt(obj2.Save1,  RSA_private_key)
32      obj1.help_SU1 = decrypt_User
33      obj1.save()
34      decrypt_event.objects.create(help_decrypt=helped_user, decrypted=
            decrypt_User, mid_file=mid)
35  elif n == 2 and obj1.help_SU2 == 'None':
36      mid = RSA_Decrypt(obj2.Save2,  RSA_private_key)
37      obj1.help_SU2 = decrypt_User
38      obj1.save()
39      decrypt_event.objects.create(help_decrypt=helped_user, decrypted=
              decrypt_User, mid_file=mid)
40  else:
41      decrypt_User = request.POST['decryptUser']
42      return_data['decrypt_user'] = decrypt_User
43      return_data['helped_user1'] = name[name.index(decrypt_User) - 1]
44      return_data['helped_user2'] = name[name.index(decrypt_User) - 2]
45      return_data['error_message1'] = '重複要求'
46      return render(request, 'SU_UI.html', return_data)
```

【程式說明】

- 2-8：讀 RSA 私鑰。

- 11-20：檢查金鑰是否正確，若金鑰不正確回傳報錯信息，並且把需要回傳的資訊回傳，讓管理者可以再次提交金鑰。

- 23：欲解開密碼的使用者。

- 24：與管理者共同解密的使用者。

- 27：23、24 兩使用者之間的距離（2 或 1）。

在程式碼第 20 行以前都是對管理者的輸入進行偵錯，包含檢查檔案輸入 (2-8)、確認金鑰是否正確 (11-20)。在第 22 行後才開始進行新建解密任務的環節。

第 23、24 讀取表單輸入後，首先在第 27 行判斷兩個使用者之間的距離，然後在 28、29 使用 get 方法把兩個人在 database 的物件抓出來，接下來就開始進行解密：如果兩人距離為 1(30) 就執行第 31-34 進行解密、若距離 2(35) 就執行 36-39。

在第 40 行的地方也做了一個偵錯：若是管理者重複發起對同一個人的解密任務的話，就會執行 41-46，把必須回傳的資料回傳後在頁面上顯示重複要求。

4.6.4 使用者第一階段解密 – template

4.6.2、4.6.3 小節把管理者的第一步驟建立解密任務設計完成，後續解密步驟是需要使用者來做第二層 AES 解密，所以接下來來開始設計使用者第二步解密的頁面和程式碼。

設計解密的頁面上跟使用者加密的頁面大同小異。首先在 template 資料夾中新建一個 user_UI_decrypt.html，在裡面撰寫以下程式碼：

```
1   <!DOCTYPE html>
2   <html lang="en">
3   <head>
4       <meta charset="UTF-8">
5       <title>User</title>
6       <style>
7           h1 {
8               font-size: 40px;
9               text-align: center;
10          }
11          p {
12              font-size: 20px;
13              font-family: 標楷體 ;
14          }
15      </style>
16  </head>
17  <body>
18      <h1> 使用者解密 </h1>
```

```
19      <p>狀態:{{ username }}解密 {{ decryptUser }}的密碼 </p>
20      <form action="" method="post" enctype="multipart/form-data">
21          {% csrf_token %}
22          <label>請載入解密者:{{ username }}的 AES key</label>
23          <input type="file" name="user_AESkey"><br>
24          <input type="hidden" name="username" value="{{ username }}">
25          <input type="hidden" name="decryptUser" value="{{
                decryptUser }}">
26          <input type="hidden" name="first_in" value="False">
27          <input type="submit" value=" 確定 ">
28      </form>
29      <p>{{ message }}</p>
30  </body>
31  </html>
```

【程式說明】

◆ **19**：在 19 行可以看到兩個變數分別為 username 與 decryptUser。username
代表當時登入的使用者，而 decryptUser 代表被解密特權密碼的使用者。

圖 4.75　為渲染前的頁面預覽

　　而在 user_UI.html 頁面下也需要新增下拉選單讓使用者選擇被解密者，選
擇過按下確定可以跳轉到上述的 html 頁面，所以在該頁面最後的 hr 標籤下撰
寫以下程式碼：

```
1   <div style="width: 94%;margin-left: 3%;">
2       <p>user 解密區 :</p>
3   {% if help_SU1 == 'None' and help_SU2 == 'None'%}
```

```
4          <p> 其他 user 不需要解密 </p>
5    {% else %}
6        <form action="decrypt/" method="post">
7            {% csrf_token %}
8            <label for="decryptUser"> 請選擇解密對象 </label>
9            <select name="decryptUser">
10               {% if help_SU1 != 'None'%}
11                   <option value="{{ help_SU1 }}">{{ help_SU1 }}</option>
12               {% endif %}
13               {% if help_SU2 != 'None'%}
14                   <option value="{{ help_SU2 }}">{{ help_SU2 }}</option>
15               {% endif %}
16           </select>
17           <input type="hidden" name="username" value="{{ username }}">
18           <input type="hidden" name="first_in" value="True">
19           <input type="submit" value=" 確定 ">
20       </form>
21   {% endif %}
22   </div>
```

使用者介面

您好{{ username }}:

　user加密區:

{% if help_User_E1 == 'None' and help_User_E2 == 'None'%}

其他user不需要加密

{% else %}
{% csrf_token %} 請選擇幫忙加密對象 [{{ help_User_E1 }} ∨] 確定
{% endif %}

- -

　user解密區:

{% if help_SU1 == 'None' and help_SU2 == 'None'%}

其他user不需要解密

{% else %}
{% csrf_token %} 請選擇解密對象 [{{ help_SU1 }} ∨] 確定
{% endif %}

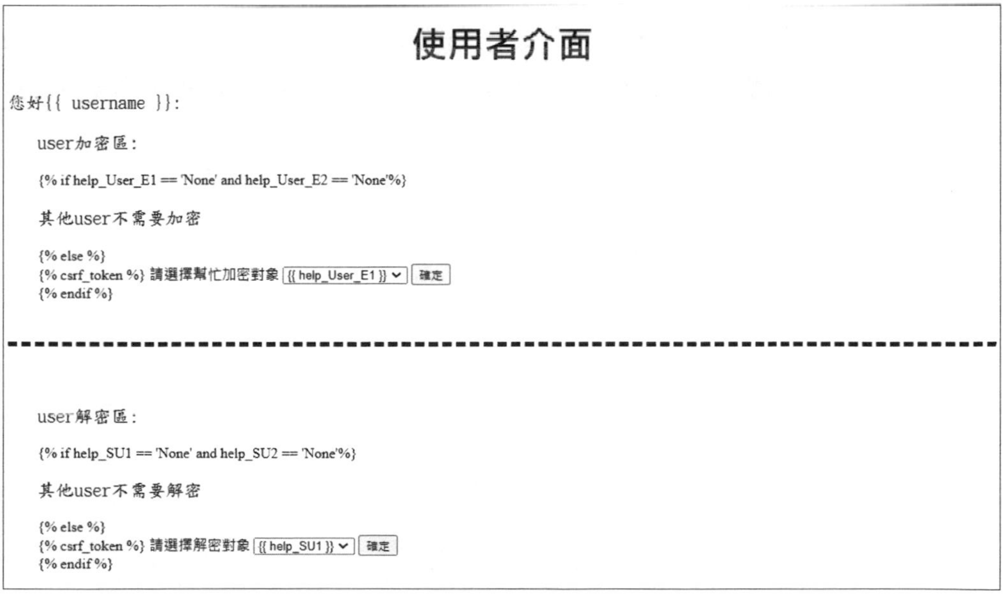

圖 4.76　未渲染前的頁面預覽

【程式說明】

+ 3-4：判斷式的部分，如果使用者的 help_SU1、help_SU2 皆為空的話，代表該使用者並沒有任何的解密任務在身，則頁面上顯示不需要解密。

+ 5-21：如果判斷式不成立的話，則代表身上有解密任務，頁面上就得顯示一個下拉選單選擇解密任務。

+ 6：action 屬性設定跳轉到 log_in/user/decrypt/。

4.6.5 使用者第一階段解密 – views

圖 4.77 流程圖

　　使用者在第二層解密過後，就會產生明文密碼了。為了讓系統內的資料庫不儲存明文的密碼，所以在程式設計上，把解密後的密碼再使用 RSA 加密，讓管理者在查看密碼前，上傳一次 RSA 私鑰，重新解密一次，就可以保證系統安全了。

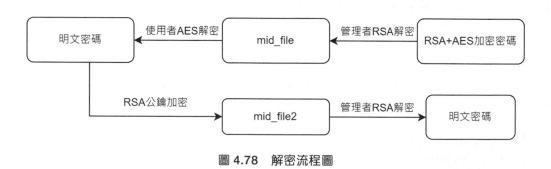

圖 4.78 解密流程圖

根據上一小節的頁面，設計 views 的程式，在 for_user.py 內撰寫以下程式碼：

```
1   def user_UI_decrypt(request):
2       return_data={ 'username
3           ': '',
4           'decryptUser': '',
5           'message': '',
6       }
7       # 建立 database 物件
8       ur = user.objects.get(user_name=request.POST['username'])
            # 登入者
9       ur_d = user.objects.get(user_name=request.POST['decryptUser'])
            # 被解密者
10      return_data['username'] = ur.user_name
11      return_data['decryptUser'] = ur_d.user_name
12
13      name = []
14      for i in user.objects.all():
15          name.append(i.user_name)
16
17      if request.POST:
18          if request.POST['first_in'] == 'False':
19              # 載入輸入金鑰
20              user_AES_key = b''
21              try: # 避免報錯（不可與下面合併）
22                  f = request.FILES['user_AESkey']
23                  for i in f.chunks():
24                      user_AES_key = user_AES_key + i
25              except:
26                  print('', end='')
27
28              # ------- 除錯 -------
29              # 嘗試 ur 是否符合自己的 pwd
30              if AES_check_canDecrypt(ur.password, user_AES_key) == 0:
31                  return_data['message'] = return_data['message']
                        + ur. user_name + ' 的 AES-key 錯誤 '
32              else:
33                  mid_file_obj = decrypt_event.objects.get(decrypted
                        =ur_d. user_name, help_decrypt=ur.user_name)
34                  SU_obj = Super_User.objects.get(id=1)
```

```
35
36                        if mid_file_obj.mid_file2 == b'':
37                            return_data['message'] = ' 解密成功 請重新登入 '
38                        else:
39                            return_data['message'] = ' 不需重複解密 '
40
41                        text = AES_Decrypt(mid_file_obj.mid_file, user_
                              AES_key)
42                        mid_file2 = RSA_Encrypt(text, SU_obj.publicKey)
43
44                        mid_file_obj.mid_file2  = mid_file2
45                        mid_file_obj.have_file = '1'
46                        mid_file_obj.save()
47
48                        if ur.help_SU1 == ur_d.user_name:
49                            ur.help_SU1 = 'None'
50                            ur.save()
51                        elif ur.help_SU2 == ur_d.user_name:
52                            ur.help_SU2 = 'None'
53                            ur.save()
54         return render(request, 'user_UI_decrypt.html', return_data)
55  else:
56         return render(request, 'error.html', {})
```

【程式說明】

*   17、18：如果皆符合代表使用者提交了自己的 AES key，這時候就需要進
    行後續的除錯和解密。

*   20-26：讀取輸入金鑰。

*   30、31：嘗試金鑰是否符合登入者的金鑰。

*   33-53：進行解密任務。

在第 33-53 行，作用是把管理者第一階段建立的解密任務進行第二層的解
密。首先在第 33 行使用 get 方法把 decrypt event 抓出來，在第 41 行的地方
把管理者解密一半的中間檔進行二次解密後，把結果存回去 mid_file2。並且在
48-53 行的位置修正使用者狀態。

Tips 4.11　url

寫完程式後，記得要在 *urls.py* 把 *"log_in/user/decrypt/"* 這個路徑加入設定檔。

4.6.6　管理者第二階段解密 – template

使用者解密過後，管理者就可以查看解密後的密碼了。頁面上需要提供管理者選擇解密任務和上傳 RSA 私鑰。第二階段 html 頁面的程式碼跟在第 4-69 頁程式碼的第 63 行之後，程式如下：

```
1    <h2>第二步驟：</h2>
2    <form action="" method="post" enctype="multipart/form-data">
3        {% csrf_token %}
4        <label for="decrypt_user">已經可以解密的對象：</label>
5        <select name="decrypt_user" id="decrypt_user">
6            {% for i in event_list %}
7                {% if i.have_file == "1" %}
8                    <option
                        value="{{ i.id }}">{{ i.decrypted }}({{{i.he lp_
                        decrypt }}幫忙)</option>
9                {% endif %}
10           {% endfor %}
11       </select><br>
12       <input type="file" id="RSA_private" name="RSA_private"><br>
13       <input type="hidden" name="SUname" id="SUname" value=
             "{{ SUname }}">
14       <input type="hidden" name="service_type" id="service_type"
             value=" decrypt-3">
15       <input type="submit" value="確定">
16   </form>
17   {{ error_message2 }}
18
19   <hr style="border-top:5px dashed black;border-botton:none">
```

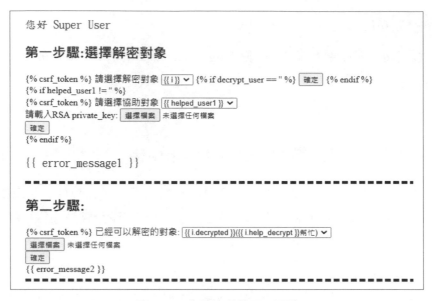

圖 4.79　為渲染前的頁面預覽

【程式說明】

- 2-16：這個 form 主要功能是上傳 RSA 私鑰，私鑰上傳後就可以看到密碼了。

- 6：event_list 是事件列表在 database 的物件，使用 all() 方法讀出所有物件（詳見第 59 頁程式碼第 9、18 行），所以可以使用 for 迭代，顯示出每一筆解密任務，並且在第 8 行 option 使用 id 來當 value 屬性的值。

- 7：只有在 have_file=1（使用者已經完成第二階段）的解密任務，才顯示在下拉選單中。

- 17：這個位置是顯示密碼的地方。

4.6.7　管理者第二階段解密 – views

圖 4.80　流程圖

上一小節設計給管理者選擇了解密任務的表單，管理者選擇完表單、上傳 RSA 私鑰後，就可以對 mid_file2 進行解密，讀取明文密碼了。

service_type==decrypt-3

當 service_type 為 decrypt-3 時，根據管理者選擇的解密任務（使用解密任務的 id 判斷），讀取密要進行解密，並且把解密結果渲染到頁面上，在 for_SU.py 的程式碼 decrypt-3 的地方撰寫以下程式碼：

```
1    RSA_private_key = b''
2    try: # 避免報錯
3        f = request.FILES['RSA_private']
4        for i in f.chunks():
5            RSA_private_key = RSA_private_key + i
6    except:
7        print('', end='')
8
9    # 測試是否為 private 私鑰
10   event_obj = decrypt_event.objects.get(id=request.POST['decrypt_
         user'])
11   try:
12       pwd = RSA_Decrypt(event_obj.mid_file2, RSA_private_key)
13       return_data['error_message2'] = event_obj.decrypted + '的密碼是:'
             + pwd.decode()
14       data = decrypt_event.objects.filter(id=request.POST['decrypt_
             user'])
15       data.delete()
16   except:
17       return_data['error_message2'] = '私鑰錯誤'
```

4.6.8　管理者頁面中顯示解密任務狀態 – template

第三步驟程式碼繼續跟在第二步驟後，程式如下：

```
1    <p>user 未完成解密的部分 :</p>
2    {% for i in event_list %}
```

```
3          {% if i.have_file == "0" %}
4             <p>解密對象:{{ i.decrypted }} 協助解密者:{{ i.help_decrypt }}
                </p>
5          {% endif %}
6   {% endfor %}
```

【程式說明】

- 2：event_list 是一個 list，裡面儲存 decrypt_event 的 db 物件，在下一章就會建立該 db 表。

4.6.9　執行解密任務

到這裡就把最基本的密碼管理系統完成了，接下來就可以實際的進行解密任務了。接下來以管理者解開 User6 的密碼為範例：管理者為了解開 User6 的密碼，找到 User5 共同進行解密，過程如下：

STEP 1 ⟩ 管理者建立解密任務、進行第一階段解密管理者要發起解密任務，並且依序選擇 user6、user5，並且上傳自己的私鑰，進行第一步解密。

圖 4.81　選擇 user6

圖 4.82　選擇 user5、上傳私鑰

這時候最下的等待區就會顯示等待使用者進行解密,這時管理者就可以提醒使用者登入系統進行解密任務了:

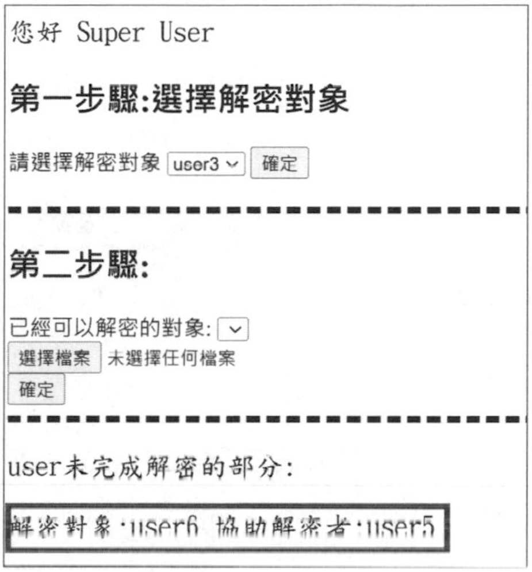

圖 4.83 新建解密任務結果

STEP 2 使用者進行第二階段解密

這時候 user5 登入系統,會發現解密區有一個解密任務等待進行:

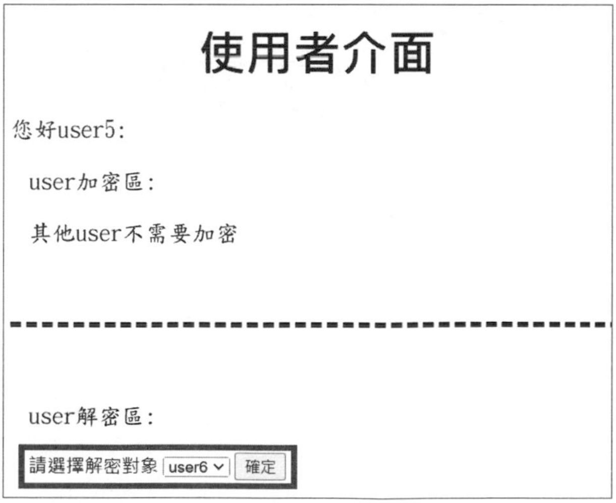

圖 4.84 user5 頁面

使用者選擇 user6，進入解密頁面，上傳 AES 金鑰進行解密：

圖 4.85　上傳 AES 金鑰　　　　　　　圖 4.86　解密完成

STEP 3 〉 管理者查看解密密碼

使用者解密完成後，管理者即可查看解密後明文。重新登入一次管理者頁面，會發現第二步驟已經出現剛剛解密任務的選項了：

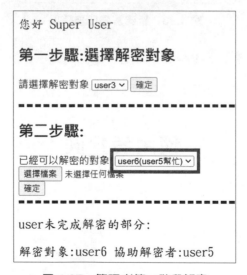

圖 4.87　管理者第二階段解密

這時上傳管理者的私鑰，就可以看到明文密碼了：

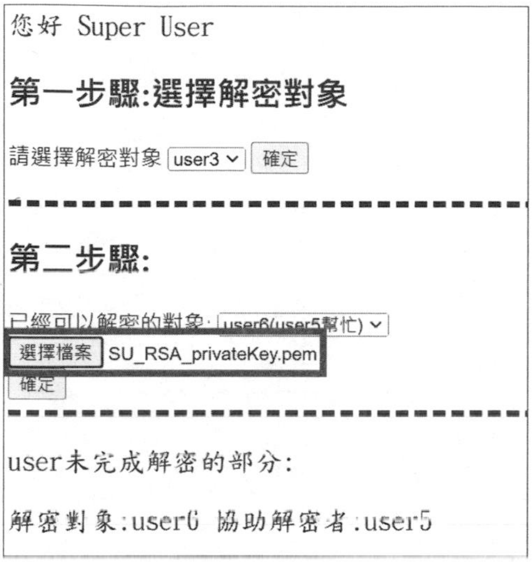

圖 4.88　上傳私鑰

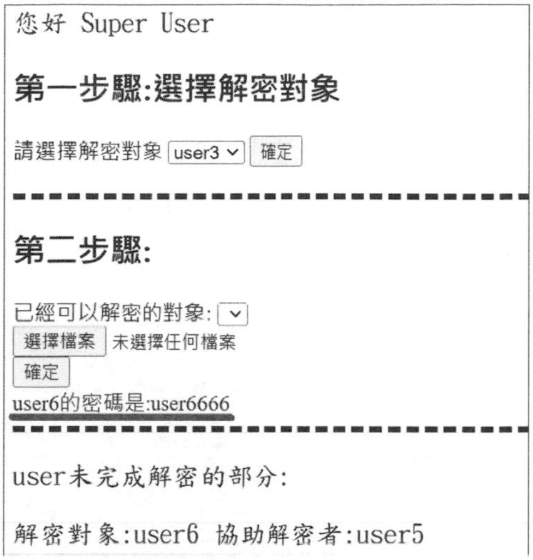

圖 4.89　成功解密密碼

Note